西南交通大学规划教材

交流电机无传感器控制技术

王惠民　葛兴来　左　运　◎　著

西南交通大学出版社
·成　都·

内容简介

本书首先概述了交流电机无传感器控制技术的发展历程、研究现状以及发展趋势；然后，以常用的感应电机和永磁同步电机为例，介绍了交流电机的数学模型及其矢量控制系统；进一步，分别介绍基于高频信号注入的无传感器控制技术和基于电机模型的无传感器控制技术，在此基础上，重点介绍了宽速域范围内无传感器控制技术的具体实现；针对不同扰动导致估计精度下降的问题，研究基于高性能观测器的交流电机无传感器控制技术，实现不同扰动影响下速度（位置）准确估计；随后，对传统基于锁相环和锁频环的无传感器控制技术进行分析，并研究基于新型锁相环和新型锁频环的无传感器控制技术，实现复杂工况下估计性能的提升；最后介绍了电流传感器故障影响下交流电机无传感器控制技术。

本书可供从事交流电机驱动系统、交流电机无传感器控制技术、交流电机容错控制技术等相关领域的高年级本科生、研究生和工程技术人员参考。

图书在版编目（CIP）数据

交流电机无传感器控制技术 / 王惠民，葛兴来，左运著. -- 成都：西南交通大学出版社，2024. 8.

ISBN 978-7-5643-9970-2

Ⅰ．TM351

中国国家版本馆 CIP 数据核字第 2024Y0R485 号

Jiaoliu Dianji Wuchuanganqi Kongzhi Jishu

交流电机无传感器控制技术

王惠民　葛兴来　左　运　著

策 划 编 辑	黄淑文　朱小燕
责 任 编 辑	黄淑文
封 面 设 计	原谋书装
出 版 发 行	西南交通大学出版社
	（四川省成都市金牛区二环路北一段 111 号
	西南交通大学创新大厦 21 楼）
营销部电话	028-87600564　028-87600533
邮 政 编 码	610031
网　　　址	http://www.xnjdcbs.com
印　　　刷	四川煤田地质制图印务有限责任公司
成 品 尺 寸	185 mm×260 mm
印　　　张	16.75
字　　　数	377 千
版　　　次	2024 年 8 月第 1 版
印　　　次	2024 年 8 月第 1 次
书　　　号	ISBN 978-7-5643-9970-2
定　　　价	69.00 元

序

以感应电机和永磁同步电机为代表的交流电机能够实现电能-机械能变换，其可靠运行和集成化程度受到广泛关注。然而，在复杂环境和多变工况下运行，感应电机驱动系统的速度传感器和永磁同步电机驱动系统的位置传感器容易发生故障，且速度和位置传感器需要额外安装空间，导致电机体积庞大、重量增加、结构复杂。为此，采用高性能无传感器控制技术取消速度和位置传感器，可提升系统可靠性和集成度，已成为电机驱动系统高品质运行的一个发展趋势。

经过数十年的研究，交流电机无传感器控制技术得到长足发展，并在实际中得到广泛的应用。然而，随着应用场景不断延拓以及控制要求逐渐提高，有必要对交流电机无传感器控制技术进行总结和完善，以满足更大范围的工程实践需要。

对此，西南交通大学王惠民、葛兴来、左运在前人研究成果的基础上，结合研究团队多年来在交流电机无传感器控制领域的科研与教学成果撰写了此书。该书首先概述了交流电机无传感器控制技术的国内外研究现状。接着，介绍了交流电机数学模型及矢量控制系统。随后，详细介绍了宽速域范围内无传感器控制技术设计、复合扰动影响下无传感器控制技术设计、复杂工况影响下无传感器控制技术设计、电流传感器故障影响下无传感器系统容错控制技术设计等内容。最后，该书对交流电机无传感器控制技术进行了研究展望。该书旨在进一步提升对交流电机无传感器控制技术的认知，并为交流电机无传感器控制技术的工程应用提供一定的理论和技术指导。

该书内容丰富、层次分明，可为交流电机驱动系统、交流电机优化控制、交流电机无传感器控制、交流电机容错控制等相关领域的研究，提供理论思路和技术参考。

2024 年 7 月

作为能量转换的关键部件，以感应电机和永磁同步电机为代表的交流电机具有结构简单、可靠性高、维护方便、运行效率高、调速性能好等优点，在工/农业生产、交通运输、家用电器等领域得到广泛应用。然而，受复杂运行环境和多变运行工况影响，加之在强电热应力和机械应力的长期作用下，感应电机驱动系统的速度传感器和永磁同步电机驱动系统的位置传感器易发生故障。此外，速度和位置传感器需要额外安装空间，导致电机体积庞大、重量增加、结构复杂，降低交流电机的运行品质。

为保证交流电机驱动系统的运行品质，采用高性能无传感器控制技术已成为一个重要发展趋势。无传感器控制技术通过速度和位置估计方案取消速度和位置传感器，从而提升交流电机驱动系统的可靠性和集成度。然而，随着应用场景不断延拓以及控制要求逐渐提高，交流电机驱动系统面临的运行环境和运行工况更加复杂多变，亟需对交流电机无传感器控制技术进行总结和完善，以满足更大范围的工程实践需要。

作者在总结前人研究成果的基础上，面向交流电机驱动系统的安全可靠运行和控制品质提升需求，从宽速域高性能无传感器控制技术设计、复合扰动影响下高精度无传感器控制技术设计、复杂工况影响下高适应性无传感器控制技术设计、极端工况影响下交流电机无传感器控制系统容错技术设计等角度撰写此书，旨在为复杂环境和多变工况影响下无传感器控制技术存在的技术难题和前沿问题提供一些理论思路和解决方案。本书共分8章，第1章绪论介绍了交流电机驱动系统及无传感器控制技术的发展概述、研究现状以及发展趋势；第2章以常用的感应电机和永磁同步电机为例，详细介绍了交流电机的数学模型及其矢量控制系统；第3章介绍了基于信号注入的无传感器控制技术和基于电机模型的无传感器控制技术，在此基础上，重点探讨了宽速域范围内无传感器控制技术的具体实现；第4章介绍了基于高性能观测器的交流电机无传感器控制技术，实现不同扰动耦合影响下速度和位置的准确估计；第 5 章和第 6 章分别介绍了基于新型锁相环的无传感器控制技术和基于新型锁频环的无传感器控制技术，旨在提升复杂工况下速度和位置估计性能；第 7 章介绍了电流传感器故障影响下交流电机无传感器控制系统容错技术。针对电流传感器故障导致估计性能下降甚至系统崩溃的问题，重点探讨了故障快速诊断、故障准确定位及容错控制设计等技术，构建交流电机驱动系统"快速诊断-准确定位-容错控制"一体化可靠性提升方案。第 8 章对交流电机无传感器控制技术的发展趋势进行展望。

本书可供从事交流电机驱动系统、交流电机无传感器控制技术、交流电机容错控制技术等相关领域的高年级本科生、研究生和工程技术人员参考。

本书是西南交通大学列车控制与牵引传动研究室的集体成果，本研究团队的研究生参与部分内容的撰写、文字整理和修改工作，其中 Abebe Teklu Woldegiorgis 在第 3 章、常玉在第 4 章、郑曰雷在第 5 章、岳岩在第 6 章、陈玥轩在第 7 章做了部分初稿撰写工作；邓清丽、林春旭、沐俊文、许智亮、李金、柯倩霞、梁耕乐、张士强、陈肯、付仲江、郭高利、代子璇、汤强、刘丽丽、季心宇、万斯波、廖胤达等做了大量的文字整理与修改工作，作者在此对他们表示感谢！株洲电力机车研究所的丁荣军院士为本书作序，并提出诸多宝贵意见和建议，在此向丁院士表达深深的敬意与感激！在本书的选题和撰写过程中，西南交通大学冯晓云教授给予了充分的指导和无私的帮助，在此谨向冯老师致以最诚挚的感谢和敬意！同时，西南交通大学宋文胜教授、王青元老师、杨顺风老师、苟斌老师、孙鹏飞老师、麻宸伟老师、陈健老师，以及浙江大学杨永恒教授、开姆尼茨工业大学谢东博士、奥尔堡大学姚博博士、香港理工大学肖壮博士等给予作者很大的关心、支持与帮助，在此向他们致以衷心的感谢！此外，本书受西南交通大学研究生教材经费建设项目专项资助（项目编号：SWJTU-JC2024-021），在此感谢西南交通大学研究生院的鼎力支持！

由于本书涉及的理论和技术仍在不断发展，作者仍在不断地研究和探索中，书中肯定有不妥甚至错误之处，敬请广大读者批评指正！

作 者

2023 年 12 月

目录

CONTENTS

第1章 绪 论

1.1 交流电机无传感器控制技术概述

作为电能与机械能转换的关键部件，交流电机以其结构简单、可靠性高、维护方便、运行效率高、调速性能好等优点逐渐取代直流电机，在工/农业生产、交通运输、家用电器等领域得到广泛应用。交流电机的快速发展离不开高性能控制策略，这其中尤以矢量控制策略最为引人关注。

矢量控制策略是在 20 世纪 70 年代德国西门子公司工程师 F. Blaschke 和美国学者 P. C. Custman 提出的磁场定向控制策略和定子电压坐标变换控制策略的基础上发展起来的[1]。矢量控制策略参考直流电机的控制策略，通过引入坐标变换，对定子电流进行解耦控制，从而实现励磁电流和转矩电流的独立控制。为实现高性能控制，利用传感器准确反馈电流和速度（位置）信息至关重要[2]。通常，在交流电机矢量控制系统中，至少需要一个速度（位置）传感器、两个电流传感器以及一个电压传感器（见图 1-1 和图 1-2）。其中，速度（位置）传感器提供速度（位置）信息用于实现交流电机矢量控制系统的外环控制。

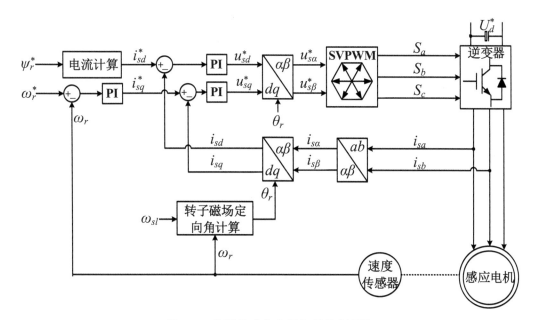

图 1-1　典型的感应电机矢量控制系统

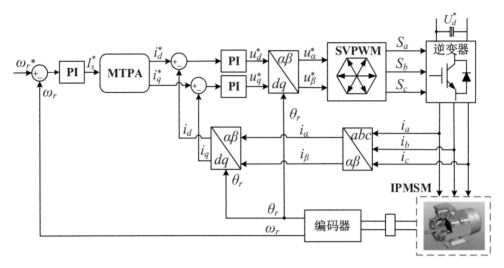

图 1-2　典型的永磁同步电机矢量控制系统

然而，在实际应用中，速度（位置）传感器的存在会给交流电机驱动系统带来如下问题：

（1）恶化系统可靠性。交流电机驱动系统运行环境复杂且运行工况多变，并且在工作过程中会产生强电热应力和机械应力，导致速度（位置）传感器的故障率一直居高不下。以高速列车牵引电机驱动系统为例，对其故障数据进行统计，可以发现速度传感器故障占所有故障的 40%（见图 1-3）。当速度（位置）传感器出现故障时，电机速度（位置）信息无法准确反馈到控制系统中，造成电机控制性能显著下降，甚至会导致控制系统崩溃、电机损坏，严重威胁交流电机驱动系统的可靠运行。2011 年 7 月 13 日，京沪高铁 G114 次列车行驶至镇江南站时速度传感器突发故障，造成列车被迫限速，最终导致列车晚点 2 h 40 min。

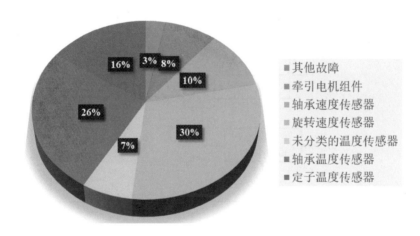

图 1-3　牵引电机驱动系统故障分布统计图

（2）降低系统集成度。高功率密度和高运行效能是交流电机驱动系统不断追求的目标，集成化是实现高功率密度和高运行效能的有效手段。然而，速度（位置）传感器需要额外安装空间，并且还需与解码电路连接才能获取速度（位置）信息，从而导致交流电机驱动系统体积增大、集成化难度显著增加。

（3）增加系统成本。对于商用产品来说，有效降低交流电机驱动系统成本至关重要。然而，精密的速度（位置）传感器价格不菲，显著增加系统成本。

为从根本上解决速度（位置）传感器带来的问题，无传感器控制技术被广泛提出并得到应用。日本安川电机公司在 2008 年成功推出商用 A1000 变频器，率先将无位置传感器控制技术应用到永磁同步电机驱动系统中，并且实现永磁同步电机无位置传感器系统零速带载时的稳定运行[3]。随后，日本大金公司、美国惠而浦公司以及韩国 LG 公司相继在家电产品采用无传感器控制技术，并取得良好的应用效果。经过数十年的发展，国内汇川技术、英威腾等公司也在变频器产品中采用无传感器控制技术，并在压缩机、水泵等场合得到成功应用。

此外，在大功率牵引传动系统中，无传感器控制技术也得到广泛关注。国外的轨道牵引传动设备供应商如德国西门子、加拿大庞巴迪、日本三菱、东芝等公司对适用于大功率牵引传动系统的无传感器控制技术进行长期研究和实验，并将该技术应用到有轨电车、城市轻轨以及地铁车辆中。国内中车株洲所对无传感器控制技术的研究目前处于领先地位，无锡地铁 1 号线率先使用由中车株洲所研发的无传感器控制技术，并在 2013 年 11 月完成了装车考核[4]。随后，长沙地铁 1 号线、天津地铁 6 号线、徐州地铁 1 号线以及福州地铁 4 号线等城轨列车牵引传动系统相继采用该技术，显著提升了城轨列车牵引传动系统的可靠性[5]。

1.2　交流电机无传感器控制技术研究现状

无传感器控制技术是通过系统易测变量（如：电压、电流信号），间接估算出电机速度与位置进行闭环控制，从而取代速度（位置）传感器，提升交流电机驱动系统的可靠性。在 20 世纪 70 年代，A. Abondanti 等人首次利用电机同步频率以及转差频率估算出电机速度，但估计精度难以令人满意[6]。1983 年，R. Joetten 等人首次将无速度传感器控制技术应用到感应电机矢量控制系统中，并取得不错的估计效果[7]。在此基础上，国内外学者经过数十年的努力，无传感器控制技术取得蓬勃发展。根据运行速域，可将无传感器控制技术大致分为适用于低速工况的无传感器控制技术[8-56]和适用于中高速工况的无传感器控制技术[57-186]（见图 1-4），下面将从这两个方面介绍研究现状。

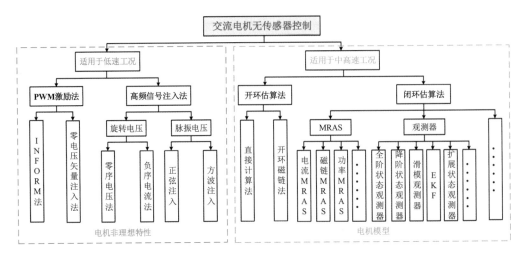

图 1-4　交流电机无传感器控制技术的分类

1.2.1　适用于低速工况的无传感器控制技术

当交流电机在低速运行时，磁链（反电动势）幅值较小，并且在逆变器非线性和电流采样误差的影响下，磁链（反电动势）信噪比急剧下降，导致基于电机模型的无传感器控制技术难以有效估计交流电机的速度（位置）。因此，在低速工况时主要采用基于电机非理想特性的无传感器控制技术，实现速度（位置）的准确估计。基于电机非理想特性的无传感器控制技术主要包括脉宽调制（Pulse-Width Modulation，PWM）载波激励法[8-13]和高频信号注入法[14-56]。

1. PWM 载波激励法

PWM 载波激励法通过向 PWM 信号注入特殊电压矢量，并提取注入电压矢量的电流响应，获取电机速度（位置）信息。PWM 载波激励法主要包括在线电抗测量的间接磁链检测法（Indirect Flux Detection by On-line Reactance Measurement，INFORM）[8-10]和零矢量电压注入法[11-13]。

1）INFORM 法

INFORM 法于 1996 年由 M. Schroedl 等人首次提出，该方法在三个连续的 PWM周期中注入电压矢量，并提取电压矢量的电流响应，最终从电流响应中得到电机的速度（位置）信息[8]。然而，在该方法中，电压矢量注入时序与矢量控制的执行是不同步的，导致估计误差会随着速度增加而逐渐变大。对此，文献[9]研究了一种基于改进型 INFORM 的估计方案，在该方案中，将基波电压矢量和注入电压矢量结合起来，实现估计性能的提升。此外，文献[10]首先揭示了电流采样偏差对基于 INFORM 的估计方案的影响机理，在此基础上，引入了一个具有最小电流偏差和最小时间需求的电压矢量，对基于 INFORM 的估计方案进行修正，从而改善估计性能。

2）零矢量电压注入法

零矢量电压注入法通过向 PWM 信号中注入零矢量电压，建立零矢量区间下电机状态方程，并通过求解该状态方程，获取电机的速度（位置）信息。文献[11]提出一种基于零矢量电压注入法的位置估计方案，在该方案中，通过向 PWM 信号注入零矢量，并在零矢量注入前后分别对三相电流进行采样，消除电感变化对估计性能的不利影响。在文献[11]的基础上，文献[12]提出一种基于单一电压矢量注入的估计方案，在该方案中，将单一电压矢量产生的电流响应直接用于速度和位置估计。并且，该方法不需要使用滤波器进行信息提取和信号解调，从而避免滤波器对系统带宽的不利影响。此外，为解决电压矢量注入带来的电机噪声和转矩脉动等问题，文献[13]提出一种电流导数计算和零电压矢量注入相结合的无位置传感器控制方法，在该方法中，通过在零电压矢量区间对电流进行多次采样，准确获取电流微分信息。同时，该方法根据电压扇区，选择两个合适的相电流进行位置估计。该方法提升估计精度的同时，还能降低信号注入的不利影响。

在 PWM 载波激励法中，INFORM 法需要连续在三个 PWM 周期中注入电压矢量，实现较为困难。并且，这种方法易受到采样噪声和系统带宽的影响，估计精度依赖于高性能电流采样。相比之下，零矢量电压注入法降低了实现难度，然而，这种方法同样对电流采样精度要求较高，且易受到采样噪声和系统带宽影响，在无优良的硬件支持下估计性能难以得到保证。

2. 高频信号注入法

与 PWM 载波激励法不同的是，高频信号注入法在交流电机矢量控制系统的基础上，向电机控制系统注入连续高频信号，受交流电机非理想特性的影响，高频信号响应中包含速度（位置）信息。进一步，通过对高频信号响应进行信息提取和信号解调，实现速度（位置）估计。根据注入坐标系的不同，高频信号注入法可分为高频旋转信号注入法[14-24]和高频脉振信号注入法[25-56]。

1）高频旋转信号注入法

高频旋转信号注入法于 1998 年由美国威斯康星大学麦迪逊分校 R. D. Lorenz 等人首次提出[14]，该方法通过向永磁同步电机静止坐标系注入高频电压信号，使其产生包含速度（位置）信息的高频电流响应，最后对高频电流响应进行提取和解调获取速度（位置）信息，如图 1-5 所示。这种方法能够在电机低速运行时实现速度（位置）的有效估计，且具有良好的稳定性。然而，这种方法需要在两相静止坐标系进行注入，不可避免会带来转矩脉动和额外损耗等问题；此外，这种方法需要使用多个滤波器进行位置信息提取，但滤波器的使用会产生相位偏移并降低系统带宽，造成估计性能和动态响应显著下降。

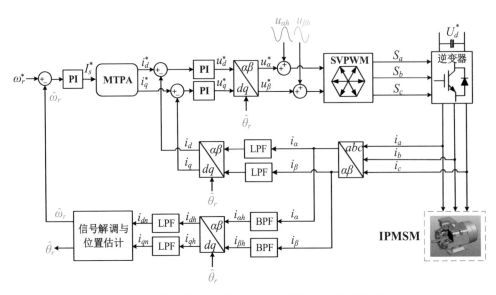

图 1-5　典型的基于高频旋转信号注入的估计方案

针对滤波器带来的相位延迟和带宽降低等问题,文献[15]利用全通滤波器提取高频电流响应包络线,并以此获取位置估计信息,克服低通滤波器带来的问题。进一步,文献[16]提出一种基于二阶广义积分器的高频旋转信号注入方法。在此方法中,得益于二阶广义积分器的零相位偏移特性,利用二阶广义积分器替代带通滤波器和低通滤波器提取位置信息,解决相位偏移和带宽降低等问题。文献[20]利用最小二乘算法拟合了高频电流响应的椭圆轨迹,发现椭圆倾斜度与估计位置有关,并通过求解椭圆轨迹的数学方程得到位置估计。值得注意的是,该方法不需要对估计位置进行低通滤波处理,从而提升了估计精度和动态性能。此外,文献[21]提出一种改进型高频旋转信号注入法,该方法利用增强型锁相环取代低通滤波器进行信息提取和信号解调,实现估计性能提升。

为解决电感交叉耦合效应和逆变器非线性等因素导致估计性能下降的问题,国内外学者提出许多有效的解决方案。其中,文献[22]对永磁同步电机转子结构重新进行设计,增强了电机的各向异性,从而降低电感交叉耦合效应对高频旋转信号注入法的不利影响。进一步,文献[23]提出一种新颖的旋转高频信号注入方法,在该方法中,通过向电机控制系统注入两个旋转频率不同和旋转方向各异的高频电压信号,有效降低系统延迟和逆变器非线性的影响,实现复杂工况下位置的准确估计。此外,文献[24]研究一种基于静止坐标系的高频方波电压注入方法,利用高频方波电压信号的频率特性进行信号解调,消除低通滤波器和数字延迟的不利影响。在此基础上,研究一种能够补偿电感交叉耦合影响的控制方法,显著改善了估计性能。

2）高频脉振信号注入法

高频脉振信号注入法在 1997 年由韩国首尔大学 S. K. Sul 等人首次提出并应用到感应电机无速度传感器控制系统中[25],2003 年 S. K. Sul 等人又将该方法进一步应用到表贴式永磁同步电机无位置传感器控制系统中[26]。根据注入信号的不同，高频脉振信号注入法可分为高频正弦信号注入法[25-35]和高频方波信号注入法[36-44]。与高频旋转信号注入法不同的是，高频脉振信号注入法（见图 1-6）仅需在估计坐标系的 d 轴进行信号注入，缓解信号注入带来的转矩脉动等问题。此外，该方法采用基于信号幅值的信号解调方法，简化了信号处理过程，降低了实现难度。

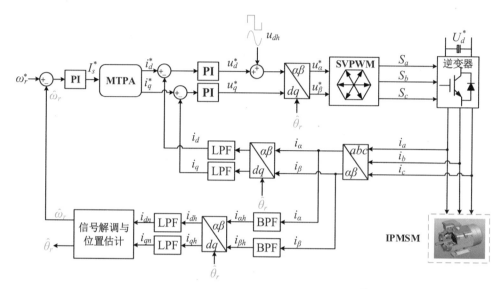

图 1-6　典型的基于高频脉振信号注入的估计方案

➤ 高频正弦信号注入法

在交流电机无传感器控制系统中，高频正弦信号注入法性能优良，且对电机非理想特性的依赖程度较小，因此在学术界和工业界备受关注。为解决高频正弦信号注入法收敛时间长、系统稳定性有限等问题，文献[27]提出一种高频正弦信号注入方法，该方法在三相自然坐标系中注入三个频率不同和幅值各异的高频正弦电压信号，消除系统延迟的影响。考虑到电感交叉耦合效应的不利影响，对电感交叉耦合带来的估计误差进行估计和补偿，从而实现估计性能提升。针对滤波器的使用导致系统动态性能欠佳的问题，文献[30]在高频正弦电压注入法中采用双频陷波器级联低通滤波器进行信号解调，提升滤波能力的同时，还能拓展系统带宽。进一步，文献[32]分别在 d 轴和 q 轴注入高频正弦电压信号，并离线测量电感交叉耦合误差。进一步，对所测量的耦合误差进行补偿，消除电感交叉耦合的不利影响。此外，文献[35]提出一种新颖的高频正弦电压注入方法，该方法利用高频正序电流和高频负序电流进行信号解调，降低高频噪声和系统延迟的影响，从而提升估计精度。

➤ 高频方波信号注入法

相比于高频正弦信号注入法，高频方波注入法在信息提取和信号解调时避免了低通滤波器的使用，且注入信号的频率进一步得到提高，显著改善了估计性能，因此，在交流电机无传感器控制系统广受欢迎[36-44]。针对电压误差恶化高频方波注入方法性能的问题，文献[37]提出一种改进型高频方波注入方法，该方法向电机控制系统分别注入高频方波正序电压信号和负序电压信号，提升位置估计对电压误差的鲁棒性。进一步，文献[41]研究一种注入信号频率达到开关频率的高频方波注入方法，并采用一种电流过采样方法准确提取估计误差信息，从而保证估计性能。文献[42]针对逆变器非线性降低估计精度的问题，提出一种新颖的高频电流响应分量提取方法，该方法直接在自然坐标系对高频电流响应进行提取，并根据逆变器非线性对高频电流响应的影响特征，对其进行合理补偿。此外，文献[44]在谐波子空间中进行高频方波信号注入，克服信号注入带来的转矩脉动问题。此外，利用龙伯格观测器取代低通滤波器进行信号解调，简化信号处理过程并拓展系统带宽，从而提升估计精度和动态性能。

➢ 随机高频信号注入法

高频信号注入方法虽在低速工况时表现出良好的估计性能，但这种方法不可避免会产生噪声。电机噪声不仅对环境不友好，还会影响人们的健康和感官舒适性。对此，国内外学者经过深入研究，提出了诸多富有成效的解决方案，这其中尤以随机高频信号注入方法最为引人关注[45-53]。随机高频信号注入法（见图1-7）由 S. Taniguchi 等人在2014年提出，其思路来源于随机脉宽调制，主要是通过随机化频率降低高频噪声[45]。

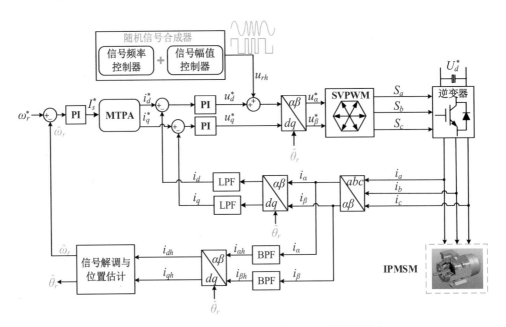

图 1-7 典型的基于随机高频信号注入的估计方案

文献[46]提出了一种具有随机开关频率的高频方波信号注入方法，在该方法中，注入的电压信号频率随着开关频率变化而变化，如此，有效扩展高频电流响应和 PWM信号的功率谱密度，从而削弱注入信号和 PWM 信号带来的高频噪声。文献[47]研究一种基于马尔可夫链的随机高频信号注入方法，该方法通过对高频电流响应的功率谱进行重塑，有效抑制高频噪声影响。进一步，文献[49]提出一种具有随机频率的三角波信号注入方法，该方法以两个不同频率的三角波电压信号为基础，合成具有随机频率的三角波信号进行位置估计，降低信号注入带来的噪声影响。此外，文献[51]提出一种随机高频信号注入和高频脉振信号注入相结合的估计方法，该方法能够消除电流响应功率谱中的离散谐波，有效降低可听噪声。同时，设计了一种高性能的信号解调方案，降低电压畸变对估计性能的影响。

> 伪随机高频信号注入法

在随机高频信号注入方法的启发下，有学者进一步提出伪随机高频信号注入方法，解决高频信号注入带来的噪声问题[54-56]。伪随机高频信号注入法是在每个注入周期中，从两个或多个不同频率的高频信号中随机选择一个高频信号进行注入，提升电流响应的功率谱密度，从而实现噪声有效抑制。文献[54]提出了一种伪随机高频方波电压注入方法，该方法将两个不同频率的高频电压信号随机注入到估计的转子参考系中，并重新设计一种信号解调方法，克服高频噪声和数字延时影响下估计性能下降的问题。在文献[54]的基础上，文献[55]进一步研究一种改进型伪随机信号注入方法，该方法通过调整高频电压信号注入方式，减少高频电流响应中的直流偏置，并提出一种高性能信号处理方法，消除高频电流响应中的数字延迟，实现估计精度和噪声抑制性能的提升。此外，文献[56]提出了一种伪随机高频三角波信号注入方法，该方法能够消除电流响应功率谱密度的离散谐波，并且，注入的高频信号幅值能够随着负载变化而自适应调整，有效降低转矩脉动和高频噪声。

当交流电机运行在极低速（甚至零速）工况时，高频信号注入法能够提供良好的估计性能，且对电机参数依赖性较小。然而，这种方法对交流电机的非理想特性要求较高，通用性需要进一步提升。此外，这种方法需要向电机控制系统注入高频信号，可能会带来诸如转矩脉动、额外损耗、高频噪声等问题。虽然通过改变注入信号形式，上述问题得到一定缓解，但完全消除高频信号注入带来的不利影响仍需进一步研究。

1.2.2　适用于中高速工况的无传感器控制技术

当交流电机运行在中高速工况时，信号信噪比明显提升，常采用基于电机模型的无传感器控制技术进行速度（位置）的估计。相较于基于电机非理想特性的无传感器控制技术，基于电机模型的无传感器控制技术具有结构简单、易于实现、通用性好等优点，且无须注入额外的信号，避免了对电机运行性能的不利影响。根据控制形式，基于电机模型的无传感器控制技术可分为开环估计算法[57-81]和闭环估计算法[82-186]。

1. 开环估计算法

开环估计算法在估计速度（位置）没有反馈修正的情况下，利用电压、电流信号等系统易测变量直接计算估计速度（位置），常见的开环估计算法有直接计算法[57-60]和开环磁链法[61-81]。

1）直接计算法

直接计算法利用电压、电流信号建立磁链（反电动势）观测器，并根据所估计的磁链（反电动势），利用三角函数直接计算得到速度（位置）信息，如图1-8所示。文献[57]利用电压、电流信号构建磁链观测器得到估计磁链，进一步利用反正切函数得到估计位置，并对估计位置进行微分处理，得到估计速度。然而，在这种方法中，磁链观测器采用的是电压模型，磁链观测性能易受到直流偏置、采样误差以及电机参数变化的不利影响，估计性能难以得到保证。对此，文献[59]利用低通滤波器替代纯积分器，并对磁链幅值进行补偿，从本质上消除直流偏置对磁链估计的影响，从而改善了估计性能。此外，文献[60]提出一种闭环磁链观测器用于感应电机无速度传感器控制系统，该观测器集合电压模型和电流模型的优点，同时规避电压模型和电流模型的缺点，显著提升了估计性能和鲁棒性。

直接计算法具有结构简单、易于实现等优点，但其性能依赖于磁链观测精度，且易受到直流偏置、采样误差、参数变化等扰动的影响。

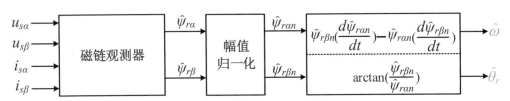

图 1-8　典型的基于直接计算的估计方案

2）间接磁链法

磁链包含速度和位置信息，间接磁链法（见图1-9）通过构建磁链观测器对磁链进行估计，并利用估计磁链实现速度（位置）估计。由于这种方法对磁链观测要求较高，因此，对于间接磁链法的研究主要集中在磁链观测器的设计方面。

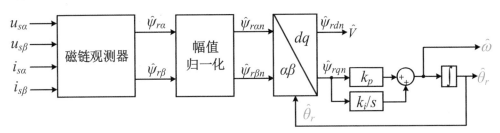

图 1-9　典型的基于间接磁链的估计方案

➤　基于低通滤波器的磁链观测器

在传统磁链观测器中，纯积分环节的使用导致磁链观测易受到直流偏置、采样误差、电机参数变化等扰动的影响。为此，有学者利用低通滤波器替代纯积分环节实现磁链估计性能提升[61-65]。其中，文献[61]利用低通滤波器代替纯积分环节，同时对磁链幅值进行补偿，并通过调整低通滤波器与幅值补偿环节的顺序，提升磁链观测器的动态性能。在此基础上，文献[62]研究一种基于改进层叠式可编程低通滤波器的磁链观测器。在该观测器中，通过调整幅值补偿和低通滤波顺序，进一步改善磁链估计性能。这两种方法虽能降低直流偏置的不利影响，但均会带来幅值衰减和相位偏移等问题。进一步，文献[63]采用五阶低通滤波器串联高通滤波器和逻辑计算单元代替纯积分环节，消除直流偏置对磁链估计的不利影响。此外，文献[65]研究一种可编程低通滤波器代替纯积分环节用于转子磁链估计。在该观测器中，采用截止频率可变的低通滤波器替代纯积分环节，有效解决幅值衰减和相位偏移的问题。采用低通滤波器代替纯积分环节虽可解决直流偏置等问题，但会引入幅值衰减和相位偏差等问题，需要进一步优化滤波器结构解决上述问题，但这会显著增加计算负担和参数调谐难度。

> 带有补偿单元的磁链观测器

有学者通过在磁链观测器中引入补偿单元用于改善磁链估计性能[66-71]。文献[66]采用可编程低通滤波器对反电动势估计进行补偿，并引入一种定子电阻压降补偿方案，降低电机参数变化的影响。进一步，文献[67]提出一种具有自适应补偿功能的磁链观测器，该观测器采用 PI 控制器和滤波器分别消除直流偏移和谐波分量，保证磁链观测器的输出仅包含基波分量。并且，所设计的 PI 控制器参数仅与电机速度相关，使得观测器能在宽速域范围内提供良好的估计性能。文献[68]针对低载波比工况时磁链观测器的带载能力下降和稳定性欠佳等问题，设计一种带有反馈延时自适应补偿的磁链观测器，并采用一种高性能离散方式，提高低载波比工况下磁链观测精度和运行稳定性。此外，文献[69]研究一种带有位置估计误差补偿的磁链观测器，在该观测器中，分析了磁链估计和位置估计误差之间的关系，并提出一种基于 PI 控制器的自适应校正环节，提升磁链观测器的鲁棒性。带有补偿单元的磁链观测器虽能够改善磁链观测性能和鲁棒性，但额外的补偿单元可能会带来诸如参数调谐复杂、计算负担沉重等问题。

> 新型结构的磁链观测器

此外，有学者设计新型结构的磁链观测器实现高性能磁链观测[72-81]。文献[72]依据二阶广义积分器特性，研究一种基于双二阶广义积分器的磁链观测器，该观测器在无需额外补偿单元的情况下，有效解决幅值衰减和相位偏移等问题。在文献[72]的基础上，文献[73]提出一种基于多重二阶广义积分器的磁链观测器，该观测器实现磁链准确估计的同时，还能消除特定谐波分量对磁链估计的不利影响。进一步，文献[75]提出一种基于四阶广义积分器的磁链观测器，该观测器在基于二阶广义积分器的磁链观测器的基础上，引入一个二阶带通滤波器滤除直流偏置和特定谐波分量，显著提升磁链估计的鲁棒性，但由于该观测器增加了系统阶数，导致系统动态性能欠佳。此外，文献[78]研究一种基于畸变最小的磁链观测器，在该观测器中，采用基于二阶带通滤波器的扰动提取单元，消除直流偏置和低次谐波分量的影响。

间接磁链法具有实现简单、通用性好等优点，但该方法同样对磁链观测要求较高，因此，设计高性能磁链观测器是保障估计性能的关键。

2. 闭环估计算法

相较于开环估计算法，闭环估计算法通过在状态估计方程中引入校正项，对状态估计方程进行动态调整，以此构成闭环状态估计。常见的闭环估计算法包含模型参考自适应（Model Reference Adaptive System，MRAS）算法[82-120]和观测器[121-186]等。

1）模型参考自适应算法

模型参考自适应算法主要由参考模型、可调模型与自适应律构成，如图 1-10 所示，在系统参考输入的作用下，分别得到参考模型输出变量与可调模型输出变量，并对参考模型输出变量和可调模型输出变量做差得到校正误差。在此基础上，以校正误差作为自适应律的输入，计算得到估计变量，并将估计变量反馈到可调模型中，使参考模型和可调模型的输出误差趋近于 0。根据校正误差的信号类型，模型参考自适应算法可分为电流型模型参考自适应算法[82-92]、磁链型模型参考自适应算法[93-102]、反电动势型模型参考自适应算法[103-105]、功率型模型参考自适应算法[106-114]以及其他新型模型参考自适应算法[115-120]等。

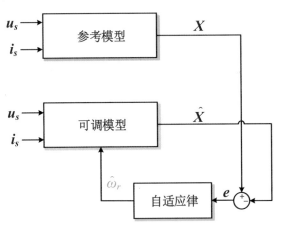

图 1-10　基于模型参考自适应算法的估计方案

➢　电流型模型参考自适应算法

电流型模型参考自适应算法利用电流作为校正项调整可调模型，使参考模型和可调模型的输出误差趋近于 0。由于电流在实际中容易测得，因此电流型模型参考自适应算法是较早应用的一种无传感器控制算法[82-92]。文献[82]首次利用电流型模型参考自适应算法实现速度估计，在该算法中，将感应电机状态空间模型和全阶状态观测器分别用作参考模型和可调模型，并依据李雅普诺夫稳定性理论推导得到自适应律用于速度估计。文献[83]同样采用电流型模型参考自适应算法进行速度估计，与文献[82]不同的是，该方法利用波波夫超稳定性理论设计自适应律。进一步，文献[84]提出一种基于励磁电流的模型参考自适应算法对电机速度和转子电阻同时进行估计，克服电机参数变化影响下估计性能下降的问题。此外，文献[89]系统分析电机参数变化对电流型模型参考自适应算法稳定性的影响，并给出系统稳定运行约束下电机参数变化的允许范围。文献[92]设计一种新颖的电流型模型参考自适应算法，在该算法中，设计一种自适应高增益观测器作为可调模型，并通过对观测器增益进行合理设计，保证该算法在极低速度和再生制动等工况下的估计性能。

> 磁链型模型参考自适应算法

与电流型模型参考自适应算法类似，磁链型模型参考自适应算法也是报道较早且应用较广的一种无速度传感器控制算法[93-102]。文献[93]和文献[94]最早将磁链型模型参考自适应算法应用到感应电机无传感器控制系统，在该算法中，分别将电压模型和电流模型作为参考模型和可调模型，实现速度估计。然而，在这种算法中，电压模型易受到电机参数变化、直流偏置、采样噪声等扰动的影响，导致估计性能欠佳。对此，文献[95]设计一种闭环磁链观测器作为参考模型，该观测器结合电压模型和电流模型的优点，有效消除电机参数变化和直流偏置的不利影响，有效保证估计性能。进一步，文献[96]将滑模变结构控制引入电压模型中，提升速度估计的收敛速度和鲁棒性，但由于该算法采用了符号函数，导致磁链估计出现明显抖振，从而降低了速度估计性能。此外，文献[98]设计一种带有自适应增益的高阶滑模观测器作为参考模型，该观测器通过对滑模增益进行合理设计，有效解决系统抖振问题。此外，对可调模型采用一种改进型离散化方法，降低离散误差，保证宽速域范围内估计方案的稳定运行。

> 反电动势型模型参考自适应算法

相较于磁链型模型参考自适应算法，在反电动势型模型参考自适应法中，由于反电动势估计取消了纯积分环节，从而一定程度上提升了估计方案的鲁棒性[103-105]。文献[103]最早采用反电动势型模型参考自适应算法进行速度估计，在该算法中，由于取消了可调模型纯积分环节，消除直流偏置影响的同时，还能提升系统动态性能。进一步，文献[104]提出了一种新颖的反电动势型模型参考自适应算法，该算法以电压模型作为参考模型，并引入补偿单元，显著改善系统鲁棒性。此外，文献[105]研究一种反电动势型模型参考自适应算法用于双馈感应发电机驱动系统，该算法依据双馈感应发电机的定子侧数学模型和转子侧数学模型，分别推导得到参考模型和可调模型，并依据波波夫超稳定性理论设计自适应律，实现宽速域范围内速度准确估计和快速动态响应。

> 功率型模型参考自适应算法

为进一步提升估计方案的鲁棒性，有学者研究功率型模型参考自适应算法，按照表现形式，功率型模型参考自适应算法可进一步分为无功功率型模型参考自适应算法[106-110]、有功功率型模型参考自适应算法[111-112]以及虚拟功率型模型参考自适应算法[113-114]。文献[106]首次采用无功功率型模型参考自适应算法实现速度估计，相较于磁链型模型参考自适应算法，该算法对电机参数变化具有良好的鲁棒性。进一步，文献[107]提出一种适用于旋转坐标系的无功功率型模型参考自适应算法，该算法无需磁链估计和定子电阻信息，因此消除了直流偏置和定子电阻变化对估计方案的影响，但该算法在再生制动工况时易出现性能下降甚至系统失稳的问题。对此，文献[108]进一步研究一种无功功率型模型参考自适应算法，该算法通过改变无功功率表达式，实现不同工况下系统的稳定运行。文献[111]提出一种有功功率型模型参考自适应算法，该算法无需磁链估计，系统动态性能得到明显改善。此外，文献[112]研究一种虚拟功率型模型参考自适应算法，该算法能够实现再生制动工况时的稳定运行，但由于引入了定子电阻参数，算法鲁棒性需要进一步提升。

➤ 其他新型模型参考自适应算法

近年来，国内外学者对模型参考自适应算法进一步研究，提出许多新颖的模型参考自适应算法[115-120]。文献[115]提出一种电压型模型参考自适应算法，该算法无需定子电阻、定子电感和转子电阻信息，系统鲁棒性得到显著提升。进一步，文献[116]提出一种阻抗型模型参考自适应算法，该算法以感应电机 d 轴等效电路阻抗和 q 轴等效电路阻抗作为参考模型和可调模型，无需磁链计算且不依赖于定子电阻信息，因此显著提升了动态性能和系统鲁棒性。文献[118]提出一种基于电机阻抗角的模型参考自适应算法。其中，电机阻抗角的参考值是从电压和电流信号中直接提取得到，而电机阻抗角的可调值则是利用等效电路阻抗实时计算得到。该方法能够使参考模型和可调模型完全解耦，从而实现宽速域范围内速度准确估计。

模型参考自适应算法原理简单、通用性好、易于实现，是目前交流电机无传感器控制系统常用的一种方法。然而，该方法依赖于电机数学模型，因此估计性能易受到电机参数变化的不利影响。此外，模型参考自适应算法运行在极低速和再生制动等工况时可能会出现性能下降甚至控制失稳的问题。因此，对于模型参考自适应算法而言，提升参数鲁棒性和系统稳定性至关重要。

2）观测器

观测器利用系统易测变量（如电压、电流信号），通过状态重构方法间接估计系统难以测量的变量，为状态反馈提供可行性。在此基础上，依据测量变量和估计变量实现速度（位置）估计。常见的观测器有全阶状态观测器（Adaptive Full-order Observer，AFO）[121-137]、降阶状态观测器（Adaptive Reduced-order Observer，ARO）[138-144]、滑模观测器（Sliding Mode Observer，SMO）[145-162]、扩展卡尔曼滤波器（Extended Kalman Filter，EKF）[163-175]以及扩展状态观测器（Extended State Observer，ESO）[176-186]等。

➤ 全阶状态观测器

全阶状态观测器在电机状态方程的基础上，引入校正项并设计自适应律对观测器进行调整，使得观测器校正误差趋近于 0。注意到，全阶状态观测器输出的状态变量与输入的状态变量数量相同。全阶状态观测器具有易于实现、通用性好等优点，因此，在交流电机无传感器控制系统备受关注[121-137]。然而，当电机参数发生变化后，全阶状态观测器面临着性能下降甚至控制失稳等挑战。此外，当电机运行在低速和再生制动等工况时，全阶状态观测器易出现控制失稳现象。因此，国内外学者针对全阶状态观测器的稳定性和鲁棒性提升积极开展研究。

为提升全阶状态观测器的稳定性，文献[121]详细分析全阶状态观测器的反馈增益和稳定边界之间的关系，在此基础上，重新设计观测器的反馈增益，并利用李雅普诺夫稳定性理论，证明所设计全阶状态观测器的稳定性。文献[122]利用自适应控制理论，推导全阶状态观测器稳定运行的充分必要条件，并以此对全阶状态观测器进行优化设计，扩大观测器的稳定运行范围。进一步，文献[123]利用时频域分析方法揭示全阶状态观测器控制失稳机理，并对其不稳定区域进行量化界定。随后，设计一种基于误差加权的自适应律，实现全阶状态观测器在低速工况时的稳定运行。针对低开关频率导致观测器估计精度和稳定性显著下降的问题，文献[128]在混合坐标系下对全阶状态观测器进行高精度离散化，同时在 z 域中对观测器的反馈增益进行设计，保证全阶状态观测器的稳定运行。此外，研究一种基于 d 轴电流误差的自适应律，实现不同工况下速度准确估计。

为提升全阶状态观测器的鲁棒性，文献[129]对全阶状态观测器的参数敏感性进行详细分析，全面揭示转子电阻、定子电阻、励磁电感和漏感等电机参数变化对速度估计的影响规律，为全阶状态观测器的增益设计提供有力参考。文献[130]在全阶状态观测器中引入定子电阻和转子电阻在线辨识方案，并重新设计全阶状态观测器增益，保障全阶状态观测器的稳定运行。进一步，文献[131]详细分析低速运行时定子电阻变化对全阶状态观测器性能的影响，并设计带有双辨识参数的全阶自适应观测器，有效提升低速运行时的系统带载性能。此外，文献[132]首先对带有定子电阻和转子电阻在线辨识的全阶状态观测器进行综述，在此基础上，设计一种新颖的全阶状态观测器，通过引入校正项和滤波回归算法，全面提升观测器的稳定性和鲁棒性。

➢　降阶状态观测器

与全阶状态观测器相比，降阶状态观测器仅对系统部分状态变量进行估计，由于降低了观测器阶数，系统复杂性和计算负担显著下降[138-144]。同样，对降阶状态观测器的研究主要集中在稳定性和鲁棒性提升。文献[138]提出一种基于降阶状态观测器的无速度传感器控制方法，该观测器无须对磁链进行估计，从而提升系统动态性能。然而，该观测器未能解决电机参数变化的问题，当电机参数发生变化后，估计性能难以得到保证。进一步，文献[139]设计一种具有完全稳定性的降阶状态观测器，同时给出观测器增益的设计方法，实现不同工况下观测器的稳定运行。文献[140]提出一种带有定子电阻在线辨识的降阶状态观测器。在该观测器中，推导了降阶观测器的稳定性条件和增益设计方法，同时，在观测器中引入一种定子电阻在线辨识方法，有效抑制电机参数变化的影响。文献[144]面向双馈电机无位置传感器控制系统，研究一种高性能降阶状态观测器。该观测器依据双馈电机的定子方程进行设计，同时利用线性化方法对观测器稳定性进行详细分析，并以此对观测器增益进行合理设计。

➢　滑模观测器

滑模观测器在电机状态方程中引入滑模变结构，并通过高频率开关不断调整观测器，最终使估计变量收敛于实际变量。与其他观测器相比，滑模观测器收敛速度较快，且对扰动具有一定的鲁棒性，因此在交流电机无传感器控制系统中广受欢迎。然而，由于采用符号函数，滑模观测器性能受到系统抖振的影响[145-162]。

为降低抖振对估计性能的影响，有学者重新设计开关函数替代传统符号函数。其中，文献[149]利用具有可变边界的饱和函数替代传统的符号函数，有效抑制系统抖振影响，从而改善估计性能。在此基础上，文献[150]设计一种新颖的滑模观测器，该观测器采用固定边界饱和函数作为开关函数，几乎完全消除系统抖振，且在未知扰动影响下仍展现出良好的估计性能。然而，上述两种方法在系统不确定性较大时，抖振抑制效果欠佳，且稳定性分析和参数调谐需要进一步研究。文献[153]和文献[154]采用双曲函数作为开关函数，在无需滤波器的情况下即可实现系统抖振的有效抑制。此外，文献[155]设计一种易于实现的分段平方根切换函数作为开关函数，削弱系统抖振的不利影响，同时采用一种改进型锁相环，通过增加微分环节用于提高估计精度。

有学者采用高阶滑模观测器抑制系统抖振的不利影响，文献[156]借助于超螺旋控制理论，设计一种二阶滑模观测器进行速度估计，该观测器能够有效降低抖振影响，且对转子电阻变化具有强鲁棒性。同时，引入一种定子电阻在线辨识方案，保证低速工况下的估计性能。进一步，文献[158]设计一种带有自适应增益的二阶滑模观测器，并引入一种逆变器非线性补偿方案，保证宽速域范围内的估计性能。此外，文献[161]提出一种基于高阶终端滑模观测器的估计方案，在该观测器中，设计一种高阶滑模控制律降低系统抖振的影响，并采用一个新型终端滑模面保证估计变量的快速收敛。与传统滑模观测器相比，该观测器在不牺牲系统鲁棒性的情况下，实现速度和位置的准确估计。

> 扩展卡尔曼滤波器

扩展卡尔曼滤波器从电机的状态空间方程出发，利用系统的输入变量和输出变量，实现系统所需状态变量的最优估计。扩展卡尔曼滤波器具有强鲁棒性，能够从复杂干扰中实现状态变量的最优估计，但在估计过程中需要调谐多个参数，并且计算负担沉重[163-175]。

为提升扩展卡尔曼滤波器的估计性能，文献[164]研究一种双输入扩展卡尔曼滤波器，该方法采用两个输入信号，对定子电阻、转子电阻以及电机速度同时进行估计，克服传统扩展卡尔曼滤波器因状态数量有限导致估计性能欠佳的问题。此外，文献[167]提出一种基于多端口模型的扩展卡尔曼滤波器，该观测器由两个基于多端口模型的扩展卡尔曼滤波器组成，并通过改变系统权重对两个扩展卡尔曼滤波器的输出进行调配，实现估计性能的提升。针对传统扩展卡尔曼滤波器存在相位延迟的问题，文献[169]提出一种谐振卡尔曼滤波器用于反电动势估计，有效降低相位延迟影响。在此基础上，采用一种基于广义积分谐振器的扰动估计方案，对扰动造成的估计误差进行有效补偿。

为降低扩展卡尔曼滤波器的计算负担，文献[171]利用多目标差分进化算法，并结合不同的适应度函数，对扩展卡尔曼滤波器的协方差矩阵进行优化，从而提升扩展卡尔曼滤波器的计算效率。在此基础上，文献[172]提出了一种自适应扩展卡尔曼滤波器，该观测器依据电机运行工况，在线更新扩展卡尔曼滤波器的协方差矩阵参数，降低计算负担。进一步，文献[174]提出一种带有延迟补偿的自适应准衰减卡尔曼滤波器，通过在预测误差协方差矩阵中引入准衰落因子，并对系统延迟进行补偿，实现计算效率的提升。此外，文献[175]提出三种扩展卡尔曼滤波器，并对这三种观测器的性能进行分析对比，结果表明基于混合模型的扩展卡尔曼滤波器在全速域展现出良好的估计性能，还能降低计算负担。

> ➤ 扩展状态观测器

扩展状态观测器将系统扰动视为一个新的状态变量，并结合电机状态空间方程，对系统扰动进行估计和补偿，从而提升系统的抗扰能力[176-186]。文献[177]采用一种改进型扩展状态观测器，该观测器由两个扩展状态观测器级联而成，对系统扰动进行准确估计和有效补偿。类似地，文献[178]研究一种增强型扩展状态观测器，该观测器由两个线性扩展状态观测器和一个电流控制器组成，其中一个线性扩展状态观测器用于反电动势估计，实现速度和位置估计；另一个线性扩展状态观测器用于系统扰动估计，提高电流环控制性能。进一步，文献[180]提出了一种自适应三阶非线性扩展状态观测器，该观测器依据估计误差对观测器增益进行优化设计，提升估计性能的同时，还能抑制系统噪声。此外，文献[182]提出一种改进型扩展状态观测器，该观测器由一个纯积分环节和正弦干扰估计单元组成，对系统快速变化的干扰进行有效估计，并对估计的扰动进行合理补偿，从而实现宽速域范围内速度和位置的准确估计。

观测器以其结构简单、易于实现、性能良好等优点，逐渐成为一种广受青睐的无传感器控制技术。然而，与模型参考自适应算法类似，观测器是基于电机数学模型建立的，当电机参数发生变化后，其估计性能明显下降。并且，在某些工况下（如：极低速和再生制动等工况），观测器的稳定性明显下降。因此，提升观测器的稳定性和鲁棒性，对保证估计性能至关重要。

1.2.3　小　结

受复杂运行环境和多变运行工况的影响，加之在强电热应力和机械应力的长期作用下，速度（位置）传感器频繁发生故障，严重威胁交流电机驱动系统的安全可靠运行。对此，国内外学者围绕高性能无传感器控制技术积极开展研究，并取得显著的研究成果。然而，随着应用场景的不断延拓以及控制要求的逐渐提高，交流电机驱动系统面临的运行环境和运行工况更加复杂多变，导致既有无传感器控制技术存在鲁棒性不高、稳定裕度不足、适应性不强等挑战，难以满足交流电机驱动系统的可靠性需求。

对此，本书面向交流电机驱动系统的可靠运行需求，在既有无传感器控制技术的基础上，进一步研究具有高适应性的无传感器控制技术。首先，以常用的感应电机和永磁同步电机为例，介绍了交流电机的数学模型及其矢量控制系统；进一步，分别介绍基于信号注入的无传感器控制技术和基于电机模型的无传感器控制技术，在此基础上，重点介绍了宽速度范围无传感器控制技术的具体实现；针对系统不同扰动导致估计性能下降的问题，研究基于高性能观测器的无传感器控制技术，实现不同扰动影响下速度（位置）准确估计；随后，对传统基于锁相环和锁频环的无传感器控制技术进行分析，研究基于新型锁相环和新型锁频环的无传感器控制技术，实现复杂工况影响下估计性能的提升；最后介绍了电流传感器故障影响下交流电机无传感器系统容错控制技术。

本章参考文献

[1] Blaschke F. A new method for the structural decoupling of AC machine[C]. IFAC Conference, 1971: 1-15.

[2] 宋文胜, 冯晓云. 电力牵引交流传动控制与调制技术[M]. 北京: 科学出版社, 2014.

[3] 张国强. 内置式永磁同步电机无位置传感器控制研究[D]. 哈尔滨工业大学, 2017.

[4] 尹少博. 轨道列车牵引感应电机无速度传感器控制策略研究[D]. 北京交通大学, 2021.

[5] 张航. 动车组永磁同步牵引电机多模式脉宽调制下的无位置传感器技术研究[D]. 西北工业大学, 2022.

[6] Abbondanti A, Brennen M B. Variable speed induction motor drives use electronic slip calculator based on motor voltages and currents[J]. IEEE Transactions on Industry Applications, 1975, 11 (5): 483-488.

[7] Joetten R, Maeder G. Control methods for good dynamic performance induction motor drives based on current and voltage as measured quantities[J]. IEEE Transactions on Industry Applications, 1983, 19 (3): 356-363.

[8] Schroedl M. Sensorless control of AC machines at low speed and standstill based on the "INFORM" method[C]. IEEE IAS 1996, 1996: 270-277.

[9] Robeischl E, Schroedl M. Optimized INFORM measurement sequence for sensorless PM synchronous motor drives with respect to minimum current distortion[J]. IEEE Transactions on Industry Applications, 2004, 40 (2): 591-598.

[10] Luo X, Tang Q, Shen A, Shen H, Xu J. A combining FPE and additional test vectors hybrid strategy for IPMSM sensorless control[J]. IEEE Transactions on Power Electronics, 2017, 33 (7): 6104-6113.

[11] Xie G, Lu K, Dwivedi S K, Riber R J, Wu W. Permanent magnet flux online estimation based on zero-voltage vector injection method[J]. IEEE Transactions on Power Electronics, 2015, 30 (12): 6506-6509.

[12] Xie G, Lu K, Dwivedi S K, Rosholm J R, Blaabjerg F. Minimum-voltage vector injection method for sensorless control of PMSM for low-speed operations[J]. IEEE Transactions on Power Electronics, 2016, 31 (2): 1785-1794.

[13] Wang G, Kuang J, Zhao N, Zhang G, Xu D. Rotor position estimation of PMSM in low-speed region and standstill using zero-voltage vector injection[J]. IEEE

Transactions on Power Electronics，2018，33（9）：7948-7958.

[14] Corley M J，Lorenz R D. Rotor position and velocity estimation for a salient-pole permanent magnet synchronous machine at standstill and high speeds[J]. IEEE Transactions on Industry Applications，1998，34（4）：784-789.

[15] Kim S I，Im J H，Song E Y，Kim R Y. A new rotor position estimation method of IPMSM using all-pass filter on high-frequency rotating voltage signal injection[J]. IEEE Transactions on Industrial Electronics，2016，63（10）：6499-6509.

[16] Wei J，Xue H，Zhou B，Zhang Z，Yang T. Rotor position estimation method for brushless synchronous machine based on second-order generated integrator in the starting mode[J]. IEEE Transactions on Industrial Electronics，2020，67（7）：6135-6146.

[17] 彭威，乔鸣忠，蒋超，张志斌，高键鑫. 基于正序分量在线位置误差补偿的旋转高频注入法[J]. 电工技术学报，2020，35（24）：5087-5095.

[18] 麦志勤，肖飞，刘计龙，张伟伟，连传强. 基于改进型自调整轴系幅值收敛电流解调算法的旋转高频电压注入法[J]. 电工技术学报，2021，36（10）：2049-2060.

[19] 麦志勤，刘计龙，肖飞，李科峰，郑云波. 基于估计位置反馈电流解调算法的改进型高频旋转电压注入无位置传感器控制策略[J]. 电工技术学报，2022，37（4）：870-881.

[20] Ortombina L，Berto M，Alberti L. Sensorless drive for salient synchronous motors based on direct fitting of elliptical-shape high-frequency currents[J]. IEEE Transactions on Industrial Electronics，2023，70（4）：3394-3403.

[21] Naderian M，Markadeh G A，Karimi-Ghartemani M，Mojiri M. Improved sensorless control strategy for IPMSM using an ePLL approach with high-frequency injection[J]. IEEE Transactions on Industrial Electronics，2024，71（3）：2231-2241.

[22] Wang T，Zhang H，Gao Q，Xu Z，Li J，Gerada C. Enhanced self-sensing capability of permanent-magnet synchronous machines：A novel saliency modulation rotor end approach[J]. IEEE Transactions on Industrial Electronics，2017，64（5）：3548-3556.

[23] Tang Q，Shen A，Luo X，Xu J. IPMSM sensorless control by injecting bidirectional rotating HF carrier signals[J]. IEEE Transactions on Power Electronics，2018，33（12）：10698-10707.

[24] Wang G，Xiao D，Zhang G，Li C，Zhang X，Xu D. Sensorless control scheme of IPMSMs using HF orthogonal square-wave voltage injection into a stationary reference frame[J]. IEEE Transactions on Power Electronics，2019，34（3）：2573-2584.

[25] Ha J I，Sul S K. Sensorless field orientation control of an induction machine by high

frequency signal injection[C]. IEEE IAS 1997，1997：426-432.

[26] Jang J H，Sul S K，Ha J I，Ide K，Sawamura M. Sensorless drive of surface-mounted permanent-magnet motor by high-frequency signal injection based on magnetic saliency[J]. IEEE Transactions on Industry Applications，2003，39（4）：1031-1039.

[27] Tang Q，Shen A，Luo X，Xu J. PMSM sensorless control by injecting HF pulsating carrier signal into ABC frame[J]. IEEE Transactions on Power Electronics，2017，32（5）：3767-3776.

[28] 赵文祥，刘桓，陶涛，邱先群. 基于虚拟信号和高频脉振信号注入的无位置传感器内置式永磁同步电机 MTPA 控制[J]. 电工技术学报，2021，36（24）：5092-5100.

[29] Wang H，Lu K，Wang D，Blaabjerg F. Simple and effective online position error compensation method for sensorless SPMSM drives[J]. IEEE Transactions on Industry Applications，2020，56（2）：1475-1484.

[30] 刘计龙，付康壮，麦志勤，肖飞，张伟伟. 基于双频陷波器的改进型高频脉振电压注入无位置传感器控制策略[J]. 中国电机工程学报，2021，41（2）：749-759.

[31] 王宇，邢凯玲，张成糕. 基于旋转综合矢量脉振高频电压注入的永磁磁通切换电机无位置传感器技术[J]. 中国电机工程学报，2022，42（19）：7224-7236.

[32] Shuang B，Zhu Z Q，Wu X. Improved cross-coupling effect compensation method for sensorless control of IPMSM with high frequency voltage injection[J]. IEEE Transactions on Energy Conversion，2022，37（1）：347-358.

[33] Dong S，Zhou M，You X，Wang C. A sensorless control strategy of injecting HF voltage into d-axis for IPMSM in full speed range[J]. IEEE Transactions on Power Electronics，2022，37（11）：13587-13597.

[34] Wu X，Zhu Z Q，Freire N M A. High frequency signal injection sensorless control of finite-control-set model predictive control with deadbeat solution[J]. IEEE Transactions on Industry Applications，2022，58（3）：3685-3695.

[35] Wang S，Li Z，Wu D，Zhao J. Sensorless control of SPMSM based on high-frequency positive-and negative-sequence current dual-demodulation[J]. IEEE Transactions on Industrial Electronics，2023，70（5）：4631-4639.

[36] Yoon Y D，Sul S K，Morimoto S，Ide K. High-bandwidth sensorless algorithm for AC machines based on square-wave-type voltage injection[J]. IEEE Transactions on Industry Applications，2011，47（3）：1361-1370.

[37] Ni R，Xu D，Blaabjerg F，Lu K，Wang G，Zhang G. Square-wave voltage injection algorithm for PMSM position sensorless control with high robustness to voltage errors[J]. IEEE Transactions on Power Electronics，2017，32（7）：5425-5437.

[38] Wu T，Luo D，Wu X，Liu K，Huang S，Peng X. Square-wave voltage injection based

PMSM sensorless control considering time delay at low switching frequency[J]. IEEE Transactions on Industrial Electronics，2022，69（6）：5525-5535.

[39]　Bi G，Zhang G，Wang Q，Ding D，Li B，Wang G，Xu D. High-frequency injection angle self-adjustment based online position error suppression method for sensorless PMSM drives[J]. IEEE Transactions on Power Electronics，2023，38（2）：1412-1417.

[40]　Yu K，Wang Z. Position sensorless control of IPMSM using adjustable frequency setting square-wave voltage injection[J]. IEEE Transactions on Power Electronics，2022，37（11）：12973-12979.

[41]　Benevieri A，Formentini A，Marchesoni M，Passalacqua M，Vaccaro L. Sensorless control with switching frequency square wave voltage injection for SPMSM with low rotor magnetic anisotropy[J]. IEEE Transactions on Power Electronics，2023，38（8）：10060-10072.

[42]　徐奇伟，熊德鑫，陈杨明，王益明，张雪锋. 基于新型高频纹波电流补偿方法的内置式永磁同步电机无传感器控制[J]. 电工技术学报，2023，38（3）：680-691.

[43]　王建渊，李英杰，景航辉，张彦平，王海啸. 基于静止轴系改进高频方波注入同步磁阻电机无传感器控制研究[J]. 电工技术学报，2023.

[44]　Yu K，Wang Z. Online decoupled multi-parameter identification of dual three-phase IPMSM under position-offset and HF signal injection[J]. IEEE Transactions on Industrial Electronics，2024，71（4）：3429-3440.

[45]　Taniguchi S，Yasui K，Yuki K. Noise reduction method by injected frequency control for position sensorless control of permanent magnet synchronous motor[C]. IEEE ECCE-Asia 2014，2014：2465-2469.

[46]　Zhang Y，Yin Z，Liu J，Zhang R，Sun X. IPMSM sensorless control using high-frequency voltage injection method with random switching frequency for audible noise improvement[J]. IEEE Transactions on Industrial Electronics，2020，67（7）：6019-6030.

[47]　Zhang Y，Yin Z，Du C，Liu J，Sun X. Noise spectrum shaping of random high-frequency-voltage injection based on Markov chain for IPMSM sensorless control[J]. IEEE Journal of Emerging and Selected Topics in Power Electronics，2020，8（4）：3682-3699.

[48]　Yang Z，Wang K，Sun X. Novel random square-wave voltage injection method based on Markov chain for IPMSM sensorless control[J]. IEEE Transactions on Power Electronics，2022，37（11）：13147-13157.

[49]　孙明阳，和阳，邱先群，陶涛，赵文祥. 随机频率三角波注入永磁同步电机无位置传感器降噪控制[J]. 电工技术学报，2023，38（6）：1460-1471.

[50] 王高林，毕广东，张国强. 基于随机高频正弦信号注入的永磁电机转子位置估计方法[J]. 黑龙江大学工程学报，2023，14（1）：28-37.

[51] Chen S，Ding W，Wu X，Hu R，Shi S. Novel random high-frequency square-wave and pulse voltage injection scheme-based sensorless control of IPMSM drives[J]. IEEE Journal of Emerging and Selected Topics in Power Electronics，2023，11（2）：1705-1721.

[52] Chen S，Ding W，Wu X，Huo L，Hu R，Shi S. Sensorless control of IPMSM drives using high-frequency pulse voltage injection with random pulse sequence for audible noise reduction[J]. IEEE Transactions on Power Electronics，2023，38（8）：9395-9408.

[53] Zhang P，Wang S，Li Y. A novel dual random scheme in signal injection sensorless control of IPMSM drives for high-frequency harmonics reduction[J]. IEEE Transactions on Power Electronics，2023，38（11）：14450-14462.

[54] Wang G，Yang L，Yuan B，Wang B，Zhang G，Xu D. Pseudo-random high-frequency square-wave voltage injection based sensorless control of IPMSM drives for audible noise reduction[J]. IEEE Transactions on Industrial Electronics，2016，63（12）：7423-7433.

[55] Wang G，Zhou H，Zhao N，Li C，Xu D. Sensorless control of IPMSM drives using a pseudo-random phase-switching fixed-frequency signal injection scheme[J]. IEEE Transactions on Industrial Electronics，2018，65（10）：7660-7671.

[56] Chen J，Fan Y，Wang W，Lee C H T，Wang Y. Sensorless control for SynRM drives using a pseudo-random high-frequency triangular-wave current signal injection scheme[J]. IEEE Transactions on Power Electronics，2022，37（6）：7122-7131.

[57] Bose B K，Patel N R，Rajashekara K. A start-up method for a speed sensorless stator-flux-oriented vector-controlled induction motor drive[J]. IEEE Transactions on Industrial Electronics，1997，44（4）：587-590.

[58] Nash J N. Direct torque control，induction motor vector control without an encoder[J]. IEEE Transactions on Industry Applications，1997，33（2）：333-341.

[59] Hu J，Wu B. New integration algorithms for estimating motor flux over a wide speed range[J]. IEEE Transactions on Power Electronics，1998，13（5）：969-977.

[60] Lascu C，Andreescu G D. Sliding-mode observer and improved integrator with DC-offset compensation for flux estimation in sensorless-controlled induction motors[J]. IEEE Transactions on Industrial Electronics，2006，53（3）：785-794.

[61] 何志明，廖勇，向大为. 定子磁链观测器低通滤波器的改进[J]. 中国电机工程学报，2008，28（18）：61-65.

[62] 何志明，廖勇，向大为. 基于改进层叠式可编程低通滤波器的磁链观测方法[J]. 电工技术学报，2008，23（4）：53-58.

[63] Wang Y，Deng Z. An integration algorithm for stator flux estimation of a direct-torque-controlled electrical excitation flux-switching generator[J]. IEEE Transactions on Energy Conversion，2012，27（2）：411-420.

[64] Wang Y，Deng Z. Improved stator flux estimation method for direct torque linear control of parallel hybrid excitation switched-flux generator[J]. IEEE Transactions on Energy Conversion，2012，27（3）：747-756.

[65] Stojic D，Milinkovic M，Veinovic S，Klasnic I. Improved stator flux estimator for speed sensorless induction motor drives[J]. IEEE Transactions on Power Electronics，2015，30（4）：2363-2371.

[66] Stojic D M，Milinkovic M，Veinovic S，Klasnic I. Stationary frame induction motor feed forward current controller with back EMF compensation[J]. IEEE Transactions on Energy Conversion，2015，30（4）：1356-1366.

[67] Wu C，Sun X，Wang J. A rotor flux observer of permanent magnet synchronous motors with adaptive flux compensation[J]. IEEE Transactions on Energy Conversion，2019，34（4）：2106-2117.

[68] Sun X，Wu C，Wang J. Adaptive compensation flux observer of permanent magnet synchronous motors at low carrier ratio[J]. IEEE Transactions on Energy Conversion，2021，36（4）：2747-2760.

[69] Lin X，Huang W，Jiang W，Zhao Y，Zhu S. A stator flux observer with phase self-tuning for direct torque control of permanent magnet synchronous motor[J]. IEEE Transactions on Power Electronics，2020，35（6）：6140-6152.

[70] Yu B，Shen A，Chen B，Luo X，Tang Q，Xu J，Zhu M. A compensation strategy of flux linkage observer in SPMSM sensorless drives based on linear extended state observer[J]. IEEE Transactions on Energy Conversion，2022，37（2）：824-831.

[71] Wu X，Yang D，Huang S，Yu X，Wu T，Huang S，Cui H. Improved rotor flux observer with disturbance rejection for sensorless SPMSM control[J]. IEEE Transactions on Transportation Electrification，2023.

[72] Xin Z，Zhao R，Blaabjerg F，Zhang L，Loh P C. An improved flux observer for field-oriented control of induction motors based on dual second-order generalized integrator frequency-locked loop[J]. IEEE Journal of Emerging and Selected Topics in Power Electronics，2017，5（1）：513-525.

[73] Zhao R，Xin Z，Loh P C，Blaabjerg F. A novel flux estimator based on multiple second-order generalized integrators and frequency-locked loop for induction motor

drives[J]. IEEE Transactions on Power Electronics，2017，32（8）：6286-6296.

[74] Jiang Y，Xu W，Mu C，Zhu J，Dian R. An improved third-order generalized integral flux observer for sensorless drive of PMSMs[J]. IEEE Transactions on Industrial Electronics，2019，66（12）：9149-9160.

[75] Xu W，Jiang Y，Mu C，Blaabjerg F. Improved nonlinear flux observer-based second-order SOIFO for PMSM sensorless control[J]. IEEE Transactions on Power Electronics，2019，34（1）：565-579.

[76] Zhang Y，Yin Z，Gao F，Liu J. Research on anti-DC bias and high-order harmonics of a fifth-order flux observer for IPMSM sensorless drive[J]. IEEE Transactions on Industrial Electronics，2022，69（4）：3393-3406.

[77] Jo G J，Choi J W. Gopinath model-based voltage model flux observer design for field-oriented control of induction motor[J]. IEEE Transactions on Power Electronics，2019，34（5）：4581-4592.

[78] Kim H S，Sul S K，Yoo H，Oh J. Distortion-minimizing flux observer for IPMSM based on frequency-adaptive observers[J]. IEEE Transactions on Power Electronics，2020，35（2）：2077-2087.

[79] Morawiec M，Lewicki A，Odeh C. Rotor-flux vector based observer of interior permanent synchronous machine[J]. IEEE Transactions on Industrial Electronics，2024，71（2）：1399-1409.

[80] 王天擎，王勃，于泳，徐殿国. 基于二阶变增益滑模的感应电机电压模型磁链观测器[J]. 中国电机工程学报，2023.

[81] Lin Q，Liu L，Liang D. Adaptive observer design for sensorless IPMSM drives with known regressors variant of extended EMF model[J]. IEEE Transactions on Power Electronics，2024，39（1）：212-224.

[82] Kubota H，Matsuse K，Nakano T. DSP-based speed adaptive flux observer of induction motor[J]. IEEE Transactions on Industry Applications，1993，29（2）：344-348.

[83] Yang G，Chin T H. Adaptive-speed identification scheme for a vector-controlled speed sensorless inverter-induction motor drive[J]. IEEE Transactions on Industry Applications，1993，29（4）：820-825.

[84] Kubota H，Matsuse K. Speed sensorless field-oriented control of induction motor with rotor resistance adaptation[J]. IEEE Transactions on Industry Applications，1994，30（5）：1219-1224.

[85] Kubota H，Sato I，Tamura Y，Matsuse K，Ohta H，Hori Y. Regenerating-mode low-speed operation of sensorless induction motor drive with adaptive observer[J].

IEEE Transactions on Industry Applications，2002，38（4）：1081-1086.

[86] Orlowska-Kowalska T，Dybkowski M. Stator-current-based MRAS estimator for a wide range speed-sensorless induction-motor drive[J]. IEEE Transactions on Industrial Electronics，2010，57（4）：1296-1308.

[87] 王庆龙，张兴，张崇巍. 永磁同步电机矢量控制双滑模模型参考自适应系统转速辨识[J]. 中国电机工程学报，2014，34（6）：897-902.

[88] Reddy C U，Prabhakar K K，Singh A K，Kumar P. Speed estimation technique using modified stator current error-based MRAS for direct torque controlled induction motor drives[J]. IEEE Journal of Emerging and Selected Topics in Power Electronics，2020，8（2）：1223-1235.

[89] Korzonek M，Tarchala G，Orlowska-Kowalska T. Simple stability enhancement method for stator current error-based MRAS-Type speed estimator for induction motor[J]. IEEE Transactions on Industrial Electronics，2020，67（7）：5854-5866.

[90] Sun X，Zhang Y，Tian X，Cao J，Zhu J. Speed sensorless control for IPMSMs using a modified MRAS with gray wolf optimization algorithm[J]. IEEE Transactions on Transportation Electrification，2022，8（1）：1326-1337.

[91] 宋文祥，任航，叶豪. 基于 MRAS 的双三相永磁同步电机无位置传感器控制研究[J]. 中国电机工程学报，2022，42（3）：1164-1174.

[92] Tir Z，Orlowska-Kowalska T，Ahmed H，Houari A. Adaptive high gain observer based MRAS for sensorless induction motor drives[J]. IEEE Transactions on Industrial Electronics，2024，74（1）：271-281.

[93] Schauder C. Adaptive speed identification for vector control of induction motors without rotational transducers[C]. IEEE IAS 1989，1989：493-499.

[94] Schauder C. Adaptive speed identification for vector control of induction motors without rotational transducers[J]. IEEE Transactions on Industry Applications，1992，28（5）：1054-1061.

[95] Lascu C，Boldea I，Blaabjerg F. A modified direct torque control for induction motor sensorless drive[J]. IEEE Transactions on Industry Applications，2000，36（1）：122-130.

[96] Comanescu M，Xu L. Sliding-mode MRAS speed estimators for sensorless vector control of induction machine[J]. IEEE Transactions on Industrial Electronics，2006，53（1）：146-153.

[97] 黄进，赵力航，刘赫. 基于二阶滑模与定子电阻自适应的转子磁链观测器及其无速度传感器应用[J]. 电工技术学报，2013，28（11）：54-61.

[98] Wang T，Wang B，Yu Y，Xu D. High-order sliding-mode observer with adaptive gain

for sensorless induction motor drives in the wide-speed range[J]. IEEE Transactions on Industrial Electronics, 2023, 70（11）: 11055-11066.

[99] Pal A, Das S, Chattopadhyay A K. An improved rotor flux space vector based MRAS for field-oriented control of induction motor drives[J]. IEEE Transactions on Power Electronics, 2018, 33（6）: 5131-5141.

[100] Aliaskari A, Zarei B, Davari S A, Wang F, Kennel R M. A modified closed-loop voltage model observer based on adaptive direct flux magnitude estimation in sensorless predictive direct voltage control of an induction motor[J]. IEEE Transactions on Power Electronics, 2020, 35（1）: 630-639.

[101] Nair R, Narayanan G. Stator flux based model reference adaptive observers for sensorless vector control and direct voltage control of doubly-fed induction generator[J]. IEEE Transactions on Industry Applications, 2020, 56（4）: 3776-3789.

[102] Xie H, Wang F, He Y, Rodriguez J, Kennel R. Encoderless parallel predictive torque control for induction machine using a robust model reference adaptive system[J]. IEEE Transactions on Energy Conversion, 2022, 37（1）: 232-242.

[103] Peng F, Fukao T. Robust speed identification for speed-sensorless vector control of induction motors[C]. IEEE IAS 1993, 1993: 419-426.

[104] Dehghan-Azad E, Gadoue S, Atkinson D, Slater H, Barrass P, Blaabjerg F. Sensorless control of IM for limp-home mode EV applications[J]. IEEE Transactions on Power Electronics, 2017, 32（9）: 7140-7150.

[105] Lu L Y, Avila N F, Chu C C, Yeh T W. Model reference adaptive back-electromotive-force estimators for sensorless control of grid-connected DFIGs[J]. IEEE Transactions on Industry Applications, 2018, 54（2）: 1701-1711.

[106] Peng F, Fukao T. Robust speed identification for speed-sensorless vector control of induction motors[J]. IEEE Transactions on Industry Applications, 1994, 30（5）: 1234-1240.

[107] Maiti S, Chakraborty C, Hori Y, Ta M C. Model reference adaptive controller-based rotor resistance and speed estimation techniques for vector controlled induction motor drive utilizing reactive power[J]. IEEE Transactions on Industrial Electronics, 2008, 55（2）: 594-601.

[108] Teja A V R, Verma V, Chakraborty C. A new formulation of reactive-power-based model reference adaptive system for sensorless induction motor drive[J]. IEEE Transactions on Industrial Electronics, 2015, 62（11）: 6797-6808.

[109] Rai R, Shukla S, Singh B. Reactive power based MRAS for speed estimation of solar fed induction motor with improved feedback linearization for water pumping[J].

IEEE Transactions on Industrial Informatics，2020，16（7）：4714-4725.

[110] Xu W, Hussien M G, Liu Y, Allam S M. Sensorless control of ship shaft stand-alone BDFIGs based on reactive-power MRAS observer[J]. IEEE Journal of Emerging and Selected Topics in Power Electronics，2021，9（2）：1518-1531.

[111] Kumar M, Das S, Kiran K. Sensorless speed estimation of brushless doubly-fed reluctance generator using active power based MRAS[J]. IEEE Transactions on Power Electronics，2019，34（8）：7878-7886.

[112] Kashif M, Singh B. Modified active-power MRAS based adaptive control with reduced sensors for PMSM operated solar water pump[J]. IEEE Transactions on Energy Conversion，2023，38（1）：38-52.

[113] Teja A V R, Chakraborty C, Maiti S, Hori Y. A new model reference adaptive controller for four quadrant vector controlled induction motor drives[J]. IEEE Transactions on Industrial Electronics，2012，59（10）：3757-3767.

[114] Yan X, Cheng M. An MRAS observer-based speed sensorless control method for dual-cage rotor brushless doubly fed induction generator[J]. IEEE Transactions on Power Electronics，2022，37（10）：12705-12714.

[115] Dehghan-Azad E, Gadoue S, Atkinson D, Slater H, Barrass P, Blaabjerg F. Sensorless control of IM based on stator-voltage MRAS for limp-home EV applications[J]. IEEE Transactions on Power Electronics，2018，33（3）：1911-1921.

[116] Das S, Kumar R, Pal A. MRAS-based speed estimation of induction motor drive utilizing machines' d- and q-circuit impedances[J]. IEEE Transactions on Industrial Electronics，2019，66（6）：4286-4295.

[117] Zhong Z, Li M, Li Z, Fang X, Yang Z, Zhang Z. Research on multi-convergence point problem of sensorless control in induction motor based on Z-MRAS[C]. IEEE ECCE Asia 2020，2020：2540-2546.

[118] Hamed H A, Elbarbary Z M, El Moursi M S, Chamarthi P K. A new δ-MRAS method for motor speed estimation[J]. IEEE Transactions on Power Delivery，2021，36（3）：1903-1906.

[119] Gayen P K. An enhanced rotor position/speed estimation technique for doubly fed induction generator using stator-side reactive current variable in model reference adaptive system[J]. IEEE Transactions on Industrial Electronics，2022，69（5）：4409-4418.

[120] Hussien M G, Liu Y, Xu W, Junejo A K, Allam S M. Improved MRAS rotor position observer based on control winding power factor for stand-alone brushless doubly-fed induction generators[J]. IEEE Transactions on Energy Conversion，2022，37（1）：

707-717.

[121] Suwankawin S，Sangwongwanich S. Design strategy of an adaptive full-order observer for speed-sensorless induction-motor drives-tracking performance and stabilization[J]. IEEE Transactions on Industrial Electronics，2006，53（1）：96-119.

[122] 宋文祥，周杰，朱洪志，尹赟. 基于自适应全阶观测器的感应电机低速发电运行稳定性[J]. 电工技术学报，2014，29（3）：196-205.

[123] 李筱筠，杨淑英，曹朋朋，马铭遥. 低速运行时异步驱动转速自适应观测器稳定性分析与设计[J]. 电工技术学报，2018，33（23）：5391-5401.

[124] Orlowska-Kowalska T，Korzonek M，Tarchala G. Stability improvement methods of the adaptive full-order observer for sensorless induction motor drive—comparative study[J]. IEEE Transactions on Industrial Informatics，2019，15（11）：6114-6126.

[125] Yin S，Huang Y，Xue Y，Meng D，Wang C，Lv Y，Diao L，Jatskevich J. Improved full-order adaptive observer for sensorless induction motor control in railway traction systems under low-switching frequency[J]. IEEE Journal of Emerging and Selected Topics in Power Electronics，2019，7（4）：2333-2345.

[126] Chen J，Huang J. Globally stable speed-adaptive observer with auxiliary states for sensorless induction motor drives[J]. IEEE Transactions on Power Electronics，2019，34（1）：33-39.

[127] Luo C，Wang B，Yu Y，Zhu Y，Xu D. Enhanced low-frequency ride-through for speed-sensorless induction motor drives with adaptive observable margin[J]. IEEE Transactions on Industrial Electronics，2021，68（12）：11918-11930.

[128] Chen H，Li J，Lu Y，Yang K，Wu L，Liu Z. Stability improvement of adaptive full-order observer for sensorless induction motor drives in low-speed regenerating mode[J]. IEEE Transactions on Transportation Electrification，2023.

[129] Chen B，Yao W，Chen F，Lu Z. Parameter sensitivity in sensorless induction motor drives with the adaptive full-order observer[J]. IEEE Transactions on Industrial Electronics，2015，62（7）：4307-4318.

[130] Zaky M S，Metwaly M K. Sensorless torque/speed control of induction motor drives at zero and low frequencies with stator and rotor resistance estimations[J]. IEEE Journal of Emerging and Selected Topics in Power Electronics，2016，4（4）：1416-1429.

[131] 尹忠刚，张延庆，杜超，孙向东，钟彦儒. 基于双辨识参数全阶自适应观测器的感应电机低速性能[J]. 电工技术学报，2016，31（20）：111-121.

[132] Chen J，Huang J. Stable simultaneous stator and rotor resistances identification for speed sensorless IM drives：Review and new results[J]. IEEE Transactions on Power

Electronics，2018，33（10）：8695-8709.

[133] Chen J，Huang J，Sun Y. Resistances and speed estimation in sensorless induction motor drives using a model with known regressors[J]. IEEE Transactions on Industrial Electronics，2019，66（4）：2659-2667.

[134] Yin Z，Zhang Y，Du C，Liu J，Sun X，Zhong Y. Research on anti-error performance of speed and flux estimation for induction motors based on robust adaptive state observer[J]. IEEE Transactions on Industrial Electronics，2016，63（6）：3499-3510.

[135] Chen J，Huang J. Alternative solution regarding problems of adaptive observer compensating parameters uncertainties for sensorless induction motor drives[J]. IEEE Transactions on Industrial Electronics，2020，67（7）：5879-5888.

[136] Volpato F C J，Vieira R P. Adaptive full-order observer analysis and design for sensorless interior permanent magnet synchronous motors drives[J]. IEEE Transactions on Industrial Electronics，2021，68（8）：6527-6536.

[137] Morawiec M，Kroplewski P，Odeh C. Nonadaptive rotor speed estimation of induction machine in an adaptive full-order observer[J]. IEEE Transactions on Industrial Electronics，2022，69（3）：2333-2344.

[138] Montanari M，Peresada S M，Rossi C，Tilli A. Speed sensorless control of induction motors based on a reduced-order adaptive observer[J]. IEEE Transactions on Control Systems Technology，2007，15（6）：1049-1064.

[139] Harnefors L，Hinkkanen M. Complete stability of reduced-order and full-order observers for sensorless IM drives[J]. IEEE Transactions on Industrial Electronics，2008，55（3）：1319-1329.

[140] Hinkkanen M，Harnefors L，Luomi J. Reduced-order flux observers with stator-resistance adaptation for speed-sensorless induction motor drives[J]. IEEE Transactions on Power Electronics，2010，25（5）：1173-1183.

[141] Hinkkanen M，Tuovinen T，Harnefors L，Luomi J. A combined position and stator-resistance observer for salient PMSM drives：Design and stability analysis[J]. IEEE Transactions on Power Electronics，2012，27（2）：601-609.

[142] 孙鹏琨，葛琼璇，王晓新，张波，朱进权. 基于降阶观测器的高速磁浮列车无速度传感器控制算法[J]. 中国电机工程学报，2020，40（4）：1302-1309.

[143] Chen J，Mei J，Yuan X，Zuo Y，Lee C H T. Natural speed observer for nonsalient AC motors[J]. IEEE Transactions on Power Electronics，2022，37（1）：14-20.

[144] Munphal S，Suwankawin S. A position-sensorless control of doubly fed induction machine by stator-equation-based adaptive reduced-order observer[J]. IEEE Transactions on Power Electronics，2022，37（12）：15186-15208.

[145] Yan Z, Jin C, Utkin V. Sensorless sliding-mode control of induction motors[J]. IEEE Transactions on Industrial Electronics, 2000, 47（6）: 1286-1297.

[146] Lascu C, Boldea I, Blaabjerg F. A class of speed-sensorless sliding-mode observers for high-performance induction motor drives[J]. IEEE Transactions on Industrial Electronics, 2009, 56（9）: 3394-3403.

[147] Zaky M S, Khater M M, Shokralla S S, Yasin H A. Wide-speed-range estimation with online parameter identification schemes of sensorless induction motor drives[J]. IEEE Transactions on Industrial Electronics, 2009, 56（5）: 1699-1707.

[148] Chen J, Huang J. Online decoupled stator and rotor resistances adaptation for speed sensorless induction motor drives by a time-division approach[J]. IEEE Transactions on Power Electronics, 2017, 32（6）: 4587-4599.

[149] Kim H, Son J, Lee J. A high-speed sliding-mode observer for the sensorless speed control of a PMSM[J]. IEEE Transactions on Industrial Electronics, 2011, 58（9）: 4069-4077.

[150] Zhang X. Sensorless induction motor drive using indirect vector controller and sliding-mode observer for electric vehicles[J]. IEEE Transactions on Vehicular Technology, 2013, 62（7）: 3010-3018.

[151] Zhao M, Liu G, Chen Q, Liu Z, Zhu X, Lee C H T. Effective position error compensation in sensorless control based on unified model of SPMSM and IPMSM[J]. IEEE Transactions on Industrial Informatics, 2023, 19（5）: 6750-6761.

[152] 梅三冠, 卢闻州, 樊启高, 黄文涛, 项柏潭. 基于滑模观测器误差补偿的永磁同步电机无位置传感器控制策略[J]. 电工技术学报, 2023, 38（2）: 398-408.

[153] Gong C, Hu Y, Gao J, Wang Y, Yan L. An improved delay-suppressed sliding-mode observer for sensorless vector-controlled PMSM[J]. IEEE Transactions on Industrial Electronics, 2020, 67（7）: 5913-5923.

[154] Xu W, Qu S, Zhao L, Zhang H. An improved adaptive sliding mode observer for middle-and high-speed rotor tracking[J]. IEEE Transactions on Power Electronics, 2021, 36（1）: 1043-1053.

[155] 孙庆国, 朱晓磊, 牛峰, 刘旭, 李珊瑚. 基于改进型积分滑模观测器的 PMSM 无位置传感器控制[J]. 中国电机工程学报, 2023.

[156] Zhao L, Huang J, Liu H, Li B, Kong W. Second-order sliding-mode observer with online parameter identification for sensorless induction motor drives[J]. IEEE Transactions on Industrial Electronics, 2014, 61（10）: 5280-5289.

[157] Liang D, Li J, Qu R. Sensorless control of permanent magnet synchronous machine based on second-order sliding-mode observer with online resistance estimation[J].

IEEE Transactions on Industry Applications, 2017, 53（4）: 3672-3682.

[158] Liang D, Li J, Qu R, Kong W. Adaptive second-order sliding-mode observer for PMSM sensorless control considering VSI nonlinearity[J]. IEEE Transactions on Power Electronics, 2018, 33（10）: 8994-9004.

[159] 王琛琛，苟立峰，周明磊，游小杰，董士帆. 基于改进的离散域二阶滑模观测器的内置式永磁同步电机无位置传感器控制[J]. 电工技术学报，2023，38（2）: 387-397.

[160] Wang G, Li Z, Zhang G, Yu Y, Xu D. Quadrature PLL-based high-order sliding-mode observer for IPMSM sensorless control with online MTPA control strategy[J]. IEEE Transactions on Energy Conversion, 2013, 28（1）: 214-224.

[161] Wang B, Shao Y, Yu Y, Dong Q, Yun Z, Xu D. High-order terminal sliding-mode observer for chattering suppression and finite-time convergence in sensorless SPMSM drives[J]. IEEE Transactions on Power Electronics, 2021, 36（10）: 11910-11920.

[162] Cheng H, Sun S, Zhou X, Shao D, Mi S, Hu Y. Sensorless DPCC of PMLSM using SOGI-PLL-based high-order SMO with cogging force feedforward compensation[J]. IEEE Transactions on Transportation Electrification, 2022, 8（1）: 1094-1104.

[163] Barut M, Bogosyan S, Gokasan M. Speed-sensorless estimation for induction motors using extended Kalman filters[J]. IEEE Transactions on Industrial Electronics, 2007, 54（1）: 272-280.

[164] Barut M, Demir R, Zerdali E, Inan R. Real-time implementation of bi input-extended Kalman filter-based estimator for speed-sensorless control of induction motors[J]. IEEE transactions on Industrial Electronics, 2012, 59（11）: 4197-4206.

[165] Smidl V, Peroutka Z. Advantages of square-root extended Kalman filter for sensorless control of AC drives[J]. IEEE Transactions on Industrial Electronics, 2012, 59（11）: 4189-4196.

[166] Quang N K, Hieu N T, Ha Q P. FPGA-based sensorless PMSM speed control using reduced-order extended Kalman filters[J]. IEEE Transactions on Industrial Electronics, 2014, 61（12）: 6574-6582.

[167] Yin Z, Zhao C, Zhong Y R, Liu J. Research on robust performance of speed-sensorless vector control for the induction motor using an interfacing multiple-model extended Kalman filter[J]. IEEE Transactions on Power Electronics, 2014, 29（6）: 3011-3019.

[168] 尹忠刚，肖鹭，孙向东，刘静，钟彦儒. 基于粒子群优化的感应电机模糊扩展卡尔曼滤波器转速估计方法[J]. 电工技术学报，2016，31（6）: 55-65.

[169] Gao F, Yin Z, Bai C, Yuan D, Liu J. Speed sensorless control method of synchronous reluctance motor based on resonant Kalman filter[J]. IEEE Transactions on Industrial Electronics, 2023, 70（8）: 7627-7641.

[170] Yin Z, Gao F, Zhang Y, Du C, Li G, Sun X. A review of nonlinear Kalman filter appling to sensorless control for AC motor drives[J]. CES Transactions on Electrical Machines and Systems, 2019, 3（4）: 351-362.

[171] Zerdali E, Barut M. The comparisons of optimized extended Kalman filters for speed-sensorless control of induction motors[J]. IEEE Transactions on Industrial Electronics, 2017, 64（6）: 4340-4351.

[172] Zerdali E. Adaptive extended Kalman filter for speed-sensorless control of induction motors[J]. IEEE Transactions on Energy Conversion, 2019, 34（2）: 789-800.

[173] Zerdali E. A comparative study on adaptive EKF observers for state and parameter estimation of induction motor[J]. IEEE Transactions on Energy Conversion, 2020, 35（3）: 1443-1452.

[174] Gao F, Yin Z, Bai C, Yuan D, Liu J. A lag compensation-enhanced adaptive quasi-fading Kalman filter for sensorless control of synchronous reluctance motor[J]. IEEE Transactions on Power Electronics, 2022, 37（12）: 15322-15337.

[175] Pasqualotto D, Rigon S, Zigliotto M. Sensorless speed control of synchronous reluctance motor drives based on extended Kalman filter and neural magnetic model[J]. IEEE Transactions on Industrial Electronics, 2023, 70（2）: 1321-1330.

[176] Dian R, Xu W, Zhu J, Hu D, Liu Y. An improved speed sensorless control strategy for linear induction machines based on extended state observer for linear metro drives[J]. IEEE Transactions on Vehicular Technology, 2018, 67（10）: 9198-9210.

[177] Wang G, Liu R, Zhao N, Ding D, Xu D. Enhanced linear ADRC strategy for HF pulse voltage signal injection-based sensorless IPMSM drives[J]. IEEE Transactions on Power Electronics, 2019, 34（1）: 514-525.

[178] Qu L, Qiao W, Qu L. An enhanced linear active disturbance rejection rotor position sensorless control for permanent magnet synchronous motors[J]. IEEE Transactions on Power Electronics, 2020, 35（6）: 6175-6184.

[179] Xu Z, Zhang T, Bao Y, Zhang H, Gerada C. A nonlinear extended state observer for rotor position and speed estimation for sensorless IPMSM drives[J]. IEEE Transactions on Power Electronics, 2020, 35（1）: 733-743.

[180] Zhang T, Xu Z, Gerada C. A nonlinear extended state observer for sensorless IPMSM drives with optimized gains[J]. IEEE Transactions on Industry Applications, 2020, 56（2）: 1485-1494.

[181] Zhang T, Xu Z, Li J, Zhang H, Gerada C. A third-order super-twisting extended state observer for dynamic performance enhancement of sensorless IPMSM drives[J]. IEEE Transactions on Industrial Electronics, 2020, 67（7）: 5948-5958.

[182] Zhang Y, Yin Z, Bai C, Wang G, Liu J. A rotor position and speed estimation method using an improved linear extended state observer for IPMSM sensorless drives[J]. IEEE Transactions on Power Electronics, 2021, 36（12）: 14062-14073.

[183] Xu Z, Gerada C. An extended state loop filter with position error observer for sensorless IPMSM drives[J]. IEEE Transactions on Industrial Electronics, 2022, 69（12）: 12213-12224.

[184] Zuo Y, Ge X, Zheng Y, Chen Y, Wang H, Woldegiorgis A T. An adaptive active disturbance rejection control strategy for speed-sensorless induction motor drives[J]. IEEE Transactions on Transportation Electrification, 2022, 8（3）: 3336-3348.

[185] Chen S, Ding W, Hu R, Wu X, Shi S. Sensorless control of PMSM drives using reduced order quasi resonant-based ESO and Newton–Raphson method-based PLL[J]. IEEE Transactions on Power Electronics, 2023, 38（1）: 229-244.

[186] Zhong Y, Lin H, Wang J, Yang H. Sensorless control of variable flux memory machines based on improved extended EMF Model and adaptive extended state observer[J]. IEEE Transactions on Transportation Electrification, 2023.

第2章  交流电机数学模型及矢量控制系统

交流电机的快速发展离不开高性能的控制策略。迄今，交流电机控制方法经历了恒压频比控制（Constant Voltage Frequency Ratio，CVFR）、矢量控制（Vector Control，VC）和直接转矩控制（Direct Torque Control，DTC）这三个发展阶段[1-3]。

恒压频比控制策略通过改变逆变器输出电压和频率对电机进行控制。然而，该策略为开环控制，控制精度不高。并且，当电机运行在瞬态过程中时，该策略的动态性能较差甚至会出现控制振荡等问题。矢量控制方法在 20 世纪 70 年代初由西门子工程师 F. Blaschke 和美国学者 P. C. Custman 分别提出，该方法类比直流电机控制方法，通过坐标变换将定子电流分解为励磁电流和转矩电流，在此基础上，对磁链和转矩进行独立控制，实现交流电机的高效控制。然而，该控制策略需要进行坐标变换，且易受到电机参数变化的影响。直接转矩控制方法在 20 世纪 80 年代由德国鲁尔大学的 M. Depenbrock 教授和日本的 I. Takahashi 教授分别提出。该控制方法采用定子磁场定向方式，无须复杂的坐标变换，直接对定子磁链和电磁转矩进行控制，因此具有优良的动态性能。然而，该控制策略依赖于磁链观测性能，并且存在转矩脉动问题。

上述三种控制方法的基础为交流电机的数学模型。因此，本章以常用的感应电机和永磁同步电机为例，对其数学模型进行详细介绍。在此基础上，分别介绍感应电机的矢量控制系统和永磁同步电机的矢量控制系统。

2.1　三相静止坐标系下感应电机的数学模型

由于感应电机是一个高阶次、非线性、强耦合、多变量的复杂系统，在建立其数学模型前，需要将实际电机进行理想化处理[4-10]：

（1）假设三相绕组对称，且磁动势沿气隙圆周正弦分布；

（2）忽略磁路饱和的影响；

（3）不考虑电机的铁芯损耗；

（4）忽略集肤效应、温度变化对感应电机的影响。

感应电机的等效物理模型如图 2-1 所示，其中，定子 A、B、C 的轴线是静止的，参考坐标轴定为 A 轴，转子 a、b、c 的轴线随转子旋转，电角度 θ 为空间角位移变量。依据图 2-1，对感应电机数学模型（包括：电压方程、磁链方程、转矩方程和运动方程）进行详细介绍。

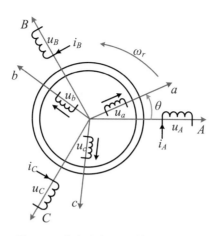

图 2-1　感应电机的等效物理模型

2.1.1　感应电机电压方程

依据等效物理模型，可得三相静止坐标系下感应电机的电压方程为：

$$\boldsymbol{u} = \boldsymbol{R}\boldsymbol{i} + p\boldsymbol{\psi} \qquad (2\text{-}1)$$

式（2-1）中：$\boldsymbol{u}$、$\boldsymbol{R}$、$\boldsymbol{i}$、$\boldsymbol{\psi}$ 和 p 分别为电压矩阵、电阻矩阵、电流矩阵、磁链矩阵和微分算子，且有：

$$
\begin{cases}
\boldsymbol{u} = \begin{bmatrix} u_A & u_B & u_C & u_a & u_b & u_c \end{bmatrix}^{\mathrm{T}} \\[4pt]
\boldsymbol{R} = \begin{bmatrix}
R_s & 0 & 0 & 0 & 0 & 0 \\
0 & R_s & 0 & 0 & 0 & 0 \\
0 & 0 & R_s & 0 & 0 & 0 \\
0 & 0 & 0 & R_r & 0 & 0 \\
0 & 0 & 0 & 0 & R_r & 0 \\
0 & 0 & 0 & 0 & 0 & R_r
\end{bmatrix} \\[4pt]
\boldsymbol{i} = \begin{bmatrix} i_A & i_B & i_C & i_a & i_b & i_c \end{bmatrix}^{\mathrm{T}} \\[4pt]
\boldsymbol{\psi} = \begin{bmatrix} \psi_A & \psi_B & \psi_C & \psi_a & \psi_b & \psi_c \end{bmatrix}^{\mathrm{T}}
\end{cases}
\qquad (2\text{-}2)
$$

式（2-2）中：u_A、u_B、u_C 和 u_a、u_b、u_c 分别为定子相电压和转子相电压；R_s 和 R_r 分别为定子和转子绕组电阻；i_A、i_B、i_C 和 i_a、i_b、i_c 分别为定子相电流和转子相电流；ψ_A、ψ_B、ψ_C 和 ψ_a、ψ_b、ψ_c 分别为定子和转子绕组磁链；T 为矩阵转置符号。

2.1.2　感应电机磁链方程

进一步，三相静止坐标系下感应电机的磁链方程可表示为：

$$\boldsymbol{\psi} = \boldsymbol{L}\boldsymbol{i} \qquad (2\text{-}3)$$

式（2-3）中：L 为电感矩阵，且有：

$$L = \begin{bmatrix} L_{AA} & L_{AB} & L_{AC} & L_{Aa} & L_{Ab} & L_{Ac} \\ L_{BA} & L_{BB} & L_{BC} & L_{Ba} & L_{Bb} & L_{Bc} \\ L_{CA} & L_{CB} & L_{CC} & L_{Ca} & L_{Cb} & L_{Cc} \\ L_{aA} & L_{aB} & L_{aC} & L_{aa} & L_{ab} & L_{ac} \\ L_{bA} & L_{bB} & L_{bC} & L_{ba} & L_{bb} & L_{bc} \\ L_{cA} & L_{cB} & L_{cC} & L_{ca} & L_{cb} & L_{cc} \end{bmatrix} \tag{2-4}$$

式（2-4）中：L_{AA}、L_{BB}、L_{CC}、L_{aa}、L_{bb}、L_{cc} 分别为各自绕组的自感；L_{AB}、L_{AC}、L_{Aa}、L_{Ab}、L_{Ac}、L_{BA}、L_{BC}、L_{Ba}、L_{Bb}、L_{Bc}、L_{CA}、L_{CB}、L_{Ca}、L_{Cb}、L_{Cc}、L_{aA}、L_{aB}、L_{aC}、L_{ab}、L_{ac}、L_{bA}、L_{bB}、L_{bC}、L_{ba}、L_{bc}、L_{cA}、L_{cB}、L_{cC}、L_{ca}、L_{cb} 分别为绕组间的互感。

2.1.3　感应电机转矩方程

根据能量守恒定理，感应电机的电磁转矩等于电流不变时磁场能量对机械位置的偏导数。根据电磁定律，感应电机磁场能量可表示为：

$$W = \frac{1}{2} \boldsymbol{i}^{\mathrm{T}} \boldsymbol{\psi} = \frac{1}{2} \boldsymbol{i}^{\mathrm{T}} \boldsymbol{L} \boldsymbol{i} \tag{2-5}$$

式（2-5）中：W 为磁场能量。

进一步，可得：

$$T_e = \left. \frac{\partial W}{\partial \theta_m} \right|_{i=c} = n_p \left. \frac{\partial W}{\partial \theta_r} \right|_{i=c} \tag{2-6}$$

式（2-6）中：θ_m、θ_r、n_p 和 T_e 分别为机械位置、电位置、极对数和电磁转矩，且有：

$$\theta_r = n_p \theta_m \tag{2-7}$$

将式（2-5）代入式（2-6）可得：

$$\begin{aligned} T_e &= \frac{1}{2} n_p \boldsymbol{i}^{\mathrm{T}} \frac{\partial \boldsymbol{L}}{\partial \theta_r} \boldsymbol{i} = \frac{1}{2} n_p \boldsymbol{i}_r^{\mathrm{T}} \left(\frac{\partial \boldsymbol{L}_{rs}}{\partial \theta_r} \right) \boldsymbol{i}_r + \frac{1}{2} n_p \boldsymbol{i}_s^{\mathrm{T}} \left(\frac{\partial \boldsymbol{L}_{sr}}{\partial \theta_r} \right) \boldsymbol{i}_r \\ &= -n_p L_{sr} \left[(i_A i_a + i_B i_b + i_C i_c) \sin \theta_r + (i_A i_b + i_B i_b + i_C i_a) \sin\left(\theta_r + \frac{2}{3}\pi \right) + \right. \\ &\quad \left. (i_A i_c + i_B i_a + i_C i_b) \sin\left(\theta_r - \frac{2}{3}\pi \right) \right] \end{aligned} \tag{2-8}$$

2.1.4　感应电机运动方程

忽略感应电机的黏性摩擦和扭转弹性，根据牛顿第二定律，感应电机的运动方程可表示为：

$$T_e = T_L + J \frac{\mathrm{d}\omega_m}{\mathrm{d}t} = T_L + \frac{J}{n_p} \frac{\mathrm{d}\omega_r}{\mathrm{d}t} \tag{2-9}$$

式（2-9）中：T_L、J、ω_m、n_p 和 ω_r 分别为负载转矩、转动惯量、机械角速度、极对数和电角速度。

联立式（2-1）、式（2-3）、式（2-8）和式（2-9），即可得到三相静止坐标下感应电机的数学模型。

2.2　两相坐标系下感应电机的数学模型

虽然三相静止坐标下感应电机的数学模型较为直观，但该模型较为复杂，难以直接应用到控制系统中。对此，利用坐标变换将三相静止坐标系下的感应电机数学模型转化为两相静止和旋转坐标系下感应电机的数学模型，即 $\alpha\beta$ 和 dq 坐标系下感应电机的数学模型，降低模型阶数便于进行控制。

2.2.1　三相静止/两相静止变换（Clark 变换）

为实现三相静止坐标系下的感应电机数学模型到两相静止坐标系下的感应电机数学模型的转换，需采用三相/两相坐标变换，即 Clark 变换。通常，Clark 变换有两种形式，即等功率变换和等幅值变换。

等功率变换是指三相坐标系下电机功率与两相静止坐标系（即 $\alpha\beta$ 坐标系）下电机功率相等，而等幅值变换是指三相坐标系下每相变量的幅值与两相静止坐标系下每相变量的幅值相等。从数学表达上看，等功率变换与等幅值变换的差别仅在于变换矩阵系数的不同。在本书中，以等功率变换为例，对其进行介绍，即：

$$\begin{bmatrix} u_{s\alpha} \\ u_{s\beta} \end{bmatrix} = \sqrt{\frac{2}{3}} \begin{bmatrix} 1 & -\dfrac{1}{2} & -\dfrac{1}{2} \\ 0 & \dfrac{\sqrt{3}}{2} & -\dfrac{\sqrt{3}}{2} \end{bmatrix} \begin{bmatrix} u_A \\ u_B \\ u_C \end{bmatrix} \tag{2-10}$$

$$\begin{bmatrix} i_{s\alpha} \\ i_{s\beta} \end{bmatrix} = \sqrt{\frac{2}{3}} \begin{bmatrix} 1 & -\dfrac{1}{2} & -\dfrac{1}{2} \\ 0 & \dfrac{\sqrt{3}}{2} & -\dfrac{\sqrt{3}}{2} \end{bmatrix} \begin{bmatrix} i_A \\ i_B \\ i_C \end{bmatrix} \tag{2-11}$$

式（2-10）和式（2-11）中：$u_{s\alpha}$、$u_{s\beta}$、$i_{s\alpha}$ 和 $i_{s\beta}$ 分别为定子电压的 α 轴分量和 β 轴分量、定子电流的 α 轴分量和 β 轴分量。

根据式（2-10）和式（2-11），Clark 反变换可表示为：

$$\begin{bmatrix} u_A \\ u_B \\ u_C \end{bmatrix} = \sqrt{\frac{2}{3}} \begin{bmatrix} 1 & 0 \\ -\dfrac{1}{2} & \dfrac{\sqrt{3}}{2} \\ -\dfrac{1}{2} & -\dfrac{\sqrt{3}}{2} \end{bmatrix} \begin{bmatrix} u_{s\alpha} \\ u_{s\beta} \end{bmatrix} \tag{2-12}$$

$$
\begin{bmatrix} i_A \\ i_B \\ i_C \end{bmatrix} = \sqrt{\frac{2}{3}} \begin{bmatrix} 1 & 0 \\ -\dfrac{1}{2} & \dfrac{\sqrt{3}}{2} \\ -\dfrac{1}{2} & -\dfrac{\sqrt{3}}{2} \end{bmatrix} \begin{bmatrix} i_{s\alpha} \\ i_{s\beta} \end{bmatrix}
\tag{2-13}
$$

若感应电机的三相绕组为 Y 形连接，则有：

$$
\begin{cases} u_A + u_B + u_C = 0 \\ i_A + i_B + i_C = 0 \end{cases}
\tag{2-14}
$$

将式（2-14）分别代入式（2-10）、式（2-11）、式（2-12）和式（2-13）可得：

$$
\begin{bmatrix} u_{s\alpha} \\ u_{s\beta} \end{bmatrix} = \begin{bmatrix} \sqrt{\dfrac{3}{2}} & 0 \\ \dfrac{1}{\sqrt{2}} & \sqrt{2} \end{bmatrix} \begin{bmatrix} u_A \\ u_B \end{bmatrix}
\tag{2-15}
$$

$$
\begin{bmatrix} u_A \\ u_B \end{bmatrix} = \begin{bmatrix} \sqrt{\dfrac{2}{3}} & 0 \\ -\dfrac{1}{\sqrt{6}} & \dfrac{1}{\sqrt{2}} \end{bmatrix} \begin{bmatrix} u_{s\alpha} \\ u_{s\beta} \end{bmatrix}
\tag{2-16}
$$

$$
\begin{bmatrix} i_{s\alpha} \\ i_{s\beta} \end{bmatrix} = \begin{bmatrix} \sqrt{\dfrac{3}{2}} & 0 \\ \dfrac{1}{\sqrt{2}} & \sqrt{2} \end{bmatrix} \begin{bmatrix} i_A \\ i_B \end{bmatrix}
\tag{2-17}
$$

$$
\begin{bmatrix} i_A \\ i_B \end{bmatrix} = \begin{bmatrix} \sqrt{\dfrac{2}{3}} & 0 \\ -\dfrac{1}{\sqrt{6}} & \dfrac{1}{\sqrt{2}} \end{bmatrix} \begin{bmatrix} i_{s\alpha} \\ i_{s\beta} \end{bmatrix}
\tag{2-18}
$$

2.2.2　两相静止坐标系下感应电机的数学模型

利用 Clark 变换对式（2-1）进行处理，可得在两相静止坐标系下感应电机的电压方程为：

$$
\begin{bmatrix} u_{s\alpha} \\ u_{s\beta} \\ u_{r\alpha} \\ u_{r\beta} \end{bmatrix} = \begin{bmatrix} R_s + L_s p & 0 & L_m p & 0 \\ 0 & R_s + L_s p & 0 & L_m p \\ L_m p & \omega_r L_m & R_r + L_r p & \omega_r L_r \\ -\omega_r L_m & L_m p & -\omega_r L_r & R_r + L_r p \end{bmatrix} \begin{bmatrix} i_{s\alpha} \\ i_{s\beta} \\ i_{r\alpha} \\ i_{r\beta} \end{bmatrix}
\tag{2-19}
$$

式（2-19）中：$u_{r\alpha}$、$u_{r\beta}$、$i_{r\alpha}$、$i_{r\beta}$、L_s、L_r 和 L_m 分别为转子电压分量、转子电流分量、定子电感、转子电感和励磁电感。

同理，在两相静止坐标系下感应电机的磁链方程可表示为：

$$
\begin{bmatrix} \psi_{s\alpha} \\ \psi_{s\beta} \\ \psi_{r\alpha} \\ \psi_{r\beta} \end{bmatrix} = \begin{bmatrix} L_s & 0 & L_m & 0 \\ 0 & L_s & 0 & L_m \\ L_m & 0 & L_r & 0 \\ 0 & L_m & 0 & L_r \end{bmatrix} \begin{bmatrix} i_{s\alpha} \\ i_{s\beta} \\ i_{r\alpha} \\ i_{r\beta} \end{bmatrix} \tag{2-20}
$$

式（2-20）中：$\psi_{s\alpha}$、$\psi_{s\beta}$、$\psi_{r\alpha}$ 和 $\psi_{r\beta}$ 分别为定子磁链分量和转子磁链分量。

进一步，两相静止坐标系下感应电机的转矩方程可表示为：

$$
T_e = n_p L_m (i_{s\beta} i_{r\alpha} - i_{s\alpha} i_{r\beta}) \tag{2-21}
$$

联立式（2-9）、式（2-19）、式（2-20）和式（2-21），即可得到两相静止坐标下感应电机的数学模型。

此外，根据式（2-19）、式（2-20）和式（2-21），以定子电流 i_s 和转子磁链 ψ_r 为状态变量，建立两相静止坐标系下感应电机的状态空间方程为：

$$
\begin{cases} \dfrac{\mathrm{d}X}{\mathrm{d}t} = AX + BU \\ Y = CX \end{cases} \tag{2-22}
$$

式（2-22）中：X、A、B、U、Y 和 C 分别为状态变量、系统矩阵、输入矩阵、输入变量、输出变量和输出矩阵，且有：

$$
\begin{cases}
X = \begin{bmatrix} i_{s\alpha} & i_{s\beta} & \psi_{r\alpha} & \psi_{r\beta} \end{bmatrix}^{\mathrm{T}} \\[2mm]
A = \begin{bmatrix}
-\dfrac{L_m^2 R_r + L_r^2 R_s}{\sigma L_s L_r^2} & 0 & \dfrac{L_m R_r}{\sigma L_s L_r^2} & \dfrac{L_m \omega_r}{\sigma L_s L_r} \\[3mm]
0 & -\dfrac{L_m^2 R_r + L_r^2 R_s}{\sigma L_s L_r^2} & -\dfrac{L_m \omega_r}{\sigma L_s L_r} & \dfrac{L_m R_r}{\sigma L_s L_r^2} \\[3mm]
\dfrac{L_m R_r}{L_r} & 0 & -\dfrac{R_r}{L_r} & -\omega_r \\[3mm]
0 & \dfrac{L_m R_r}{L_r} & \omega_r & -\dfrac{R_r}{L_r}
\end{bmatrix} \\[10mm]
B = \begin{bmatrix} \dfrac{1}{\sigma L_s} & 0 & 0 & 0 \\[2mm] 0 & \dfrac{1}{\sigma L_s} & 0 & 0 \end{bmatrix}^{\mathrm{T}} \quad U = \begin{bmatrix} u_{s\alpha} & u_{s\beta} & 0 & 0 \end{bmatrix}^{\mathrm{T}} \\[6mm]
Y = \begin{bmatrix} i_{s\alpha} & i_{s\beta} & 0 & 0 \end{bmatrix}^{\mathrm{T}} \quad C = \begin{bmatrix} 1 & 0 & 0 & 0 \\ 0 & 1 & 0 & 0 \end{bmatrix}
\end{cases} \tag{2-23}
$$

式（2-23）中：σ 为感应电机漏磁系数，且有：

$$\sigma = 1 - \frac{L_m^2}{L_s L_r}$$
（2-24）

2.2.3 两相静止/两相旋转变换（Park 变换）

相对于三相静止坐标系下感应电机的数学模型，两相静止坐标系下的感应电机数学模型得到明显简化，但该模型仍存在耦合性强的问题。为实现模型的有效解耦，利用 Park 变换将两相静止坐标系的电机模型变换到两相旋转坐标系的电机模型，从而实现感应电机的高效控制。

Park 变换可表示为：

$$\begin{cases} \begin{bmatrix} u_{sd} \\ u_{sd} \end{bmatrix} = \begin{bmatrix} \cos(\theta_r) & \sin(\theta_r) \\ -\sin(\theta_r) & \cos(\theta_r) \end{bmatrix} \begin{bmatrix} u_{s\alpha} \\ u_{s\beta} \end{bmatrix} \\ \begin{bmatrix} i_{sd} \\ i_{sd} \end{bmatrix} = \begin{bmatrix} \cos(\theta_r) & \sin(\theta_r) \\ -\sin(\theta_r) & \cos(\theta_r) \end{bmatrix} \begin{bmatrix} i_{s\alpha} \\ i_{s\beta} \end{bmatrix} \end{cases}$$
（2-25）

式（2-25）中：u_{sd}、u_{sq}、i_{sd}、i_{sq} 和 θ_r 分别为定子电压的 d 轴分量和 q 轴分量、定子电流的 d 轴分量和 q 轴分量、α 轴与 d 轴之间的夹角。

根据式（2-25）可得，Park 反变换可表示为：

$$\begin{cases} \begin{bmatrix} u_{s\alpha} \\ u_{s\beta} \end{bmatrix} = \begin{bmatrix} \cos(\theta_r) & -\sin(\theta_r) \\ \sin(\theta_r) & \cos(\theta_r) \end{bmatrix} \begin{bmatrix} u_{sd} \\ u_{sq} \end{bmatrix} \\ \begin{bmatrix} i_{s\alpha} \\ i_{s\beta} \end{bmatrix} = \begin{bmatrix} \cos(\theta_r) & -\sin(\theta_r) \\ \sin(\theta_r) & \cos(\theta_r) \end{bmatrix} \begin{bmatrix} i_{sd} \\ i_{sq} \end{bmatrix} \end{cases}$$
（2-26）

2.2.4 两相旋转坐标系下感应电机的数学模型

利用 Park 变换对式（2-19）进行处理，即可得到任意旋转坐标系下感应电机的电压方程为：

$$\begin{bmatrix} u_{sd} \\ u_{sq} \\ u_{rd} \\ u_{rq} \end{bmatrix} = \begin{bmatrix} R_s + L_s p & -\omega_{dqs} L_s & L_m p & -\omega_{dqs} L_m \\ \omega_{dqs} L_s & R_s + L_s p & \omega_{dqs} L_m & L_m p \\ L_m p & -\omega_{dqr} L_m & R_r + L_r p & -\omega_{dqr} L_r \\ \omega_{dqr} L_m & L_m p & \omega_{dqr} L_m & R_r + L_r p \end{bmatrix} \begin{bmatrix} i_{sd} \\ i_{sq} \\ i_{rd} \\ i_{rq} \end{bmatrix}$$
（2-27）

式（2-27）中：u_{rd}、u_{rq}、i_{rd} 和 i_{rq} 分别为转子电压的 d 轴分量和 q 轴分量、转子电流的 d 轴分量和 q 轴分量；ω_{dqs} 和 ω_{dqr} 分别为 dq 坐标轴相对于定子的角速度和 dq 坐标轴相对于转子的角速度。

考虑到两相静止坐标系（即 $\alpha\beta$ 坐标系）为任意旋转坐标系在坐标转速等于 0 时的特例。此时 $\omega_{dqs} = 0$，$\omega_{dqr} = -\omega_r$，将 ω_{dqs} 和 ω_{dqr} 分别代入式（2-27），并将下标 d、q 变为 α、β，即可得到式（2-19）。

两相旋转坐标系（即 dq 坐标系）同样为任意旋转坐标系的一种特例。此时，dq 坐标轴相对于定子的转速为同步角速度，即 $\omega_{dqs} = \omega_s$。进一步则有，坐标轴相对于转子的转速 $\omega_{dqr} = \omega_s - \omega_r = \omega_{sl}$。此外，考虑笼型感应电机转子内部是短路的，则有 $u_{rd} = u_{rq} = 0$。将 ω_{dqs}、ω_{dqr}、u_{rd} 和 u_{rq} 分别代入式（2-27），可得两相旋转坐标系下感应电机的电压方程为：

$$\begin{bmatrix} u_{sd} \\ u_{sq} \\ 0 \\ 0 \end{bmatrix} = \begin{bmatrix} R_s + L_s p & -\omega_s L_s & L_m p & -\omega_s L_m \\ \omega_s L_s & R_s + L_s p & \omega_s L_m & L_m p \\ L_m p & -\omega_{sl} L_m & R_r + L_r p & -\omega_{sl} L_r \\ \omega_{sl} L_m & L_m p & \omega_{sl} L_m & R_r + L_r p \end{bmatrix} \begin{bmatrix} i_{sd} \\ i_{sq} \\ i_{rd} \\ i_{rq} \end{bmatrix} \tag{2-28}$$

进一步，两相旋转坐标系下感应电机的磁链方程可表示为：

$$\begin{bmatrix} \psi_{sd} \\ \psi_{sq} \\ \psi_{rd} \\ \psi_{rq} \end{bmatrix} = \begin{bmatrix} L_s & 0 & L_m & 0 \\ 0 & L_s & 0 & L_m \\ L_m & 0 & L_r & 0 \\ 0 & L_m & 0 & L_r \end{bmatrix} \begin{bmatrix} i_{sd} \\ i_{sq} \\ i_{rd} \\ i_{rq} \end{bmatrix} \tag{2-29}$$

此外，两相旋转坐标系下感应电机的运动方程可表示为：

$$T_e = n_p L_m (i_{sq} i_{rd} - i_{sd} i_{rq}) \tag{2-30}$$

类似地，以定子电流 $\boldsymbol{i_s}$ 和转子磁链 $\boldsymbol{\psi_r}$ 为状态变量，建立两相旋转坐标系下感应电机的状态空间方程为：

$$\begin{cases} \dfrac{\mathrm{d}\boldsymbol{X}}{\mathrm{d}t} = \boldsymbol{AX} + \boldsymbol{BU} \\ \boldsymbol{Y} = \boldsymbol{CX} \end{cases} \tag{2-31}$$

式（2-31）中：$\boldsymbol{X}$、$\boldsymbol{A}$、$\boldsymbol{B}$、$\boldsymbol{U}$、$\boldsymbol{Y}$ 和 $\boldsymbol{C}$ 分别为状态变量、系统矩阵、输入矩阵、输入变量、输出变量和输出矩阵，且有：

$$\begin{cases} \boldsymbol{X} = \begin{bmatrix} i_{sd} & i_{sq} & \psi_{rd} & \psi_{rq} \end{bmatrix}^{\mathrm{T}} \\ \boldsymbol{A} = \begin{bmatrix} -\dfrac{L_m^2 R_r + L_r^2 R_s}{\sigma L_s L_r^2} & \omega_s & \dfrac{L_m R_r}{\sigma L_s L_r^2} & \dfrac{L_m \omega_r}{\sigma L_s L_r} \\ -\omega_s & -\dfrac{L_m^2 R_r + L_r^2 R_s}{\sigma L_s L_r^2} & -\dfrac{L_m \omega_r}{\sigma L_s L_r} & \dfrac{L_m R_r}{\sigma L_s L_r^2} \\ \dfrac{L_m R_r}{L_r} & 0 & -\dfrac{R_r}{L_r} & \omega_{sl} \\ 0 & \dfrac{L_m R_r}{L_r} & -\omega_{sl} & -\dfrac{R_r}{L_r} \end{bmatrix} \\ \boldsymbol{B} = \begin{bmatrix} \dfrac{1}{\sigma L_s} & 0 & 0 & 0 \\ 0 & \dfrac{1}{\sigma L_s} & 0 & 0 \end{bmatrix}^{\mathrm{T}} \quad \boldsymbol{U} = \begin{bmatrix} u_{sd} & u_{sq} & 0 & 0 \end{bmatrix}^{\mathrm{T}} \\ \boldsymbol{Y} = \begin{bmatrix} i_{sd} & i_{sq} & 0 & 0 \end{bmatrix}^{\mathrm{T}} \quad \boldsymbol{C} = \begin{bmatrix} 1 & 0 & 0 & 0 \\ 0 & 1 & 0 & 0 \end{bmatrix} \end{cases} \tag{2-32}$$

2.3 感应电机矢量控制系统

在对感应电机数学模型介绍后，本节进一步对感应电机矢量控制系统进行介绍。根据磁链矢量分类，矢量控制一般可分为气隙磁场定向控制、定子磁场定向控制和转子磁场定向控制。其中，气隙磁场定向控制是将旋转坐标系的 d 轴定向于气隙磁场的方向，此时气隙磁场的 q 轴分量为 0。如果保持气隙磁链 d 轴分量恒定，通过控制电流的 q 轴分量，即可对输出转矩进行调节，从而实现电机控制。定子磁场定向控制则是将旋转坐标系的 d 轴定向于定子磁场方向上。此时，定子磁链的 q 轴分量为 0。如果保持定子磁链恒定，即可通过控制定子电流的 q 轴分量调节输出转矩，从而实现电机控制。定子磁场定向控制虽然易于实现，但需要额外的解耦控制单元，并且对磁链观测器的要求较高。转子磁场定向控制是将旋转坐标系的 d 轴定向于转子磁场方向上，通过控制定子电流的 q 轴分量调节输出转矩，从而实现磁链和转矩的解耦控制。在感应电机驱动系统中，转子磁场定向控制策略应用最为广泛。

根据转子磁场定向角获取方式，基于转子磁场定向的矢量控制策略又可分为直接矢量控制策略（见图 2-2）和间接矢量控制策略（见图 2-3）。在直接矢量控制系统中，利用电压、电流信号估计转子磁链，再通过三角函数直接获取磁场定向角信息；而在间接矢量控制系统中，利用速度传感器测量得到转子机械角速度，并将其转换为转子角速度，进一步将转子角速度加上转差频率，得到定子角速度（即同步角速度），再对定子角速度进行积分最终得到磁场定向角。直接矢量控制策略虽有良好的动态性能，但这种控制策略依赖于磁链观测器的性能，因此，在感应电机驱动系统中，通常采用间接矢量控制策略。

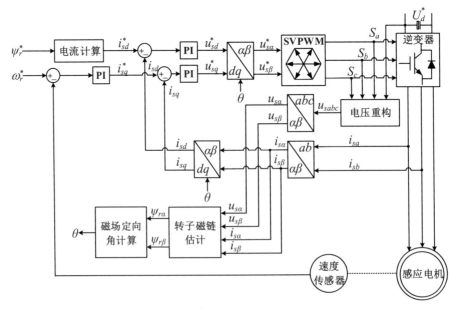

图 2-2 感应电机直接矢量控制系统

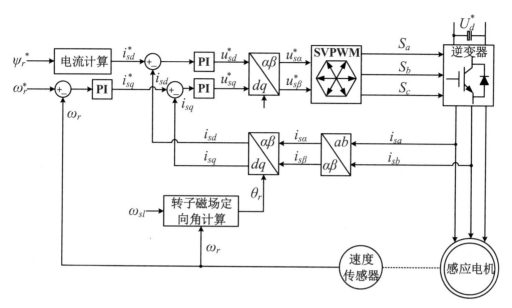

图 2-3　感应电机间接矢量控制系统

　　根据控制外环类型，转子磁场定向矢量控制策略进一步分为速度控制模式和转矩控制模式。在速度控制模式中，内环采用电流闭环控制，而外环则采用速度闭环控制（见图 2-3）；而在对输出转矩要求较高的应用场合（如：牵引传动系统）中，常常会采用转矩控制模式，即内环采用电流闭环控制，而外环则通过特性曲线计算得到转矩参考以保证对输出转矩的准确控制（见图 2-4）。

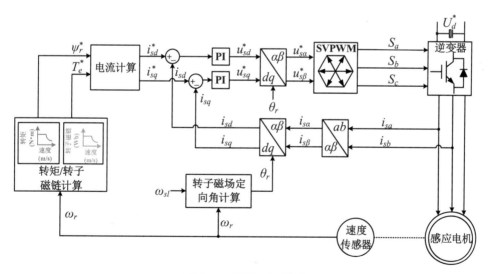

图 2-4　转矩控制模式

　　在感应电机驱动系统中，普遍采用转子磁场定向控制策略，且大多采用电流内环、速度外环的间接矢量控制策略。因此，结合图 2-3，以该控制策略为例，对感应电机矢量控制系统进行介绍。

1. 电流计算

当采用转子磁场定向后，d 轴与转子磁场旋转方向一致，则有：

$$\begin{cases} \psi_{rd} = |\psi_r| = L_r i_{rd} + L_m i_{sd} \\ \psi_{rq} = 0 = L_r i_{rq} + L_m i_{sq} \end{cases} \tag{2-33}$$

式（2-33）中：$|\psi_r|$ 为转子磁链幅值。

将式（2-33）代入式（2-27）和式（2-28），可得：

$$\begin{bmatrix} u_{sd} \\ u_{sq} \\ 0 \\ 0 \end{bmatrix} = \begin{bmatrix} R_s + L_s p & -\omega_s L_s & L_m p & -\omega_s L_m \\ \omega_s L_s & R_s + L_s p & \omega_s L_m & L_m p \\ L_m p & 0 & R_r + L_r p & 0 \\ \omega_{sl} L_m & 0 & \omega_{sl} L_r & R_r \end{bmatrix} \begin{bmatrix} i_{sd} \\ i_{sq} \\ i_{rd} \\ i_{rq} \end{bmatrix} \tag{2-34}$$

联立式（2-33）和式（2-34）计算可得：

$$i_{sd} = \frac{1 + T_r p}{L_m} |\psi_r| \tag{2-35}$$

式（2-35）中：T_r 为转子时间常数，且有：

$$T_r = \frac{L_r}{R_r} \tag{2-36}$$

根据式（2-35），则有：

$$i_{sd}^* = \frac{1 + T_r p}{L_m} |\psi_r|^* \tag{2-37}$$

式（2-37）中：i_{sd}^* 和 $|\psi_r|^*$ 分别为定子电流参考值的 d 轴分量和转子磁链参考值。

2. 速度外环和电流内环

速度外环和电流内环均采用比例积分（Proportional Integral，PI）控制器，则有：

$$i_{sq}^* = (\omega_r^* - \omega_r)\left(k_{p\omega} + \frac{k_{i\omega}}{s}\right) \tag{2-38}$$

式（2-38）中：i_{sq}^*、ω_r^*、$k_{p\omega}$、$k_{i\omega}$ 和 s 分别为定子电流参考值的 q 轴分量、速度参考值、速度外环控制器参数和拉普拉斯算子。

同理，可得：

$$u_{sd}^* = (i_{sd}^* - i_{sd})\left(k_{pd} + \frac{k_{id}}{s}\right) \tag{2-39}$$

$$u_{sq}^* = (i_{sq}^* - i_{sq})\left(k_{pq} + \frac{k_{iq}}{s}\right) \tag{2-40}$$

式（2-39）和式（2-40）中：u_{sd}^*、u_{sq}^*、k_{pd}、k_{id}、k_{pq}、k_{iq} 分别为定子电压参考值的 d 轴分量和 q 轴分量、电流内环控制器参数。

需要说明的是，合理设计速度外环和电流内环控制器参数能够显著提升系统动态性能和抗扰能力，已有诸多文献对此进行研究，本节就不再赘述。

3. 转子磁场定向角计算

转子磁场定向角计算主要包含两部分：转差频率计算和转子磁场定向角计算。将式（2-33）和式（2-34）代入式（2-30），则有：

$$\omega_{sl} = \frac{L_m}{T_r \psi_r} i_{sq} \qquad (2\text{-}41)$$

进一步，则有：

$$\omega_s = \omega_{sl} + \omega_r \qquad (2\text{-}42)$$

根据式（2-42），转子磁场定向角可计算为：

$$\theta_r = \int \omega_s \mathrm{d}t = \int (\omega_{sl} + \omega_r) \mathrm{d}t \qquad (2\text{-}43)$$

2.4　三相静止坐标系下的永磁同步电机数学模型

永磁同步电机的定子结构与感应电机类似，主要区别在于其带有永磁体磁极的独特转子结构。根据永磁体安放位置的不同，常见的永磁同步电机可分为表贴式永磁同步电机（Surface-mounted Permanent Magnet Synchronous Motor，SPMSM）和内置式永磁同步电机（Interior Permanent Magnet Synchronous Motor，IPMSM）（见图 2-5）。表贴式永磁同步电机一般将永磁体置于转子铁芯表面，形状一般是瓦片状。表贴式永磁同步电机具有均匀的气隙，沿任何方向磁阻均相等，即 d、q 轴电感相等（$L_d = L_q$）。内置式永磁同步电机的永磁体则位于铁芯的内部，形状一般为条状。由于内置式永磁同步电机的磁路不对称，d、q 轴电感不相等。相较于表贴式永磁同步电机，内置式永磁同步电机功率密度大、运行效能高、低速输出转矩大，并且可利用磁阻效应提高电机效率和改善调速特性，因此得到广泛应用[11]。基于此，本节以内置式永磁同步电机（下文简称永磁同步电机）为例，对其数学模型和矢量控制系统进行介绍。

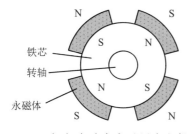
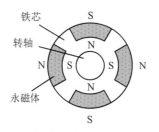

（a）表贴式永磁同步电机　　　（b）内置式永磁同步电机

图 2-5　不同结构的永磁同步电机

　　图 2-6 为永磁同步电机的等效物理模型[12-16]，首先建立三相静止坐标系，然后将转子永磁体的 N 极定为 d 轴方向，则垂直且超前于 d 轴 90°的方向定为 q 轴，以此建立旋转坐标系，其中 θ_r 为转子位置角，即 d 轴超前 A 轴的角度，ω_r 为电机速度。

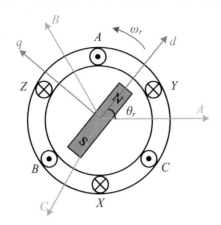

图 2-6　内置式永磁同步电机等效物理模型

　　同样，为建立永磁同步电机的数学模型，需要做出如下假设[12-16]：

　　（1）三相绕组对称分布，且定子绕组呈 Y 形连接；

　　（2）忽略永磁同步电机的铁芯饱和影响、磁滞损耗与涡流损耗；

　　（3）永磁同步电机的定子绕组电枢反应磁场与转子永磁体磁场在气隙中均呈正弦分布；

　　（4）在稳态运行条件下，永磁同步电机定子绕组的感应电动势均为正弦；

　　（5）永磁同步电机的转子上无阻尼绕组。

2.4.1　永磁同步电机电压方程

　　进一步，三相静止坐标系下永磁同步电机的电压方程可表示为：

$$\begin{cases} u_A = R_s i_A + \dfrac{\mathrm{d}\psi_A}{\mathrm{d}t} \\[2mm] u_B = R_s i_B + \dfrac{\mathrm{d}\psi_B}{\mathrm{d}t} \\[2mm] u_C = R_s i_C + \dfrac{\mathrm{d}\psi_C}{\mathrm{d}t} \end{cases} \tag{2-44}$$

　　进一步，可得：

$$\begin{bmatrix} u_A \\ u_B \\ u_C \end{bmatrix} = R_s \begin{bmatrix} i_A \\ i_B \\ i_C \end{bmatrix} + p \begin{bmatrix} L_{AA}(\theta_r) & L_{AB}(\theta_r) & L_{AC}(\theta_r) \\ L_{BA}(\theta_r) & L_{BB}(\theta_r) & L_{BC}(\theta_r) \\ L_{CA}(\theta_r) & L_{CB}(\theta_r) & L_{CC}(\theta_r) \end{bmatrix} \begin{bmatrix} i_A \\ i_B \\ i_C \end{bmatrix} + p \begin{bmatrix} \psi_{fA} \\ \psi_{fB} \\ \psi_{fC} \end{bmatrix} \tag{2-45}$$

考虑到永磁同步电机的三相定子绕组为对称绕组，且在空间上互差 120°，则有：

$$
\begin{cases}
L_{AA} = L_{BB} = L_{CC} = L_s \\
L_{AB} = L_{AC} = L_{BC} = -\dfrac{L_s}{2}
\end{cases}
\tag{2-46}
$$

将式（2-46）代入式（2-45）可得：

$$
\begin{bmatrix} u_A \\ u_B \\ u_C \end{bmatrix} =
\begin{bmatrix}
R_s + pL_s & -\dfrac{1}{2}pL_s & -\dfrac{1}{2}pL_s \\
-\dfrac{1}{2}pL_s & R_s + pL_s & -\dfrac{1}{2}pL_s \\
-\dfrac{1}{2}pL_s & -\dfrac{1}{2}pL_s & R_s + pL_s
\end{bmatrix}
\begin{bmatrix} i_A \\ i_B \\ i_C \end{bmatrix}
+ p\psi_f
\begin{bmatrix}
\cos(\theta_r) \\
\cos\left(\theta_r - \dfrac{2}{3}\pi\right) \\
\cos\left(\theta_r + \dfrac{2}{3}\pi\right)
\end{bmatrix}
\tag{2-47}
$$

式（2-47）中：R_s 和 L_s 分别为定子电阻和定子电感。

2.4.2　永磁同步电机磁链方程

从永磁同步电机的电磁基本关系出发，可以推导出三相静止坐标系下永磁同步电机的磁链方程为：

$$
\begin{bmatrix} \psi_A(\theta_r, i) \\ \psi_B(\theta_r, i) \\ \psi_C(\theta_r, i) \end{bmatrix} =
\begin{bmatrix} \psi_{1A}(\theta_r) \\ \psi_{1B}(\theta_r) \\ \psi_{1C}(\theta_r) \end{bmatrix} +
\begin{bmatrix} \psi_{2A}(\theta_r, i) \\ \psi_{2B}(\theta_r, i) \\ \psi_{2C}(\theta_r, i) \end{bmatrix}
\tag{2-48}
$$

式（2-48）中：$\psi_k(\theta_r, i)(k = A, B, C)$ 分别为三相定子磁链；$\psi_{1k}(\theta_r)$ 为转子永磁体磁场产生的磁链，仅与转子位置有关；$\psi_{2k}(\theta_r, i)$ 是三相绕组中定子电流与电感作用产生的交链磁链，不仅与转子位置有关，还与定子三相电流有关，即有：

$$
\psi_{1k}(\theta, i) =
\begin{bmatrix} \psi_{fA}(\theta_r) \\ \psi_{fB}(\theta_r) \\ \psi_{fC}(\theta_r) \end{bmatrix} = \psi_f
\begin{bmatrix}
\cos(\theta_r) \\
\cos\left(\theta_r - \dfrac{2}{3}\pi\right) \\
\cos\left(\theta_r + \dfrac{2}{3}\pi\right)
\end{bmatrix}
\tag{2-49}
$$

$$
\psi_{2k}(\theta_r, i) =
\begin{bmatrix} \psi_{2A}(\theta_r, i) \\ \psi_{2B}(\theta_r, i) \\ \psi_{2C}(\theta_r, i) \end{bmatrix} =
\begin{bmatrix}
L_{AA}(\theta_r) & L_{AB}(\theta_r) & L_{AC}(\theta_r) \\
L_{BA}(\theta_r) & L_{BB}(\theta_r) & L_{BC}(\theta_r) \\
L_{CA}(\theta_r) & L_{CB}(\theta_r) & L_{CC}(\theta_r)
\end{bmatrix}
\begin{bmatrix} i_A \\ i_B \\ i_C \end{bmatrix}
\tag{2-50}
$$

式（2-49）和式（2-50）中：ψ_f 为永磁体磁链；i_A、i_B、i_C 为三相电流；L_{AA}、L_{BB}、L_{CC} 为三相定子绕组的自感；L_{AB}、L_{AC}、L_{BA}、L_{BC}、L_{CA} 和 L_{CB} 为三相定子绕组之间的互感；θ_r 为转子位置。

2.4.3 永磁同步电机转矩方程

同样，永磁同步电机的电磁转矩等于电流不变时磁场能量对机械位置的偏导数。根据电磁定律，永磁同步电机磁场能量可表示为：

$$W = \frac{1}{2} i^{\mathrm{T}} \psi \tag{2-51}$$

进一步，则有：

$$
\begin{aligned}
T_e &= \frac{\partial W}{\partial \theta_m} = n_p \frac{\partial W}{\partial \theta_r} \\
&= -n_p \psi_f \left[i_A \sin(\theta_r) + i_B \sin\left(\theta_r - \frac{2}{3}\pi\right) + i_C \sin\left(\theta_r + \frac{2}{3}\pi\right) \right] - \\
&\quad \frac{1}{3} n_p (L_d - L_q) \left[i_A^2 \sin(2\theta_r) + i_B^2 \sin\left(2\theta_r + \frac{2}{3}\pi\right) + i_C^2 \sin\left(2\theta_r - \frac{2}{3}\pi\right) \right]
\end{aligned}
\tag{2-52}
$$

2.4.4 永磁同步电机运动方程

根据牛顿第二定律，永磁同步电机的运动方程可写为：

$$T_e = T_L + J \frac{\mathrm{d}\omega_m}{\mathrm{d}t} = T_L + \frac{J}{n_p} \frac{\mathrm{d}\omega_r}{\mathrm{d}t} \tag{2-53}$$

2.5 两相坐标系下永磁同步电机的数学模型

与感应电机类似，三相坐标系下永磁同步电机的数学模型较为复杂，难以直接应用到控制系统中。对此，分别利用 Clark 变换和 Park 变换对三相坐标系下的永磁同步电机数学模型进行简化，得到两相静止坐标系和两相旋转坐标系下永磁同步电机的数学模型。

2.5.1 两相静止坐标系下永磁同步电机的数学模型

利用 Clark 变换，可得两相静止坐标系下永磁同步电机的电压方程为：

$$
\begin{cases}
u_\alpha = R_s i_\alpha + \dfrac{\mathrm{d}\psi_\alpha}{\mathrm{d}t} \\
u_\beta = R_s i_\beta + \dfrac{\mathrm{d}\psi_\beta}{\mathrm{d}t}
\end{cases}
\tag{2-54}
$$

式（2-54）中：u_α、u_β、i_α、i_β、ψ_α 和 ψ_β 分别为定子电压的 α 轴分量和 β 轴分量、定子电流的 α 轴分量和 β 轴分量、定子磁链的 α 轴分量和 β 轴分量。

进一步，可得两相静止坐标系下永磁同步电机的磁链方程为：

$$
\begin{cases}
\psi_\alpha = L_\alpha i_\alpha + L_{\alpha\beta} i_\beta + \psi_f \cos(\theta_r) \\
\psi_\beta = L_\beta i_\beta + L_{\alpha\beta} i_\alpha + \psi_f \sin(\theta_r)
\end{cases}
\tag{2-55}
$$

式（2-55）中：L_α、L_β 和 $L_{\alpha\beta}$ 分别为等效电感，且有：

$$
\begin{cases}
L_\alpha = \dfrac{(L_d + L_q)}{2} + \dfrac{(L_d - L_q)}{2} \cos(2\theta_r) \\[2mm]
L_\beta = \dfrac{(L_d + L_q)}{2} - \dfrac{(L_d - L_q)}{2} \cos(2\theta_r) \\[2mm]
L_{\alpha\beta} = \dfrac{(L_d - L_q)}{2} \sin(2\theta_r)
\end{cases}
\tag{2-56}
$$

式（2-56）中：L_d 和 L_q 分别为 d 轴电感和 q 轴电感。

此外，两相静止坐标系下永磁同步电机的转矩方程为：

$$
T_e = \frac{3}{2} n_p \psi_s \times i_s = \frac{3}{2} n_p (\psi_\alpha i_\beta - \psi_\beta i_\alpha)
\tag{2-57}
$$

2.5.2　两相旋转坐标系下永磁同步电机的数学模型

由上述分析可以看出，无论是在三相静止坐标系下还是两相静止坐标系下，永磁同步电机的数学模型中都包含着转子位置角，这使得数学模型仍保持着非线性、强耦合的特性。对此，利用 Park 变换将两相静止坐标系下的数学模型变换至两相旋转坐标系下的数学模型，对其进行有效解耦。

利用 Park 变换，可得两相旋转坐标系下永磁同步电机的电压方程为：

$$
\begin{cases}
u_d = R_s i_d + p\psi_d - \omega_r \psi_q \\
u_q = R_s i_q + p\psi_q + \omega_r \psi_d
\end{cases}
\tag{2-58}
$$

式（2-58）中：u_d、u_q、i_d、i_q、ψ_d 和 ψ_q 分别为定子电压的 d 轴分量和 q 轴分量、定子电流的 d 轴分量和 q 轴分量、定子磁链的 d 轴分量和 q 轴分量。

进一步，可得两相旋转坐标系下永磁同步电机的磁链方程为：

$$
\begin{cases}
\psi_d = \psi_f + L_d i_d \\
\psi_q = L_q i_q
\end{cases}
\tag{2-59}
$$

此外，两相旋转坐标系下永磁同步电机的磁链方程为：

$$
T_e = \frac{3}{2} n_p (\psi_d i_q - \psi_q i_d)
\tag{2-60}
$$

将式（2-59）代入式（2-60）可得：

$$T_e = \frac{3}{2} n_p [\psi_f i_q + i_q i_d (L_d - L_q)] \tag{2-61}$$

由式（2-61）可以看出，由于内置式永磁同步电机的不对称性，d 轴与 q 轴的磁链分量不同，进而导致电磁转矩由两部分组成。第一部分由转子永磁体磁链与定子电流的交互作用产生，称为永磁转矩；第二部分由 d 轴与 q 轴电感不对称而产生，称为磁阻转矩。

2.6 永磁同步电机矢量控制系统

根据控制目标及需求的不同，永磁同步电机矢量控制策略可分为 $i_d = 0$ 控制、最大转矩/电流控制（Maximum Torque Per Ampere，MTPA）、$\cos\varphi = 1$ 控制等。其中，MTPA 控制策略能够提升电机输出能力和运行效率，且能快速响应负载变化，因此在永磁同步电机驱动系统广受欢迎。因此，本节以 MTPA 控制策略为例，对永磁同步电机矢量控制系统进行介绍。

将式（2-61）中定子电流的 d 轴分量和 q 轴分量用定子电流矢量表示，即有：

$$\begin{cases} i_d = I_s \cos(\gamma) \\ i_q = I_s \sin(\gamma) \end{cases} \tag{2-62}$$

式（2-62）中：I_s 和 γ 分别为定子电流幅值和定子电流矢量角。

将式（2-62）代入式（2-61），可得：

$$T_e = \frac{3}{2} n_p I_s \sin(\gamma)[\psi_f + (L_d - L_q)I_s \cos(\gamma)] \tag{2-63}$$

从式（2-63）中可以看出，当定子电流幅值确定后，电磁转矩的大小仅与定子电流矢量角有关，因此，可以通过调节定子电流矢量角，保证相同电流幅值下永磁同步电机的输出转矩最大。

在式（2-63）中，将转矩对定子电流矢量角 γ 求偏导，并令结果为 0，求出当前转矩对应的最优定子电流矢量角，即为：

$$\frac{\partial(T_e)}{\partial \gamma} = \frac{3}{2} n_p \psi_f I_s \cos\gamma + \frac{3}{2} n_p (L_d - L_q) I_s^2 \cos 2\gamma = 0 \tag{2-64}$$

$$\gamma_{\text{MTPA}} = \arccos\left\{ \frac{-\psi_f + \sqrt{\psi_f^2 + 8[(L_d - L_q)I_s]^2}}{4(L_d - L_q)I_s} \right\} \tag{2-65}$$

将式（2-65）代入式（2-62）可得：

$$\begin{cases} i_d^* = I_s^* \dfrac{-\psi_f + \sqrt{\psi_f^2 + 8k^2}}{4k} \\ i_q^* = -I_s^* \dfrac{\sqrt{\left(\sqrt{\psi_f^2 + 8k^2} + \psi_f\right)^2 - 4\psi_f^2}}{4k} \end{cases} \tag{2-66}$$

式（2-66）中：k 为中间变量，且有 $k = I_s \left(L_d - L_q \right)$。

　　根据上述分析，可得永磁同步电机的最大转矩电流比控制系统如图 2-7 所示。由图 2-7 可以看出，电流幅值的参考值由速度外环得到，进一步通过式（2-66）计算得到定子电流参考值的 d 轴分量和 q 轴分量；然后，通过电流调节器得到定子电压参考值的 d 轴分量和 q 轴分量，经 Park 反变换后送入调制模块，控制逆变器输出合适的三相电流，从而对永磁同步电机进行控制。

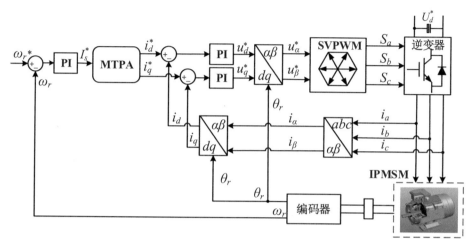

图 2-7　永磁同步电机的最大转矩电流比控制系统

本章参考文献

[1]　冯晓云. 电力牵引交流传动及其控制系统[M]. 北京：高等教育出版社，2009.

[2]　丁荣军，黄济荣. 现代变流技术与电气传动[M]. 北京：科学出版社，2009.

[3]　陈伯时. 电力拖动自动控制系统[M]. 北京：机械工业出版社，2003.

[4]　赵力航. 感应电机状态观测与参数在线辨识技术[D]. 浙江大学，2016.

[5]　陈嘉豪. 无速度传感器感应电机系统的自适应观测器设计[D]. 浙江大学，2019.

[6]　张延庆. 提升感应电机控制系统鲁棒性能的转速辨识方法研究[D]. 西安理工大学，2019.

[7]　曹朋朋. 基于间接矢量控制的异步电机转子时间常数在线辨识算法研究[D].合肥工业大学，2019.

[8]　杜超. 感应电机驱动系统的自抗扰控制[D]. 西安理工大学，2020.

[9]　罗成. 无速度传感器感应电机低速运行及零频穿越策略研究[D]. 哈尔滨工业大学，2021.

[10]　王惠民. 中低速磁悬浮列车牵引传动系统无速度传感器控制策略研究[D]. 西南交通大学，2021.

[11] Wang G，Zhang G，Xu D. Position sensorless control techniques for permanent magnet synchronous machine drives[M]. Germany：Springer，2020.

[12] 王彤. 永磁电机无位置传感器控制及在线参数辨识研究[D]. 浙江大学，2019.

[13] 张彦平. IPMSM 低噪音全速域运行无位置传感器控制[D]. 西安理工大学，2021.

[14] 张朝阳. 轨道交通永磁同步牵引系统调制策略与控制技术研究[D]. 西南交通大学，2019.

[15] 丁大尉. 永磁电机无电解电容驱动系统谐波抑制及稳定运行技术研究[D]. 哈尔滨工业大学，2021.

[16] 王奇维. 多工况下永磁同步电机电气参数辨识方法研究[D]. 哈尔滨工业大学，2022.

第 3 章　交流电机宽速域无传感器控制技术

　　基于高频信号注入的无传感器控制技术在低速工况时估计性能较好，而基于电机模型的无传感器控制技术则是在中高速工况时能提供优良的估计性能。对此，可将高频信号注入法和电机模型法结合起来，实现交流电机的宽速域无传感器控制。本章以内置式永磁同步电机为例，首先，对传统基于高频脉振信号注入的无传感器控制技术进行介绍，并对其性能进行详细分析。在此基础上，研究一种基于改进型高频脉振信号注入的无传感器控制技术。随后，提出一种基于扩展滑模扰动观测器的无传感器控制技术。最后，基于上述两种方法，实现永磁同步电机的宽速域无传感器控制。

3.1　传统的基于高频脉振信号注入的无传感器控制技术

　　在交流电机无传感器控制系统中，高频脉振信号注入法性能优良，且对电机非理想特性的依赖程度较小，因此备受关注[1-8]。基于此，本节对传统的基于高频脉振信号注入的无传感器控制技术进行介绍，并对其性能进行详细分析。

3.1.1　具体实现

　　在高频脉振信号作用下，两相旋转坐标系（即 dq 坐标系）下永磁同步电机的电压方程可简化为纯电感模型[9-10]，即有：

$$\begin{cases} u_{dh} = \dfrac{\mathrm{d}\psi_{dh}}{\mathrm{d}t} = L_d \dfrac{\mathrm{d}i_{dh}}{\mathrm{d}t} \\ u_{qh} = \dfrac{\mathrm{d}\psi_{qh}}{\mathrm{d}t} = L_q \dfrac{\mathrm{d}i_{qh}}{\mathrm{d}t} \end{cases} \tag{3-1}$$

式（3-1）中：u_{dh}、u_{qh}、ψ_{dh}、ψ_{qh}、i_{dh} 和 i_{qh} 分别为高频电压的 d 轴分量和 q 轴分量、高频磁链的 d 轴分量和 q 轴分量、高频电流的 d 轴分量和 q 轴分量。

　　在介绍基于高频脉振信号注入的无传感器控制技术之前，需明晰不同坐标系之间关系。如图 3-1 所示，永磁同步电机估计的两相旋转坐标系（即 $\gamma\delta$ 坐标系）与两相静止坐标系（即 $\alpha\beta$ 坐标系）的夹角为 $\hat{\theta}_r$，实际的两相旋转坐标系（即 dq 坐标系）与两相静止坐标系的夹角为 θ_r，且位置估计误差角为 $\Delta\theta_r = \theta_r - \hat{\theta}_r$。

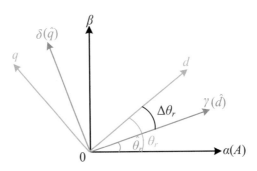

图 3-1 永磁同步电机不同坐标系之间的关系

在 $\gamma\delta$ 坐标系下，注入的高频电压信号可写为：

$$\begin{cases} u_{\gamma h} = U_h \cos(\omega_h t) \\ u_{\delta h} = 0 \end{cases} \tag{3-2}$$

式（3-2）中：$u_{\gamma h}$、$u_{\delta h}$、U_h 和 ω_h 分别为高频电压的 γ 轴分量和 δ 轴分量、高频电压信号的幅值和高频电压信号的频率。

将式（3-2）变换到 dq 坐标下，则有：

$$\begin{bmatrix} u_{dh} \\ u_{qh} \end{bmatrix} = \begin{bmatrix} \cos(\theta_r - \hat{\theta}_r) & \sin(\theta_r - \hat{\theta}_r) \\ -\sin(\theta_r - \hat{\theta}_r) & \cos(\theta_r - \hat{\theta}_r) \end{bmatrix} \begin{bmatrix} u_{\gamma h} \\ u_{\delta h} \end{bmatrix} \tag{3-3}$$

将式（3-3）代入式（3-1）可得：

$$\begin{bmatrix} \dfrac{\mathrm{d}i_{dh}}{\mathrm{d}t} \\ \dfrac{\mathrm{d}i_{qh}}{\mathrm{d}t} \end{bmatrix} = \begin{bmatrix} \dfrac{u_{dh}}{L_d} \\ \dfrac{u_{qh}}{L_q} \end{bmatrix} = \begin{bmatrix} \dfrac{\cos(\Delta\theta_r)u_{\gamma h}}{L_d} \\ \dfrac{-\sin(\Delta\theta_r)u_{\gamma h}}{L_q} \end{bmatrix} \tag{3-4}$$

进一步，将式（3-2）代入式（3-4）中，则有：

$$\begin{bmatrix} \dfrac{\mathrm{d}i_{dh}}{\mathrm{d}t} \\ \dfrac{\mathrm{d}i_{qh}}{\mathrm{d}t} \end{bmatrix} = \begin{bmatrix} \dfrac{U_h}{L_d}\cos(\Delta\theta_r)\cos(\omega_h t) \\ -\dfrac{U_h}{L_d}\sin(\Delta\theta_r)\cos(\omega_h t) \end{bmatrix} \tag{3-5}$$

根据式（3-5），可得 dq 坐标系下的高频电流响应为：

$$\begin{bmatrix} i_{dh} \\ i_{qh} \end{bmatrix} = \begin{bmatrix} \displaystyle\int\left[\dfrac{U_h}{L_d}\cos(\Delta\theta_r)\cos(\omega_h t)\right]\mathrm{d}t \\ \displaystyle\int\left[-\dfrac{U_h}{L_q}\sin(\Delta\theta_r)\cos(\omega_h t)\right]\mathrm{d}t \end{bmatrix} = \begin{bmatrix} \dfrac{U_h}{\omega_h L_d}\cos(\Delta\theta_r)\sin(\omega_h t) \\ -\dfrac{U_h}{\omega_h L_q}\sin(\Delta\theta_r)\sin(\omega_h t) \end{bmatrix} \tag{3-6}$$

将式（3-6）变换到 $\alpha\beta$ 坐标系下，可得：

$$\begin{bmatrix} i_{\alpha h} \\ i_{\beta h} \end{bmatrix} = \begin{bmatrix} \dfrac{U_h}{\omega_h L_d}\cos(\Delta\theta_r)\cos\theta_r\sin(\omega_h t) + \dfrac{U_h}{\omega_h L_q}\sin(\Delta\theta_r)\sin\theta_r\sin(\omega_h t) \\ \dfrac{U_h}{\omega_h L_d}\cos(\Delta\theta_r)\sin\theta_r\sin(\omega_h t) - \dfrac{U_h}{\omega_h L_q}\sin(\Delta\theta_r)\cos\theta_r\sin(\omega_h t) \end{bmatrix} \quad (3\text{-}7)$$

进一步，利用三角函数公式将式（3-7）改写为：

$$i_{\alpha h} = L_\gamma \sin(\omega_h t)\cos(\theta_r - \Delta\theta_r) + L_\delta \sin(\omega_h t)\cos(\theta_r + \Delta\theta_r) \quad (3\text{-}8)$$

$$i_{\beta h} = L_\delta \sin(\omega_h t)\sin(\theta_r + \Delta\theta_r) + L_\gamma \sin(\omega_h t)\sin(\theta_r - \Delta\theta_r) \quad (3\text{-}9)$$

式（3-8）和式（3-9）中：L_γ 和 L_δ 均为中间变量，且有：

$$\begin{cases} L_\gamma = \dfrac{U_h(L_d + L_q)}{2\omega_h L_d L_q} \\ L_\delta = \dfrac{U_h(L_q - L_d)}{2\omega_h L_d L_q} \end{cases} \quad (3\text{-}10)$$

将式（3-8）和式（3-9）变换到 $\gamma\delta$ 坐标系下，可得：

$$\begin{bmatrix} i_{\gamma h} \\ i_{\delta h} \end{bmatrix} = \begin{bmatrix} \cos\hat\theta_r & \sin\hat\theta_r \\ -\sin\hat\theta_r & \cos\hat\theta_r \end{bmatrix} \begin{bmatrix} i_{\alpha h} \\ i_{\beta h} \end{bmatrix} \quad (3\text{-}11)$$

将式（3-8）和式（3-9）分别代入式（3-11），可得：

$$\begin{aligned} i_{\gamma h} = & L_\gamma \sin(\omega_h t)[\cos(\theta_r - \Delta\theta_r)\cos(\hat\theta_r) + \sin(\theta_r - \Delta\theta_r)\sin(\hat\theta_r)] + \\ & L_\delta \sin(\omega_h t)[\cos(\theta_r + \Delta\theta_r)\cos(\hat\theta_r) + \sin(\theta_r + \Delta\theta_r)\sin(\hat\theta_r)] \end{aligned} \quad (3\text{-}12)$$

依据图 3-1，可得：

$$\begin{cases} \cos(\theta_r - \Delta\theta_r)\cos\hat\theta_r + \sin(\theta_r - \Delta\theta_r)\sin\hat\theta_r = 1 \\ \cos(\theta_r + \Delta\theta_r)\cos\hat\theta_r + \sin(\theta_r + \Delta\theta_r)\sin\hat\theta_r = \cos(2\Delta\theta_r) \end{cases} \quad (3\text{-}13)$$

将式（3-13）代入式（3-12）可得：

$$i_{\gamma h} = L_\gamma \sin(\omega_h t) + L_\delta \sin(\omega_h t)\cos(2\Delta\theta_r) \quad (3\text{-}14)$$

类似地，高频电流响应的 δ 轴分量可表示为：

$$\begin{aligned} i_{\delta h} = & L_\gamma \sin(\omega_h t)[-\cos(\theta_r - \Delta\theta_r)\sin(\hat\theta_r) + \sin(\theta_r - \Delta\theta_r)\cos(\hat\theta_r)] + \\ & L_\delta \sin(\omega_h t)[\sin(\theta_r + \Delta\theta_r)\cos(\hat\theta_r) - \cos(\theta_r + \Delta\theta_r)\sin(\hat\theta_r)] \end{aligned} \quad (3\text{-}15)$$

同理可得：

$$\begin{cases} -\cos(\theta_r - \Delta\theta_r)\sin(\hat{\theta}_r) + \sin(\theta_r - \Delta\theta_r)\cos(\hat{\theta}_r) = 0 \\ \sin(\theta_r + \Delta\theta_r)\cos(\hat{\theta}_r) - \cos(\theta_r + \Delta\theta_r)\sin(\hat{\theta}_r) = \sin(2\Delta\theta_r) \end{cases} \tag{3-16}$$

将（3-16）代入式（3-15）可得：

$$i_{\delta h} = L_\delta \sin(\omega_h t)\sin(2\Delta\theta_r) \tag{3-17}$$

由式（3-14）和式（3-17）可以看出，当高频脉振电压信号注入后，高频电流响应的 γ 轴分量和 δ 轴分量均与位置估计误差角 $\Delta\theta_r$ 有关。注意到，当转子位置误差趋于 0 时（即 $\Delta\theta_r \to 0$），高频电流响应的 δ 轴分量趋于 0 而高频电流响应的 γ 轴分量不为 0，因此选择高频电流响应的 δ 轴分量进行速度和位置信息提取。

进一步，则有：

$$\Gamma_{\delta h} = i_{\delta h}\sin(\omega_h t) = \frac{L_\delta \sin(2\Delta\theta_r)}{2} - \frac{L_\delta \cos(2\omega_h t)\sin(2\Delta\theta_r)}{2} \tag{3-18}$$

式（3-18）中：$\Gamma_{\delta h}$ 为高频电流响应的 δ 轴分量与调制信号相乘得到的变量。

由式（3-18）可以看出，$\Gamma_{\delta h}$ 由两部分组成，一部分为包含位置误差信息的低频分量，另一部分为含 $\cos(2\omega_h t)$ 的两倍频分量。利用低通滤波器（Low-Pass Filter，LPF）对 $\Gamma_{\delta h}$ 进行滤波处理，则有：

$$\Gamma_{\delta h}^{LPF} = \text{LPF}(\Gamma_{\delta h}) = \frac{L_\delta \sin(2\Delta\theta_r)}{2} \tag{3-19}$$

根据上述分析，可得速度和位置估计方案如图 3-2 所示。根据图 3-2 可知，首先利用带通滤波器（Band-Pass Filter，BPF）获取 $\gamma\delta$ 坐标系下高频电流响应的 δ 轴分量，然后利用调制信号 $\sin(\omega_h t)$ 与高频电流响应的 δ 轴分量 $i_{\delta h}$ 相乘得到 $\Gamma_{\delta h}$，并采用低通滤波器对 $\Gamma_{\delta h}$ 进行滤波处理，即可得到位置估计误差信息，最后通过 PI 控制器计算得到速度估计和位置估计。

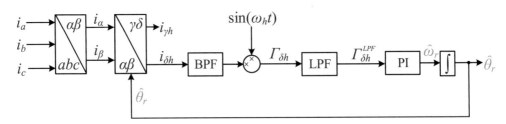

图 3-2　速度估计和位置估计方案

结合图 2-7 和图 3-2，可得基于高频脉振信号注入的永磁同步电机无位置传感器控制系统，如图 3-3 所示。需要说明的是，在永磁同步电机无位置传感器控制系统中，电流内环只需基频电流信号。然而，采用高频脉振信号注入法后，实际的电流信号中包含高频分量。对此，利用低通滤波器对定子电流进行滤波处理，避免对控制系统产生不利影响（见图 3-3）。

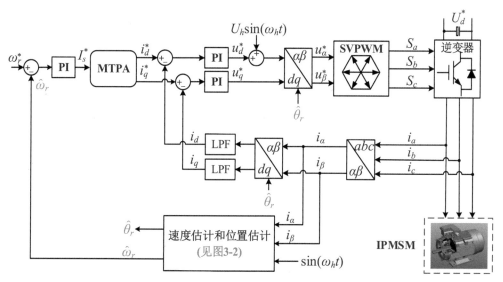

图 3-3　基于高频脉振信号注入的永磁同步电机无位置传感器控制系统

3.1.2　性能分析

高频脉振信号注入方法虽具有性能良好、易于实现等优点，但该方法存在动态性能欠佳和鲁棒性不高等问题。对此，本节对高频脉振信号注入方法的性能进行详细分析。

由图 3-2 可知，传统的基于高频脉振信号注入的无传感器控制技术至少需要两个滤波器，即一个低通滤波器和一个带通滤波器。然而，多个滤波器的使用会带来幅值误差和相位偏移等问题。而且，滤波器的使用可能会减小系统带宽，从而降低动态性能，具体分析如下。

低通滤波器的传递函数可写为：

$$G_{LPF}(s) = \frac{\omega_c}{s + \omega_c} \qquad (3-20)$$

式（3-20）中：ω_c 为低通滤波器的截止频率。

根据式（3-20），低通滤波器的幅频特性和相频特性可得：

$$|G_{LPF}(\mathrm{j}\omega)| = \left| \frac{\omega_c}{\mathrm{j}\omega + \omega_c} \right| = \frac{\omega_c}{\sqrt{\omega^2 + \omega_c^2}} \qquad (3-21)$$

$$\angle G_{LPF}(\mathrm{j}\omega) = 0 - \arctan\left(\frac{\omega}{\omega_c}\right) = -\arctan\left(\frac{\omega}{\omega_c}\right) \qquad (3-22)$$

由式（3-21）和式（3-22）可知：采用低通滤波器后会出现幅值误差和相位偏移，虽然这些问题随着低通滤波器的截止频率增加而逐渐得到缓解，但截止频率的增加会导致速度估计和位置估计出现明显脉动。

为直观展示低通滤波器对高频脉振信号注入方法的影响，对其进行仿真测试研究，测试结果如图3-4。在此测试中，低通滤波器截止频率分别设置为 20π rad/s、40π rad/s 和 100π rad/s。如图所示，当采用截止频率为 20π rad/s 的低通滤波器时，位置估计误差明显高于采用截止频率为 100π rad/s 的低通滤波器时的位置估计误差，这是由于采用低截止频率的低通滤波器时，系统相位延迟较高，进而降低位置估计性能［见式（3-22）］。进一步可知，截止频率为 100π rad/s 的低通滤波器难以降低信号注入的影响，导致位置估计出现明显脉动。而这一问题在采用截止频率为 20π rad/s 的低通滤波器后得到有效缓解。

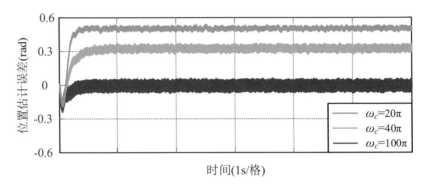

图 3-4　不同截止频率下位置估计误差对比

进一步，分析低通滤波器对系统带宽的影响。依据图3-2，得到位置估计的小信号模型如图3-5所示。

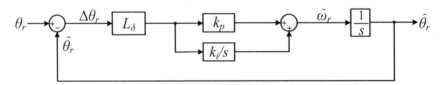

（a）未考虑低通滤波器影响的小信号模型

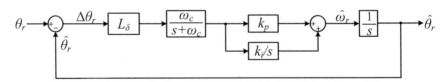

（b）考虑低通滤波器影响的小信号模型

图 3-5　位置估计的小信号模型

由图3-5（a）可得，未考虑低通滤波器的影响时，闭环传递函数可写为：

$$G_{cl}^{\theta}(s) = \frac{\hat{\theta}_r(s)}{\theta_r(s)} = \frac{L_\delta k_p s + L_\delta k_i}{s^2 + L_\delta k_p s + L_\delta k_i} \tag{3-23}$$

式（3-23）中：k_p 和 k_i 均为 PI 控制器的参数。

将式（3-23）重写为：

$$G_{cl}^{\theta}(s) = \frac{L_{\delta}k_p s + L_{\delta}k_i}{s^2 + L_{\delta}k_p s + L_{\delta}k_i} = \frac{2\zeta\omega_n s + \omega_n^2}{s^2 + 2\zeta\omega_n s + \omega_n^2} \tag{3-24}$$

式（3-24）中：ζ 和 ω_n 分别为阻尼因子和自然频率。

由式（3-24）可得：

$$\left|G_{cl}^{\theta}(j\omega)\right| = \left|\frac{2\zeta\omega_n s + \omega_n^2}{s^2 + 2\zeta\omega_n s + \omega_n^2}\right| = \frac{\sqrt{(\omega_n^2)^2 + (2\zeta\omega_n\omega)^2}}{\sqrt{(\omega_n^2 - \omega^2)^2 + (2\zeta\omega_n\omega)^2}} \tag{3-25}$$

进一步，则有：

$$\left|G_{cl}^{\theta}(0)\right| = \frac{\sqrt{(\omega_n^2)^2}}{\sqrt{(\omega_n^2)^2}} = 1 \tag{3-26}$$

根据系统带宽的定义，可得：

$$\left|G_{cl}^{\theta}(j\omega_b)\right| = \frac{\sqrt{(\omega_n^2)^2 + (2\zeta\omega_n\omega_b)^2}}{\sqrt{(\omega_n^2 - \omega_b^2)^2 + (2\zeta\omega_n\omega_b)^2}} = \frac{1}{\sqrt{2}}\left|G_{cl}^{\theta}(0)\right| = \frac{1}{\sqrt{2}} \tag{3-27}$$

式（3-27）中：ω_b 为未考虑低通滤波器影响时的系统带宽。

对式（3-27）求解可得：

$$\omega_b = \omega_n\sqrt{(1+2\zeta^2) + \sqrt{(1+2\zeta^2)^2 + 1}} \tag{3-28}$$

由图 3-5（b）可得，考虑低通滤波器的影响后，闭环传递函数可写为：

$$G_{cl}^{\theta L}(s) = \frac{\hat{\theta}_{rL}(s)}{\theta_r(s)} = \frac{\omega_c L_{\delta}k_p s + \omega_c L_{\delta}k_i}{s^3 + \omega_c s^2 + \omega_c L_{\delta}k_p s + \omega_c L_{\delta}k_i}$$
$$= \frac{2\zeta\omega_c\omega_n s + \omega_c\omega_n^2}{s^3 + \omega_c s^2 + 2\zeta\omega_c\omega_n s + \omega_c\omega_n^2} \tag{3-29}$$

由式（3-29）可得：

$$\left|G_{cl}^{\theta L}(j\omega_b^L)\right| = \frac{\omega_c\sqrt{(\omega_n^2)^2 + (2\zeta\omega_n\omega_b^L)^2}}{\sqrt{[\omega_c\omega_n^2 - \omega_c(\omega_b^L)^2]^2 + [2\zeta\omega_n\omega_b^L\omega_c - (\omega_b^L)^3]^2}}$$
$$= \frac{1}{\sqrt{2}}\left|G_{cl}^{\theta L}(0)\right| = \frac{1}{\sqrt{2}} \tag{3-30}$$

依据式（3-30），考虑低通滤波器影响后的系统带宽可计算为：

$$\omega_b^L = \sqrt{\sqrt[3]{\left[\left(\frac{pq}{6} - \frac{f}{2}\right) - \sqrt{\left(\frac{q}{3} - \frac{p^2}{9}\right)^3 + \left(\frac{p^3}{27} - \frac{pq}{6} + \frac{c}{2}\right)^2} - \frac{p^3}{27}\right]} + \sqrt[3]{\left[\left(\frac{pq}{6} - \frac{f}{2}\right) + \sqrt{\left(\frac{q}{3} - \frac{p^2}{9}\right)^3 + \left(\frac{p^3}{27} - \frac{pq}{6} + \frac{c}{2}\right)^2} - \frac{p^3}{27}\right]}} \tag{3-31}$$

式（3-31）中：p、q 和 f 均为中间变量，且有：

$$\begin{cases} p = \omega_c^2 - 4\zeta\omega_n\omega_c \\ q = -(2+4\zeta^2)\omega_n^2\omega_c^2 \\ f = -\omega_c^2\omega_n^4 \end{cases} \quad (3\text{-}32)$$

为体现低通滤波器对系统带宽的影响，对其进行仿真测试，并与未采用低通滤波器的系统带宽进行对比，测试结果如图 3-6 所示。由测试结果可知，与上述分析一致，在采用低通滤波器后，随着自然频率的增加，系统带宽显著下降，进而造成动态性能下降。

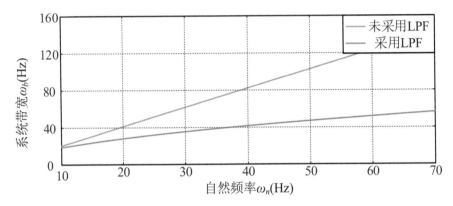

图 3-6　采用低通滤波器和未采用低通滤波器的系统带宽对比

此外，注意到 d 轴电感和 q 轴电感出现在位置估计中（见图 3-2），当 d 轴电感和 q 轴电感发生变化后，可能会对估计性能产生不利影响。基于此，以 d 轴电感变化为例，对高频脉振信号注入方法的估计性能进行分析。

考虑 d 轴电感变化后，闭环传递函数可写为：

$$G_{cl}^{\theta R}(s) = \frac{\hat{\theta}_{rR}(s)}{\theta_r(s)} = \frac{(L_\delta + \Delta L)k_p s + (L_\delta + \Delta L)k_i}{s^2 + (L_\delta + \Delta L)k_p s + (L_\delta + \Delta L)k_i} \quad (3\text{-}33)$$

式（3-33）中：ΔL 为 d 轴电感的变化量。

从式（3-33）中减去式（3-23），可得位置估计误差为：

$$\Delta G_{cl}^\theta(s) = G_{cl}^{\theta R}(s) - G_{cl}^\theta(s) = \Delta L \frac{k_p s^3 + k_i s^2}{s^4 + as^3 + bs^2 + cs + d} \quad (3\text{-}34)$$

式（3-34）中：a、b、c 和 d 均为中间变量，且有：

$$\begin{cases} a = (L_\delta + \Delta L)k_p + L_\delta k_p \\ b = (L_\delta + \Delta L)k_i + L_\delta k_i + (L_\delta + \Delta L)L_\delta k_p^2 \\ c = 2(L_\delta + \Delta L)L_\delta k_p k_i \\ d = (L_\delta + \Delta L)L_\delta k_i^2 \end{cases} \quad (3\text{-}35)$$

联立式（3-34）和式（3-35）可知：当 d 轴电感发生变化后，由于 PI 控制器有限的抗扰能力，高频脉振信号注入方法的估计性能明显下降，因此，需要进一步提升高频脉振信号注入方法的鲁棒性。

3.1.3　仿真验证

为验证高频脉振信号注入算法的有效性，对其进行仿真测试，测试结果如图 3-7 所示。其中，注入的高频脉振电压信号幅值和频率分别设置为 20 V 和 1 kHz。在图 3-7 中，速度指令开始设置为 100 r/min，在 $t = 0.2$ s 变化至 200 r/min；负载开始设置为 0 N·m，在 $t = 0.4$ s 变化至额定转矩 5 N·m。由测试结果可知，高频脉振信号注入方法能够实现不同工况下速度和位置的有效估计，但由于采用多个滤波器，幅值误差和相位偏移问题显著，并会降低系统带宽，进而导致估计误差较大且动态响应缓慢，因此需要进一步提升控制性能。

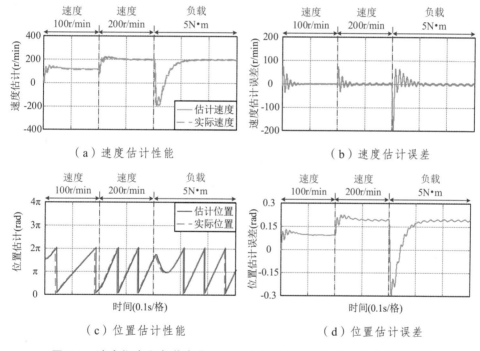

（a）速度估计性能　　　　　　　　　　（b）速度估计误差

（c）位置估计性能　　　　　　　　　　（d）位置估计误差

图 3-7　速度指令和负载变化工况下高频脉振电压注入方法的估计性能

此外，利用仿真测试对高频脉振信号注入方法在电机参数变化工况下的性能进行探究，测试结果如图 3-8 所示。在图 3-8 中，在 $t = 0.4$ s 时 d 轴电感和 q 轴电感变为原来的 2 倍。根据测试结果可知，当电机参数发生变化后，高频脉振信号注入方法提供的速度估计和位置估计逐渐偏离实际速度和实际位置，估计误差显著增大，甚至会造成控制系统失稳。根据测试结果可知，高频脉振信号注入方法虽可以实现速度和位置估计，但估计误差较大、动态性能较慢，且系统鲁棒性不足，控制性能有待进一步提升。

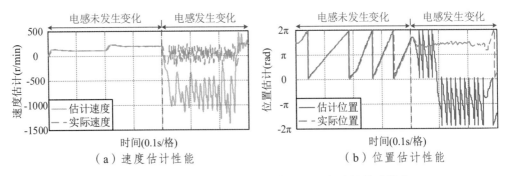

（a）速度估计性能　　　　　　（b）位置估计性能

图 3-8　电机参数变化工况下高频脉振信号注入方法的估计性能

3.2　基于改进型高频脉振信号注入的无传感器控制技术

传统的基于高频脉振信号注入的无传感器控制技术使用多个滤波器，导致估计精度不高、动态性能欠佳等问题。并且，传统基于高频脉振信号注入的无传感器控制技术鲁棒性不高，当电机参数发生变化时，估计性能显著下降。对此，本章提出一种基于改进型高频脉振信号注入的无传感器控制方法。在此方法中，采用单个高通滤波器提取位置估计误差信息，实现速度和位置估计。同时，为降低电机参数变化对所提方法的不利影响，采用一种高频电流响应分量幅值在线估计方法，并对估计幅值进行归一化处理，降低 d 轴电感变化的影响。此外，设计一个不依赖于位置误差的相移观测器，消除相位偏移对位置估计的不利影响。

3.2.1　具体实现

将式（3-8）和式（3-9）改写为矩阵形式，则有[9-10]：

$$\begin{bmatrix} i_{\alpha h} \\ i_{\beta h} \end{bmatrix} = \boldsymbol{i}_f + \begin{bmatrix} L_\delta \cos(\theta_r + \Delta\theta_r) + L_\gamma \cos(\theta_r - \Delta\theta_r) \\ L_\gamma \sin(\theta_r + \Delta\theta_r) + L_\delta \sin(\theta_r - \Delta\theta_r) \end{bmatrix} (\sin\omega_h t) \tag{3-36}$$

式（3-36）中：$\boldsymbol{i}_f$ 为永磁同步电机的电流基波分量。

当位置估计误差很小时，即 $\Delta\theta_r \to 0$，式（3-36）可改写为：

$$\begin{bmatrix} i_{\alpha h} \\ i_{\beta h} \end{bmatrix} = \boldsymbol{i}_f + \frac{U_h}{\omega_h L_d} \begin{bmatrix} \cos(\theta_r) \\ \sin(\theta_r) \end{bmatrix} (\sin\omega_h t) \tag{3-37}$$

考虑到永磁同步电机运行在低速时电流基波分量频率较低，且注入脉振信号的频率较高，利用高通滤波器（High-Pass Filter，HPF）对 $\alpha\beta$ 坐标系下的高频电流响应进行处理，则有：

$$\begin{bmatrix} i_{\alpha h}^{HPF} \\ i_{\beta h}^{HPF} \end{bmatrix} = \text{HPF} \begin{bmatrix} i_{\alpha h} \\ i_{\beta h} \end{bmatrix} = \frac{U_h}{\omega_h L_d} \begin{bmatrix} \cos(\theta_r) \\ \sin(\theta_r) \end{bmatrix} (\sin\omega_h t) \tag{3-38}$$

将式（3-36）变换到 $\gamma\delta$ 坐标系下，可得：

$$\begin{bmatrix} i_{\gamma h}^{HPF} \\ i_{\delta h}^{HPF} \end{bmatrix} = \begin{bmatrix} \cos(\hat{\theta}_r) & \sin(\hat{\theta}_r) \\ -\sin(\hat{\theta}_r) & \cos(\hat{\theta}_r) \end{bmatrix} \begin{bmatrix} i_{\alpha h}^{HPF} \\ i_{\beta h}^{HPF} \end{bmatrix} \tag{3-39}$$

进一步，则有：

$$\begin{bmatrix} i_{\gamma h}^{HPF} \\ i_{\delta h}^{HPF} \end{bmatrix} = \frac{U_h \sin(\omega_h t)}{\omega_h L_d} \begin{bmatrix} \cos(\Delta\theta_r) \\ \sin(\Delta\theta_r) \end{bmatrix} \tag{3-40}$$

同样的，当位置估计误差很小时，高频电流响应的 δ 轴分量趋于 0 而高频电流响应的 γ 轴分量不为 0。因此，选择高频电流响应的 δ 轴分量进行速度和位置信息提取。此外，为保证信息提取的准确性，需要考虑高频注入信号的极性。对此，将调制信号设置为：

$$i_{dem} = \text{sgn}[\sin(\omega_h t)] \tag{3-41}$$

式（3-41）中：i_{dem} 和 sgn 分别为调制信号和符号函数，且有：

$$\text{sgn}(x) = \begin{cases} 1 & x > 0 \\ -1 & x < 0 \end{cases} \tag{3-42}$$

根据式（3-42），则有：

$$\sin(\omega_h t)\,\text{sgn}[\sin(\omega_h t)] = \begin{cases} \sin(\omega_h t) & \sin(\omega_h t) > 0 \\ 0 & \sin(\omega_h t) = 0 \\ -\sin(\omega_h t) & \sin(\omega_h t) < 0 \end{cases} \tag{3-43}$$

由式（3-43）可得：

$$\sin(\omega_h t)\,\text{sgn}[\sin(\omega_h t)] = |\sin(\omega_h t)| \tag{3-44}$$

将式（3-44）代入式（3-43），则有：

$$\Gamma_{\delta h}^{HPF} = i_{\delta h}^{HPF} \times i_{dem} = \frac{U_h}{\omega_h L_d} \sin(\Delta\theta_r) |\sin(\omega_h t)| \tag{3-45}$$

注意到，式（3-45）中出现了 d 轴电感，这意味着当 d 轴电感出现变化时，估计性能可能会受到影响。对此，利用高频电流响应的 γ 轴分量对 $\Gamma_{\delta h}^{HPF}$ 进行幅值估计，并采用幅值归一化方法，降低电机参数变化的影响，具体如下。

依据式（3-40）可得：

$$\Gamma_{\gamma h} = i_{\gamma h}^{HPF} \times 2\sin(\omega_h t) = \frac{U_h}{\omega_h L_d} \cos(\Delta\theta_r) - \frac{U_h}{\omega_h L_d} \cos(\Delta\theta_r)\cos(2\omega_h t) \tag{3-46}$$

由式（3-46）可知，$\Gamma_{\gamma h}$ 包含两部分，一部分为低频分量，另一部分为含 $\cos(2\omega_h t)$ 的两倍频分量。利用低通滤波器对 $\Gamma_{\gamma h}$ 进行处理，可得：

$$\Gamma_{\gamma h}^{LPF} = \text{LPF}[\Gamma_{\gamma h}] = \frac{U_h}{\omega_h L_d}\cos(\Delta\theta_r) \qquad (3\text{-}47)$$

联立式（3-45）和式（3-47）可得：

$$\xi = \frac{\Gamma_{\gamma h}^{HPF}}{\Gamma_{\delta h}^{LPF}} = \tan(\Delta\theta_r)\left|\sin(\omega_h t)\right| \qquad (3\text{-}48)$$

当位置估计误差足够小时，则有：

$$\xi = \frac{\Gamma_{\gamma h}^{HPF}}{\Gamma_{\delta h}^{LPF}} = \tan(\Delta\theta_r)\left|\sin(\omega_h t)\right| \approx \Delta\theta_r\left|\sin(\omega_h t)\right| \qquad (3\text{-}49)$$

由式（3-49）可以看到，经过幅值归一化处理后，d 轴电感未出现在估计方案中，因此，估计方案的鲁棒性得到提升。综上所述，所提出的基于改进型高频信号注入的无位置传感器控制技术如图 3-9 所示。

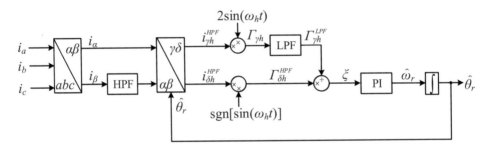

图 3-9　基于改进型高频脉振信号注入的无位置传感器控制技术

3.2.2　相移观测器

在实际中，电流滤波、电流采样等环节均会带来相位偏移，并会对位置估计造成不利影响。为此，本节提出一种相移观测器对相位偏移进行估计，并对估计的相位偏移进行补偿，从而消除相位偏移的不利影响。

考虑相位偏移的影响后，高频电流响应的 δ 轴分量可写为：

$$i_{\delta hp}^{HPF} = \frac{U_h}{\omega_h L_d}\sin(\Delta\theta_r)\sin(\omega_h t + \phi) \qquad (3\text{-}50)$$

式（3-50）中：$i_{\delta hp}^{HPF}$ 和 ϕ 分别为考虑相位偏移影响后高频电流响应的 δ 轴分量和相位偏移。

进一步，可得：

$$\Gamma_{\delta hp}^{HPF} = i_{\delta hp}^{HPF} \times 2\sin(\omega_h t) = \frac{U_h}{\omega_h L_d}\sin(\Delta\theta_r)[\cos(\phi) - \cos(2\omega_h t + \phi)] \qquad (3\text{-}51)$$

对 $\Gamma_{\delta hp}^{HPF}$ 进行低通滤波处理，可得：

$$\xi_p = LPF[\Gamma_{\delta hp}^{HPF}] = \frac{U_h}{\omega_h L_d} \sin(\Delta\theta_r)\cos\phi \qquad (3\text{-}52)$$

式（3-52）中：ξ_p 为考虑相位偏移影响后的位置估计误差信息。

由式（3-52）可以看出，考虑相位偏移的影响后，位置估计误差信息包含一个 $\cos\phi$ 分量，给位置估计误差的准确提取增加了难度，进而降低估计性能。对此，设计一个相移观测器对相位偏移进行估计和补偿，从而消除相位偏移对位置估计的不利影响。

考虑相位偏移的影响后，则有：

$$\Upsilon_{\gamma hp} = i_{\gamma h}^{HPF} \times 2\cos(\omega_h t + \hat{\phi}) = \Gamma_{\gamma h}^{LPF}[\sin(2\omega_h t + \phi + \hat{\phi}) + \sin(\Delta\phi)] \qquad (3\text{-}53)$$

式（3-53）中：$\hat{\phi}$ 和 $\Delta\phi$ 分别为估计的相位偏移和相位偏移估计误差，且有：

$$\Delta\phi = \phi - \hat{\phi} \qquad (3\text{-}54)$$

由式（3-53）可知，$\Upsilon_{\gamma hp}$ 由两部分组成，一部分为低频分量，另一部分为包含 $\sin(2\omega_h t)$ 的高频分量。对式（3-53）进行低通滤波处理，则有：

$$\Upsilon_{\gamma hp}^{LPF} = LPF[\Upsilon_{\gamma hp}] = \Gamma_{\gamma h}^{LPF}\sin(\Delta\phi) \qquad (3\text{-}55)$$

由式（3-55）可知，利用 $\Upsilon_{\gamma hp}^{LPF}$ 能够对相位偏移进行估计，然而由于 $\Gamma_{\gamma h}^{LPF}$ 的存在（包含 d 轴电感信息）可能会对相位偏移估计性能产生不利影响。对此，采用幅值归一化对 $\Upsilon_{\gamma hp}^{LPF}$ 进行处理，即有：

$$\varsigma = \frac{\Upsilon_{\gamma hp}^{LPF}}{\Gamma_{\gamma hp}^{LPF}} = \sin(\Delta\phi) \approx \Delta\phi \qquad (3\text{-}56)$$

根据式（3-56）提取相位偏移估计误差信息，进一步利用 PI 控制器得到估计的相位偏移。根据上述分析，相移观测器如图 3-10 所示。

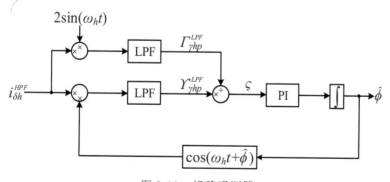

图 3-10　相移观测器

为验证所提出的相移观测器性能，对其进行仿真测试，并与传统的相位偏移观测方法进行对比，测试结果如图 3-11 所示。由测试结果可知，传统的相位偏移观测方法难以准确估计相位偏移，导致估计性能下降。相较之下，所提出的相移观测器能够有效追踪到相位偏移，从而保证估计性能。

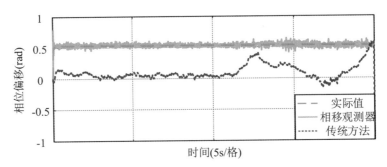

图 3-11　不同方法的相位偏移估计性能

3.2.3　硬件在环测试

为验证所提无位置传感器控制方法的有效性，对其进行硬件在环测试，并与传统的高频脉振信号注入方法进行性能对比。在硬件在环测试中，永磁同步电机无位置传感器控制系统和永磁同步电机参数分别如图 3-12 和表 3-1 所示。

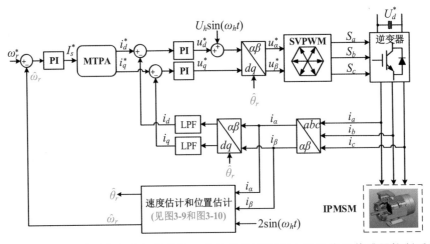

图 3-12　基于改进型高频脉振信号注入方法的永磁同步电机无位置传感器控制系统

表 3-1　永磁同步电机控制系统参数

参数	数值	参数	数值
定子电阻 R_s /Ω	0.045 9	d 轴电感 L_d /mH	1.58
q 轴电感 L_q /mH	3.96	永磁体磁链 ψ_f /Wb	0.683 8
额定功率 /kW	190	额定电压 /V	926
额定电流 /A	138	极对数	4
直流侧电压 /V	1 500	开关频率 /Hz	1 000

首先，对所提方法在速度指令变化时的估计性能进行测试，测试结果如图 3-13 所示。在图 3-13 中，负载设置为 1 000 N·m，速度指令为 19 r/min 变化至 0 r/min，然后变化至 – 19 r/min，最后变化至 19 r/min。由测试结果可知，在整个速度变化范围内，所提方法运行良好，估计误差限制在合理范围内。

进一步，利用实验测试对所提方法在负载变化时的估计性能进行验证，测试结果如图 3-14 所示。在此测试中，速度指令设置为 100 r/min，负载开始设置为 0 N·m，随后变化至 500 N·m，最后变化至 1 000 N·m。由测试结果可得：在负载变化的工况下，所提方法展现出良好的估计性能，未出现明显的估计误差。并且，所提方法的动态性能较好，能够快速响应负载变化。

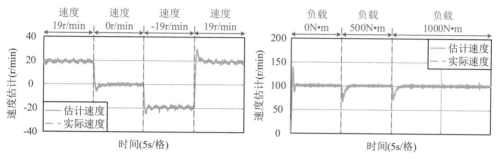

图 3-13　速度指令变化工况下的估计性能　　图 3-14　负载变化工况下的估计性能

随后，对所提方法的性能进一步测试，并与传统的高频脉振信号注入方法进行性能对比，测试结果如图 3-15 所示。在此测试中，速度指令和负载分别设置为 100 r/min 和 1 000 N·m。由测试结果可知，在传统的高频脉振信号注入方法中，当低通滤波器的截止频率设置为 20 rad/s 时，在相位延迟的影响下，估计速度未能达到速度指令［见图 3-15（a）］。当采用较高的截止频率（100 rad/s）后，相位延迟得到缓解，但速度估计出现明显脉动。相比之下，所提方法能够实现速度准确估计，且速度估计脉动较小［见图 3-15（b）］。

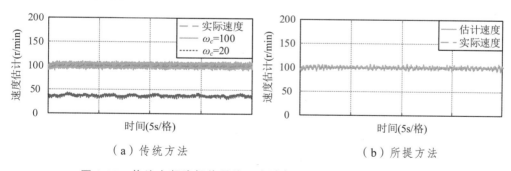

（a）传统方法　　　　　　　　　　　（b）所提方法

图 3-15　传统高频脉振信号注入方法与所提方法的估计性能对比

为验证所提方法在电机参数变化工况时的估计性能，对其进行测试，并与传统高频脉振信号注入方法的性能进行对比，测试结果如图 3-16 所示。在此测试中，速度指令和负载分别设置 100 r/min 和 500 N·m，且 d 轴电感由 1.58 mH 变化至 2.37 mH，随后变化至 1.58 mH。由测试结果可知，当 d 轴电感发生变化后，传统的高频脉振信号注入方法性能受到显著影响，估计速度出现明显脉动［见图 3-16（a）］。相较之下，当 d 轴电感发生变化后，所提方法采用幅值归一化有效抑制 d 轴电感变化的影响，从而保证了估计性能［见图 3-16（b）］。

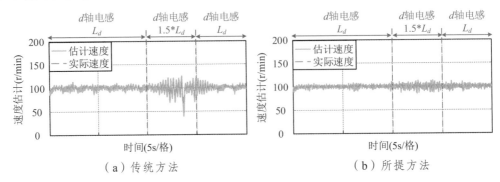

图 3-16　d 轴电感变化工况下传统高频脉振信号注入方法与所提方法的估计性能对比

3.3　基于扩展滑模扰动观测器的无传感器控制技术

为实现永磁同步电机在中高速工况时的准确估计，本节提出一种基于扩展滑模扰动观测器（extended sliding mode disturbance observer，ESMDO）的无传感器控制方法。在此方法中，通过对永磁同步电机的状态空间模型进行重组，建立永磁同步电机的扩展滑模扰动观测器模型，以此作为速度估计的可调模型，并以实际的电压模型作为参考模型。同时，利用李雅普诺夫稳定性理论设计自适应律，构建模型参考自适应系统实现速度和位置估计。此外，考虑到电机参数变化等扰动会对估计性能产生不利影响，研究一种前馈补偿方法，对系统扰动进行有效补偿，从而保证估计性能。

3.3.1　扩展滑模扰动观测器

对于任意控制系统，定义为：

$$\begin{cases} \dfrac{\mathrm{d}x}{\mathrm{d}t} = f(x) + h(x)u + d \\ y = g(x) \end{cases} \tag{3-57}$$

式（3-57）中：x、y、u 和 d 分别为系统状态变量、输出变量、系统增益和系统扰动。此外，$f(x)$、$h(x)$ 和 $g(x)$ 均为系统函数。

在式（3-57）的基础上，建立扩展滑模扰动观测器模型为[11-16]：

$$\begin{cases} \dfrac{\mathrm{d}\hat{x}}{\mathrm{d}t} = f(\hat{x}) + h(\hat{x})u + \hat{d} + u_{smo} \\ \dfrac{\mathrm{d}\hat{d}}{\mathrm{d}t} = g u_{smo} \end{cases} \tag{3-58}$$

式（3-58）中：$\hat{x}$、$\hat{d}$、g 和 u_{smo} 分别为状态变量估计、系统扰动估计、滑模增益和滑模面，且有：

$$u_{smo} = \xi \operatorname{sgn}(x - \hat{x}) \tag{3-59}$$

式（3-59）中：ξ 为滑模增益。

从式（3-58）中减去式（3-57），可得系统估计误差为：

$$\frac{\mathrm{d}\Delta x}{\mathrm{d}t} = f(\Delta x) + h(\Delta x)u + \Delta d - u_{smo} \tag{3-60}$$

式（3-60）中：Δx 和 Δd 分别为状态变量估计误差和系统扰动估计误差，且有：

$$\begin{cases} \Delta x = x - \hat{x} \\ \Delta d = d - \hat{d} \end{cases} \tag{3-61}$$

当状态变量趋近于滑模面时，则有：

$$\begin{cases} \Delta x = 0 \\ \dfrac{\mathrm{d}\Delta x}{\mathrm{d}t} = 0 \end{cases} \tag{3-62}$$

进一步，则有：

$$\Delta d = u_{smo} \tag{3-63}$$

根据式（3-63），则有：

$$\frac{\mathrm{d}\Delta d}{\mathrm{d}t} = \frac{\mathrm{d}(d - \hat{d})}{\mathrm{d}t} = D - gu_{smo} = D - g(\Delta d) \tag{3-64}$$

式（3-64）中：D 为系统扰动最大变化率，其为一个有界增益。

将式（3-64）进行拉普拉斯变换，则有：

$$G_d(s) = \frac{D}{s + g} \tag{3-65}$$

将式（3-65）进行拉普拉斯反变换，则有：

$$\Delta d(t) = D\mathrm{e}^{-gt} \tag{3-66}$$

由式（3-66）可知，当 g 为正实数时，系统扰动估计误差将趋近于 0。进一步，根据式（2-58）和式（2-59），可得 dq 坐标系下永磁同步电机的电压方程为：

$$\begin{cases} u_d = R_s i_d + L_d \dfrac{\mathrm{d}i_d}{\mathrm{d}t} - \omega_r L_q i_q \\ u_q = R_s i_q + L_q \dfrac{\mathrm{d}i_q}{\mathrm{d}t} + \omega_r(\psi_f + L_d i_d) \end{cases} \tag{3-67}$$

根据式（3-67）可得：

$$\begin{cases} L_d \dfrac{\mathrm{d}i_d}{\mathrm{d}t} = u_d - R_s i_d + \omega_r L_q i_q \\ L_q \dfrac{\mathrm{d}i_q}{\mathrm{d}t} = u_q - R_s i_q - \omega_r (\psi_f + L_d i_d) \end{cases} \tag{3-68}$$

由式（3-58）和式（3-68）可得，永磁同步电机的扩展滑模扰动观测器模型为：

$$\begin{cases} L_d \dfrac{\mathrm{d}\hat{i}_d}{\mathrm{d}t} = u_d - R_s \hat{i}_d + \hat{\omega}_r L_q \hat{i}_q + \hat{r}_d + \xi \operatorname{sgn}(i_d - \hat{i}_d) \\ \dfrac{\mathrm{d}\hat{r}_d}{\mathrm{d}t} = \eta \operatorname{sgn}(i_d - \hat{i}_d) \end{cases} \tag{3-69}$$

$$\begin{cases} L_q \dfrac{\mathrm{d}\hat{i}_q}{\mathrm{d}t} = u_q - R_s \hat{i}_q - \hat{\omega}_r (\psi_f + L_d \hat{i}_d) + \hat{r}_q + \xi \operatorname{sgn}(i_q - \hat{i}_q) \\ \dfrac{\mathrm{d}\hat{r}_q}{\mathrm{d}t} = \eta \operatorname{sgn}(i_q - \hat{i}_q) \end{cases} \tag{3-70}$$

式（3-69）和式（3-70）中：$\hat{i}_d$、$\hat{i}_q$、$\hat{r}_d$ 和 $\hat{r}_q$ 分别为定子电流估计的 d 轴分量和 q 轴分量、系统扰动估计的 d 轴分量和 q 轴分量。η 为扩展滑模扰动观测器的增益。

根据上述分析，永磁同步电机的扩展滑模扰动观测器如图 3-17 所示。

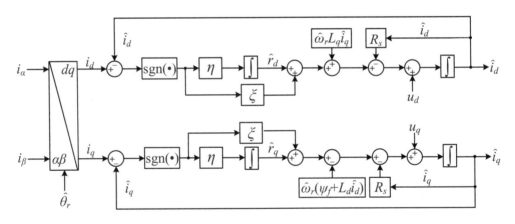

图 3-17　永磁同步电机的扩展滑模扰动观测器

3.3.2　速度估计实现

为实现速度估计，以永磁同步电机实际的电压模型［式（3-67）］为参考模型，以扩展滑模扰动观测器模型［式（3-69）和式（3-70）］作为可调模型，并利用李雅普诺夫稳定性理论进行自适应律设计，构建模型参考自适应系统实现速度和位置估计。

定义李雅普诺夫函数为：

$$V = \frac{1}{2}(L_d e_{id}^2 + L_q e_{iq}^2 + e_\omega^2) \tag{3-71}$$

式（3-71）中：e_{id}、e_{iq} 和 e_ω 分别为电流估计误差和速度估计误差，且有：

$$\begin{cases} e_{id} = i_d - \hat{i}_d \\ e_{iq} = i_q - \hat{i}_q \\ e_\omega = \omega_r - \hat{\omega}_r \end{cases} \tag{3-72}$$

根据李雅普诺夫稳定性理论，系统稳定的充要条件为：

$$\begin{cases} V \geqslant 0 \\ \dfrac{\mathrm{d}V}{\mathrm{d}t} \leqslant 0 \end{cases} \tag{3-73}$$

由式（3-71）可知，$V \geqslant 0$ 显然成立。

进一步，从式（3-68）中减去式（3-69）和式（3-70），则有：

$$\begin{cases} L_d \dfrac{\mathrm{d}e_{id}}{\mathrm{d}t} = -R_s e_{id} + \omega_r L_q e_{iq} + e_\omega L_q i_q + \hat{r}_d - \xi\,\mathrm{sgn}(e_{id}) \\ \dfrac{\mathrm{d}\hat{r}_d}{\mathrm{d}t} = \eta\,\mathrm{sgn}(e_{id}) \end{cases} \tag{3-74}$$

$$\begin{cases} L_q \dfrac{\mathrm{d}e_{iq}}{\mathrm{d}t} = -R_s e_{iq} - e_\omega(\psi_f + L_d i_d) - \omega_r L_d e_{id} + \hat{r}_q - \xi\,\mathrm{sgn}(e_{iq}) \\ \dfrac{\mathrm{d}\hat{r}_q}{\mathrm{d}t} = \eta\,\mathrm{sgn}(e_{iq}) \end{cases} \tag{3-75}$$

联立式（3-71）和式（3-75）则有：

$$\frac{\mathrm{d}V}{\mathrm{d}t} = L_d e_{id} \frac{\mathrm{d}e_{id}}{\mathrm{d}t} + L_q e_{iq} \frac{\mathrm{d}e_{iq}}{\mathrm{d}t} + e_\omega \frac{\mathrm{d}e_\omega}{\mathrm{d}t} \tag{3-76}$$

将式（3-74）和式（3-75）代入式（3-76）可得：

$$\begin{aligned} \frac{\mathrm{d}V}{\mathrm{d}t} &= e_{id}[-R_s e_{id} + \omega_r L_q e_{iq} + e_\omega L_q i_q + \hat{r}_d - \xi\,\mathrm{sgn}(e_{id})] + \\ &\quad e_{iq}[-R_s e_{iq} - e_\omega(\psi_f + L_d i_d) - \omega_r L_d e_{id} + \hat{r}_q - \xi\,\mathrm{sgn}(e_{iq})] + e_\omega \frac{\mathrm{d}e_\omega}{\mathrm{d}t} \\ &= V_1 + V_2 + V_3 + V_4 \end{aligned} \tag{3-77}$$

式（3-77）中：V_1、V_2、V_3 和 V_4 均为中间变量，且有：

$$\begin{cases} V_1 = -R_s(e_{id}^2 + e_{iq}^2) \\ V_2 = -e_{id}[\xi\,\mathrm{sgn}(e_{id}) - \hat{r}_d - \omega_r L_q e_{iq}] \\ V_3 = -e_{iq}[\xi\,\mathrm{sgn}(e_{iq}) - \hat{r}_q + \omega_r L_d e_{id}] \\ V_4 = e_\omega[\dfrac{\mathrm{d}e_\omega}{\mathrm{d}t} - e_{iq}(\psi_f + L_d i_d) + e_{id} L_q i_q] \end{cases} \tag{3-78}$$

对于 V_1，有：

$$e_{id}^2 + e_{iq}^2 \geqslant 0 \qquad (3-79)$$

进一步，可得：

$$V_1 = -R_s(e_{id}^2 + e_{iq}^2) \leqslant 0 \qquad (3-80)$$

对于 V_2，当 $e_{id}>0$ 时，则有：

$$V_2 = -e_{id}[\xi - (\hat{r}_d + \omega_r L_q e_{iq})] \qquad (3-81)$$

要使式（3-81）小于 0，只需满足：

$$\xi \gg \sup|\hat{r}_d + \omega_r L_q e_{iq}| \qquad (3-82)$$

当 $e_{id}<0$ 时，则有：

$$V_2 = -e_{id}[-\xi - (\hat{r}_d + \omega_r L_q e_{iq})] \qquad (3-83)$$

要使式（3-83）小于 0，同样需使式（3-82）成立。这意味着，要使 $V_2<0$，仅需使扩展滑模扰动观测器增益 ξ 远大于 $|\hat{r}_d + \omega_r L_q e_{iq}|$ 的上确界。

同理可得，要使 $V_3<0$，需使 ξ 远大于 $|\hat{r}_q - \omega_r L_d e_{id}|$ 的上确界，即有：

$$\xi \gg \sup|\hat{r}_q - \omega_r L_d e_{id}| \qquad (3-84)$$

当扩展滑模扰动观测器增益 ξ 足够大时，则有：

$$\begin{cases} V_1 \leqslant 0 \\ V_2 < 0 \\ V_3 < 0 \end{cases} \qquad (3-85)$$

由式（3-85）可得，当 $V_4 = 0$ 时，式（3-75）小于 0 成立，即有：

$$\frac{de_\omega}{dt} = [e_{iq}(\psi_f + L_d i_d) - e_{id} L_q i_q] \qquad (3-86)$$

进一步，则有：

$$\frac{d\omega_r}{dt} - \frac{d\hat{\omega}_r}{dt} = [e_{iq}(\psi_f + L_d i_d) - e_{id} L_q i_q] \qquad (3-87)$$

由于实际电机为一个大惯性系统，因此实际速度在一个采样周期内几乎不变，则有：

$$\frac{d\omega_r}{dt} \approx 0 \qquad (3-88)$$

将式（3-88）代入式（3-87）可得：

$$\frac{d\hat{\omega}_r}{dt} = [e_{id} L_q i_q - e_{iq}(\psi_f + L_d i_d)] \qquad (3-89)$$

为加快估计方案的收敛速度，在速度估计中引入 PI 控制器，则有：

$$\hat{\omega}_r = k_{\omega p}[e_{id}L_q i_q - e_{iq}(\psi_f + L_d i_d)] + k_{\omega i}\int[e_{id}L_q i_q - e_{iq}(\psi_f + L_d i_d)]\mathrm{d}t \tag{3-90}$$

进一步，则有：

$$\hat{\theta}_r = \int \hat{\omega}_r \mathrm{d}t \tag{3-91}$$

综上分析，可得基于扩展滑模扰动观测器的估计方案如图 3-18 所示。

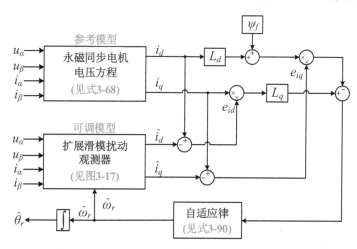

图 3-18　基于扩展滑模扰动观测器的估计方案

3.3.3　扰动补偿

由于扩展滑模扰动观测器是基于电机模型建立的，当电机参数发生变化后，估计性能明显下降甚至会出现系统失稳现象。基于此，提出一种前馈补偿方法降低参数变化的不利影响。

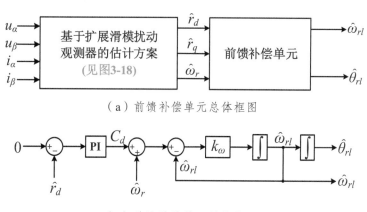

（a）前馈补偿单元总体框图

（b）前馈补偿单元具体实现

图 3-19　前馈补偿单元

　　图 3-19 为系统扰动 d 轴分量的前馈补偿单元框图。如图所示，系统扰动的 d 轴分量参考值设置为 0，并与扩展滑模扰动观测器估计的扰动分量作差，经过 PI 控制器调节，得到前馈补偿量 C_d，将前馈补偿量和估计速度相加，最后得到估计速度和估计位置。

　　由图 3-19 可得：

$$G_1(s) = \frac{\hat{\theta}_{rl}}{\hat{r}_d} = \frac{k_\omega(sk_{cp} + k_{ci})}{s^2(s + k_\omega)} \tag{3-92}$$

$$G_2(s) = \frac{\hat{\omega}_{rl}}{\hat{r}_d} = \frac{k_\omega(sk_{cp} + k_{ci})}{s(s + k_\omega)} \tag{3-93}$$

$$G_3(s) = \frac{\hat{\theta}_{rl}}{\hat{\omega}_r} = \frac{k_\omega}{s(s + k_\omega)} \tag{3-94}$$

$$G_4(s) = \frac{\hat{\omega}_{rl}}{\hat{\omega}_r} = \frac{k_\omega}{s + k_\omega} \tag{3-95}$$

式中：k_{cp}、k_{ci} 和 k_ω 均为前馈补偿单元的增益。

　　由式（3-92）和式（3-93）可知：当电机速度较低（即 $\omega \ll k_\omega$）时，系统扰动的 d 轴分量将以 -40 dB 的速率衰减；当电机速度小于前馈补偿单元增益时，系统扰动的 d 轴分量将以 -20 dB 的速率衰减；当电机速度高于前馈补偿单元增益时，系统扰动的 d 轴分量将以 -40 dB 的速率衰减。如此，系统扰动分量得到有效抑制。此外，由式（3-94）和式（3-95）可以看出，最终的估计速度和估计位置是对基于扩展扰动滑模观测器的估计方案提供的速度估计和位置估计进行低通滤波得到的。

　　进一步，对前馈补偿单元的稳定性进行分析。根据图 3-19，可得前馈补偿单元的小信号模型如图 3-20 所示。

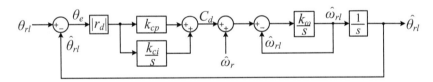

图 3-20　前馈补偿单元的小信号模型

由图 3-20 可得，位置估计的闭环传递函数为：

$$\hat{\theta}_{rl}(s) = \frac{|r_d|k_\omega k_{cp}s + |r_d|k_\omega k_{ci}}{s^3 + k_\omega s^2 + |r_d|k_\omega k_{cp}s + |r_d|k_\omega k_{ci}}\hat{\theta}_r + \frac{k_\omega s}{s^3 + k_\omega s^2 + |r_d|k_\omega k_{cp}s + |r_d|k_\omega k_{ci}}\hat{\omega}_r \tag{3-96}$$

根据 Routh-Hurwitz 稳定判据可得：

$$
\begin{array}{lll}
s^3 & 1 & |r_d|k_\omega k_{cp} \\
s^2 & k_\omega & |r_d|k_\omega k_{ci} \\
s^1 & -\dfrac{1}{k_\omega}(|r_d|k_\omega k_{ci} - k_\omega^2|r_d|k_{cp}) & 0 \\
s^0 & |r_d|k_\omega k_{ci} & 0
\end{array} \tag{3-97}
$$

由式（3-97）可知：当前馈补偿单元增益 k_ω 足够大时，劳斯表第一列所有元素均为正数，即系统稳定。

同样，上述方法也可用于系统扰动 q 轴分量的前馈补偿单元设计，本节就不再赘述。

3.3.4　硬件在环测试

为验证基于扩展滑模扰动观测器的估计方案的有效性，对其进行硬件在环测试。首先，对所提方法在速度指令变化工况下的估计性能进行实验验证，测试结果如图 3-21 所示。在此测试中，速度指令由 477.5 r/min 变化至 955 r/min，再变化至 1 433 r/min，最后变化至 1 804 r/min，负载设置为 1 000 N·m。由测试结果可知，所提方法能够提供优良的估计性能，且速度和位置估计误差较小。此外，扩展滑模扰动观测器运行良好，能够对系统扰动进行有效估计。

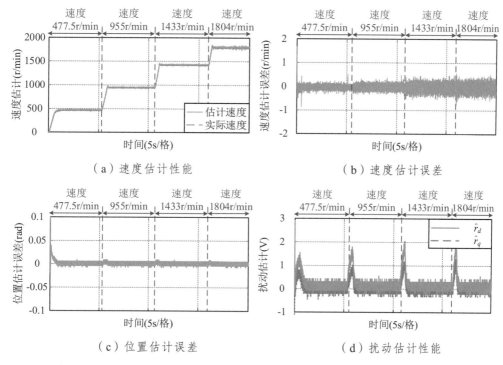

（a）速度估计性能　　　　　　　　　（b）速度估计误差

（c）位置估计误差　　　　　　　　　（d）扰动估计性能

图 3-21　所提方法在速度指令变化工况下的估计性能

进一步，对所提方法在负载变化工况下的估计性能进行验证，测试结果如图 3-22 所示。在此测试中，速度指令设置为 1 804 r/min，负载由 500 N·m 变化至 800 N·m，再变化至 1 000 N·m，然后减小至 800 N·m，最终减少至 500 N·m。由图 3-22 可知，当系统运行在负载变化工况时，所提出的估计方案能够提供准确的速度和位置估计，且估计误差限制在较小的范围内。此外，扩展滑模扰动观测器提供的扰动估计性能良好。

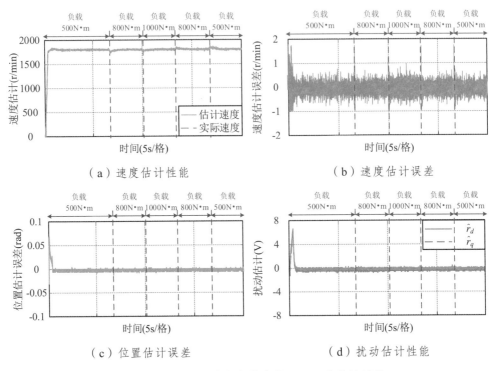

图 3-22　所提方法在负载变化工况下的估计性能

最后，对所提方法在永磁体磁链变化工况时的估计性能进行测试，测试结果如图 3-23 所示。在图 3-23 中，速度指令和负载分别设置为 180 r/min 和 1 000 N·m，永磁体磁链由 ψ_f 变化至 $1.2\psi_f$。从测试结果可知，当永磁体磁链发生变化时，在前馈补偿单元的协助下，所提方法未出现明显性能下降和系统失稳现象［见图 3-23（a）和图 3-23（b）］。此外，扩展滑模扰动观测器展现出良好的扰动估计性能［见图 3-23（c）］。并且，所提供的估计电流能够有效追踪到实际电流，电流估计误差限制在合理的范围内［见图 3-23（d）］。

综上可知，基于扩展滑模扰动观测器的估计方案能够实现速度指令变化、负载变化等工况下速度和位置的准确估计。并且，在扰动补偿单元的帮助下，所提出的估计方案能够降低电机参数变化的影响，保证了估计性能和系统稳定性。

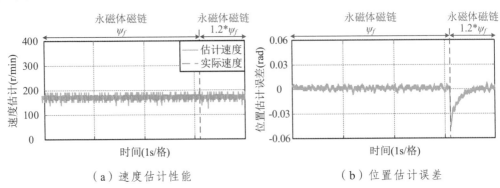

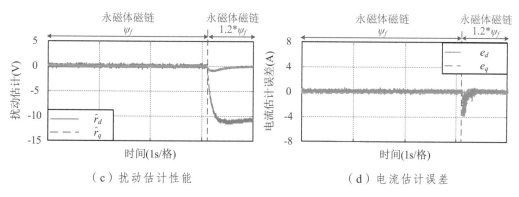

（c）扰动估计性能　　　　　　　　（d）电流估计误差

图 3-23　所提方法在永磁体磁链变化工况下的估计性能

3.4 宽速域范围无传感器控制技术

3.4.1 具体实现

基于改进型高频脉振信号注入的估计方案在低速工况时能够提供优良的估计性能，而基于扩展滑模扰动观测器的估计方案在中高速工况时实现速度和位置的准确估计。基于此，本节将两种无传感器控制技术结合起来，实现永磁同步电机的宽速域范围无传感器控制。

为实现高性能无传感器控制，需要对两种估计方案的切换方式进行合理设计。传统的切换方法是滞环切换，其原理如图 3-24 所示。其中，ω_1 与 ω_2 分别是滞环切换的速度下限与速度上限。当估计速度小于速度下限 ω_1 时，采用基于改进型高频脉振信号注入的估计方案；当估计速度大于速度上限 ω_2 时，采用基于扩展滑模扰动观测器的估计方案；而当速度位于 ω_1 与 ω_2 之间时，则保持原来的估计方案。这种方法虽然原理简单、易于实现，但在切换过程中系统可能会出现控制失稳现象。这是由于不同估计方案对估计精度要求不同，从一种估计方案切换到另一种估计方案时，可能会出现估计速度与估计位置的阶跃跳变，导致整个无传感器控制系统出现振荡甚至控制失稳现象。

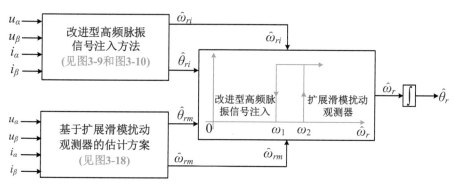

图 3-24　传统的滞环切换方法

为解决传统滞环切换方法的问题，本节采用一种加权滞环切换方法，即当估计速度位于速度上限 ω_2 和速度下限 ω_1 之间时，引入加权因子，实现不同估计方案的平滑过渡，即有：

$$\begin{cases} \hat{\omega}_r = \lambda\hat{\omega}_{ri} + (1-\lambda)\hat{\omega}_{rm} \\ \hat{\theta}_r = \lambda\hat{\theta}_{ri} + (1-\lambda)\hat{\theta}_{rm} \end{cases} \quad (3\text{-}98)$$

式（3-98）中：$\hat{\omega}_r$ 和 $\hat{\theta}_r$、$\hat{\omega}_{ri}$ 和 $\hat{\theta}_{ri}$、$\hat{\omega}_{rm}$ 和 $\hat{\theta}_{rm}$、λ 分别为速度估计和位置估计、改进型高频脉振信号注入方法提供的速度估计和位置估计、基于扩展滑模扰动观测器的估计方案提供的速度估计和位置估计、加权因子。

并且，加权因子可表示为：

$$\lambda = \begin{cases} 1 & (\hat{\omega}_r \leqslant \omega_1) \\ \dfrac{\omega_2 - \hat{\omega}_r}{\omega_2 - \omega_1} & (\omega_1 < \hat{\omega}_r < \omega_2) \\ 0 & (\hat{\omega}_r \geqslant \omega_2) \end{cases} \quad (3\text{-}99)$$

由式（3-98）和式（3-99）可知：当估计速度小于速度下限 ω_1 时，系统主要由改进型高频脉振信号注入方法提供速度估计和位置估计。当速度逐渐增加到过渡区域时，由于加权滞环算法的作用，基于扩展滑模扰动观测器的估计方案的权重会逐渐增加，而改进型高频脉振信号注入方法的权重逐渐减少。当速度增加到速度上限 ω_2 时，系统主要由基于扩展滑模扰动观测器的估计方案提供速度估计和位置估计。如此，即可实现两种估计方案的平滑过渡，具体实现如图 3-25 所示，进一步，可得永磁同步电机无位置传感器控制系统如图 3-26 所示。

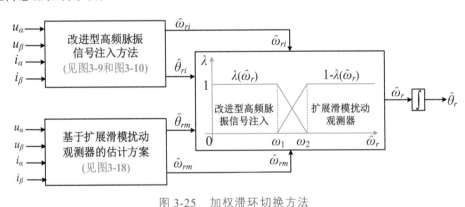

图 3-25　加权滞环切换方法

3.4.2　硬件在环测试

为验证宽速域无位置传感器控制技术的可行性，对其进行硬件在环测试，测试结果如图 3-27 所示。在此测试中，速度指令由 0 r/min 变化至 1 800 r/min 再变化至 0 r/min，负载设置 500 N·m。如图所示，在整个速度变化范围内，估计速度能有效追踪到速度参考值，且位置估计误差控制在合理的范围。

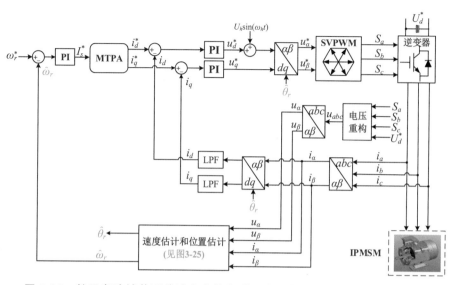

图 3-26　基于宽速域范围估计方案的永磁同步电机无位置传感器控制系统

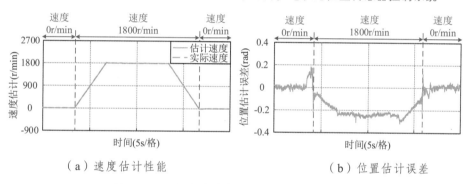

（a）速度估计性能　　　　　　　　　　（b）位置估计误差

图 3-27　所提方法在宽速域工况时的估计性能

本章参考文献

[1]　Holtz J. Sensorless control of induction machines—with or without signal injection?[J]. IEEE Transactions on Industrial Electronics，2006，53（1）：7-30.

[2]　Wang G，Valla M，Solsona J. Position sensorless permanent magnet synchronous machine drives—a review[J]. IEEE Transactions on Industrial Electronics，2020，67（7）：5830-5842.

[3]　刘计龙，肖飞，刘计龙，麦志勤，李超然. 永磁同步电机无位置传感器控制技术研究综述[J]. 电工技术学报，2017，32（16）：76-88.

[4]　Yoon Y D，Sul S K，Morimoto S，Ide K. High-bandwidth sensorless algorithm for AC machines based on square-wave-type voltage injection[J]. IEEE transactions on Industry Applications，2011，47（3）：1361-1370.

[5] Jang J H, Sul S K, Ha J I, Ide K, Sawamura M. Sensorless drive of surface-mounted permanent-magnet motor by high-frequency signal injection based on magnetic saliency[J]. IEEE Transactions on Industry Applications, 2003, 39（4）: 1031-1039.

[6] 李浩源, 张兴, 杨淑英, 李二磊. 基于高频信号注入的永磁同步电机无传感器控制技术综述[J]. 电工技术学报, 2018, 33（12）: 2653-2664.

[7] 王高林, 杨荣峰, 李刚, 于泳, 徐殿国. 基于高频信号注入的 IPMSM 无位置传感器控制策略[J]. 电工技术学报, 2012, 27（11）: 62-68.

[8] Benevieri A, Formentini A, Marchesoni M, Passalacqua M, Vaccaro L. Sensorless control with switching frequency square wave voltage injection for SPMSM with low rotor magnetic anisotropy[J]. IEEE Transactions on Power Electronics, 2023, 38(8): 10060-10072.

[9] Woldegiorgis A T, Ge X, Li S, Zuo Y. An improved sensorless control of IPMSM based on pulsating high-frequency signal injection with less filtering for rail transit applications[J]. IEEE Transactions on Vehicular Technology, 2021, 70（6）: 5605-5617.

[10] Chen S, Ding W, Wu X, Huo L, Hu R, Shi S. Sensorless control of IPMSM drives using high-frequency pulse voltage injection with random pulse sequence for audible noise reduction[J]. IEEE Transactions on Power Electronics, 2023, 38（8）: 9395-9408.

[11] Wang G, Li Z, Zhang G, Yu Y, Xu D. Quadrature PLL-based high-order sliding-mode observer for IPMSM sensorless control with online MTPA control strategy[J]. IEEE Transactions on Energy Conversion, 2013, 28（1）: 214-224.

[12] Park Y, Sul S K. Sensorless control method for PMSM based on frequency-adaptive disturbance observer[J]. IEEE Journal of Emerging and Selected Topics in Power Electronics, 2014, 2（2）: 143-151.

[13] Zhang X, Sun L, Zhao K, Sun L. Nonlinear speed control for PMSM system using sliding-mode control and disturbance compensation techniques[J]. IEEE Transactions on Power Electronics, 2013, 28（3）: 1358-1365.

[14] Yang J, Chen W H, Li S, Guo L, Yan Y. Disturbance/uncertainty estimation and attenuation techniques in PMSM drives—a survey[J]. IEEE Transactions on Industrial Electronics, 2017, 64（4）: 3273-3285.

[15] Woldegiorgis A T, Ge X, Zuo Y, Wang H, Hassan M. Sensorless control of interior permanent magnet synchronous motor drives considering resistance and permanent magnet flux linkage variation[J]. IEEE Transactions on Industrial Electronics, 2023, 70（8）: 7716-7730.

[16] Volpato Filho C J, Vieira R P. Adaptive full-order observer analysis and design for sensorless interior permanent magnet synchronous motors drives[J]. IEEE Transactions on Industrial Electronics, 2021, 68（8）: 6527-6536.

第4章 基于高性能观测器的交流电机无传感器控制技术

无传感器控制技术是交流电机驱动系统可靠运行的重要保证，但在复杂运行环境和多变运行工况下，交流电机无传感器控制系统面临如下问题亟需解决：

（1）传感器测量偏差：交流电机无传感器控制系统性能依赖于准确的电压、电流信息。然而，在温度变化、湿气腐蚀、机械振动、电磁干扰等情况下，电压和电流传感器易出现测量偏差，造成估计性能下降和转矩脉动。

（2）电机参数失配：受"机-电-磁-热"多物理场耦合影响，加之在非平稳工况的长期作用下，电机参数会发生变化，导致估计性能显著下降，甚至会威胁交流电机无传感器控制系统的稳定运行。

（3）逆变器非理想特性影响：在逆变器非理想特性（如：谐波、逆变器非线性）的作用下，逆变器的输出电压出现明显畸变，而畸变的输出电压致使无传感器控制系统出现明显的估计误差，并会带来转矩脉动和额外损耗等问题。

（4）非平稳运行工况：在牵引/制动模式切换频繁、负载多变等非平稳工况影响下，交流电机驱动系统对估计方案提出更高要求。当估计方案对约束条件考虑不足时，极易出现控制失稳现象。

在系统扰动的显著影响下，交流电机无传感器控制系统面临估计性能下降甚至控制失稳的严峻挑战（见图 4-1）。对此，国内外学者围绕交流电机无传感器控制技术的鲁棒性提升积极开展研究，并取得一定的研究成果，其中，尤以高性能观测器设计最为引人关注。基于此，本章在交流电机数学模型的基础上，对二阶滑模观测器、闭环磁链观测器、二阶自适应扰动观测器这三种高性能观测器进行介绍，并对这三种观测器在不同扰动影响下的性能进行详细分析。最后，利用实验测试对这三种观测器的估计性能进行验证。

4.1 基于二阶滑模观测器的无传感器控制技术

在交流电机无传感器控制系统中，滑模观测器以其易于实现、收敛速度快等优点广受欢迎，但符号函数的使用，导致系统出现抖振，进而降低估计性能[1-7]。对此，本节以感应电机为例，首先介绍传统基于滑模观测器的无速度传感器控制方法，在此基础上，提出一种基于二阶滑模观测器的无速度传感器控制方法。在此方法中，利用二阶滑模控制算法对感应电机的状态空间模型进行重组，得到二阶滑模观测器，以此作为参考模型。随后，以实际的电流模型作为可调模型，并利用波波夫超稳定性理论设计自适应律，构建模型参考自适应系统实现速度估计。此外，考虑到定子电阻变化会对估计性能带来不利影响，采用一种定子电阻在线辨识方法，保证电机参数变化时的估计性能。

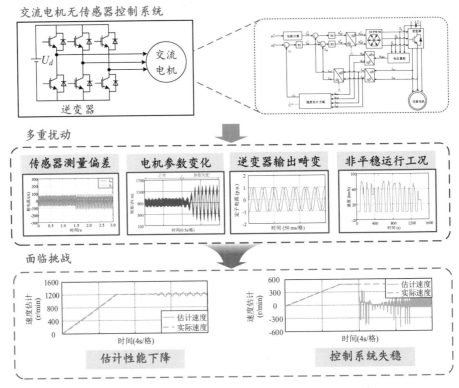

图 4-1　不同扰动对交流电机无传感器控制系统的影响

4.1.1　传统的滑模观测器

根据感应电机状态空间方程 [式（2-22）和式（2-23）]，建立感应电机的滑模观测器，有：

$$\begin{bmatrix} \dfrac{\mathrm{d}\hat{\boldsymbol{i}}_s}{\mathrm{d}t} \\ \dfrac{\mathrm{d}\hat{\boldsymbol{\psi}}_r}{\mathrm{d}t} \end{bmatrix} = \begin{bmatrix} \boldsymbol{A}_{11} & \boldsymbol{A}_{12} \\ \boldsymbol{A}_{21} & \boldsymbol{A}_{22} \end{bmatrix} \begin{bmatrix} \hat{\boldsymbol{i}}_s \\ \hat{\boldsymbol{\psi}}_r \end{bmatrix} + \begin{bmatrix} \boldsymbol{B} \\ \boldsymbol{0} \end{bmatrix} \boldsymbol{u}_s + K \begin{bmatrix} \mathrm{sgn}(\hat{\boldsymbol{i}}_s - \boldsymbol{i}_s) \\ \boldsymbol{0} \end{bmatrix} \tag{4-1}$$

式（4-1）中：$\hat{\boldsymbol{i}}_s$、$\hat{\boldsymbol{\psi}}_r$、$\boldsymbol{u}_s$ 分别为定子电流估计、转子磁链估计、定子电压，$\boldsymbol{A}_{11}$、$\boldsymbol{A}_{12}$、$\boldsymbol{A}_{21}$、$\boldsymbol{A}_{22}$、$\boldsymbol{B}$ 分别为控制矩阵元素和输出矩阵元素，K 为滑模增益，且有：

$$\begin{cases} \hat{\boldsymbol{i}}_s = \begin{bmatrix} \hat{i}_{s\alpha} & \hat{i}_{s\beta} \end{bmatrix}^{\mathrm{T}} \\ \hat{\boldsymbol{\psi}}_r = \begin{bmatrix} \hat{\psi}_{r\alpha} & \hat{\psi}_{r\beta} \end{bmatrix}^{\mathrm{T}} \end{cases} \tag{4-2}$$

$$\begin{cases} \boldsymbol{A}_{11} = \begin{bmatrix} \dfrac{R_s L_r^2 + R_r L_m^2}{\sigma L_s L_r^2} & 0 \\ 0 & \dfrac{R_s L_r^2 + R_r L_m^2}{\sigma L_s L_r^2} \end{bmatrix} \quad \boldsymbol{A}_{12} = \begin{bmatrix} \dfrac{L_m}{\sigma L_s L_r T_r} & \dfrac{L_m \hat{\omega}_r}{\sigma L_s L_r} \\ -\dfrac{L_m \hat{\omega}_r}{\sigma L_s L_r} & \dfrac{L_m}{\sigma L_s L_r T_r} \end{bmatrix} \\[4mm] \boldsymbol{A}_{21} = \begin{bmatrix} \dfrac{L_m}{T_r} & 0 \\ 0 & \dfrac{L_m}{T_r} \end{bmatrix} \quad \boldsymbol{A}_{22} = \begin{bmatrix} \dfrac{1}{T_r} & -\omega_r \\ \omega_r & \dfrac{1}{T_r} \end{bmatrix} \quad \boldsymbol{B} = \begin{bmatrix} \dfrac{1}{\sigma L_s} & 0 \\ 0 & \dfrac{1}{\sigma L_s} \end{bmatrix} \end{cases} \tag{4-3}$$

式（4-2）和式（4-3）中：$\hat{i}_{s\alpha}$、$\hat{i}_{s\beta}$、$\hat{\psi}_{r\alpha}$、$\hat{\psi}_{r\beta}$、$\hat{\omega}_r$ 分别为定子电流估计的 α 轴分量和 β 轴分量、转子磁链估计的 α 轴分量和 β 轴分量、估计速度。

为实现速度估计，以感应电机的状态空间模型［式（2-22）］为参考模型，以滑模观测器［式（4-1）］作为可调模型，并利用波波夫超稳定性理论进行自适应律设计，构建模型参考自适应系统实现速度估计。

从式（4-1）中减去式（2-22），得到电流估计误差为：

$$\frac{\mathrm{d}\Delta \boldsymbol{i}_s}{\mathrm{d}t} = \begin{bmatrix} \boldsymbol{A}_{11} & \boldsymbol{A}_{12} \end{bmatrix} \begin{bmatrix} \Delta \boldsymbol{i}_s \\ \Delta \boldsymbol{\psi}_r \end{bmatrix} + \Delta \boldsymbol{A}_{12} \hat{\boldsymbol{\psi}}_r + K \operatorname{sgn}(\Delta \boldsymbol{i}_s) \tag{4-4}$$

式（4-4）中：$\Delta \boldsymbol{i}_s$ 和 $\Delta \boldsymbol{\psi}_r$ 分别为定子电流估计误差和转子磁链估计误差，且有：

$$\begin{cases} \Delta \boldsymbol{i}_s = \begin{bmatrix} e_{i\alpha} & e_{i\beta} \end{bmatrix}^{\mathrm{T}} = \begin{bmatrix} \hat{i}_{s\alpha} - i_{s\alpha} & \hat{i}_{s\beta} - i_{s\beta} \end{bmatrix}^{\mathrm{T}} \\ \Delta \boldsymbol{\psi}_r = \begin{bmatrix} e_{\psi\alpha} & e_{\psi\beta} \end{bmatrix}^{\mathrm{T}} = \begin{bmatrix} \hat{\psi}_{r\alpha} - \psi_{r\alpha} & \hat{\psi}_{r\beta} - \psi_{r\beta} \end{bmatrix}^{\mathrm{T}} \\ \Delta \boldsymbol{A}_{12} = \begin{bmatrix} 0 & \dfrac{L_m e_\omega}{\sigma L_s L_r} \\ -\dfrac{L_m e_\omega}{\sigma L_s L_r} & 0 \end{bmatrix} \end{cases} \tag{4-5}$$

式（4-5）中：e_ω 是速度估计误差，且有：

$$e_\omega = \hat{\omega}_r - \omega_r \tag{4-6}$$

当电流估计误差轨迹到达滑模面时，估计电流逐渐收敛到实际电流（$\hat{\boldsymbol{i}}_s \to \boldsymbol{i}_s$），即有：

$$\Delta \boldsymbol{i}_s = \frac{\mathrm{d}\Delta \boldsymbol{i}_s}{\mathrm{d}t} = \boldsymbol{0} \tag{4-7}$$

将式（4-7）代入式（4-4）可得：

$$0 = A_{12}\Delta\boldsymbol{\psi}_r + \Delta A_{12}\hat{\boldsymbol{\psi}}_r + \boldsymbol{W} \tag{4-8}$$

式（4-8）中：$\boldsymbol{W}$ 为系统误差，且有：

$$\boldsymbol{W} = K\,\mathrm{sgn}(\hat{\boldsymbol{i}}_s - \boldsymbol{i}_s) \tag{4-9}$$

如式（4-1）所示，在滑模观测器中，定子电流估计为闭环控制，而转子磁链估计为开环控制，可认为估计的转子磁链收敛于实际的转子磁链[1-3]，即 $\Delta\psi_r = 0$。因此，式（4-8）可重写为：

$$0 = \Delta A_{12}\hat{\boldsymbol{\psi}}_r + \boldsymbol{W} \tag{4-10}$$

由式（4-4）和式（4-10）可得，在稳态时电流估计误差可写为：

$$\frac{\mathrm{d}\Delta\boldsymbol{i}_s}{\mathrm{d}t} = A_{11}\Delta\boldsymbol{i}_s - \boldsymbol{W} \tag{4-11}$$

由波波夫积分不等式可得：

$$\eta(0,t) = \int_0^t \boldsymbol{v}^{\mathrm{T}}\boldsymbol{w}\,\mathrm{d}t \geqslant -\gamma^2 \tag{4-12}$$

式（4-12）中：γ 为有界正实数。

不妨令：

$$\begin{cases} \boldsymbol{v} = \Delta\boldsymbol{i}_s \\ \boldsymbol{w} = \boldsymbol{W} = -\Delta A_{12}\hat{\boldsymbol{\psi}}_r \end{cases} \tag{4-13}$$

将式（4-13）代入式（4-12），则有：

$$\eta(0,t) = \int_0^t \boldsymbol{v}^{\mathrm{T}}\boldsymbol{w}\,\mathrm{d}t = \int_0^t \begin{bmatrix} e_{i\alpha} & e_{i\beta} \end{bmatrix} \begin{bmatrix} 0 & -\dfrac{L_m e_\omega}{\sigma L_s L_r} \\ \dfrac{L_m e_\omega}{\sigma L_s L_r} & 0 \end{bmatrix} \begin{bmatrix} \hat{\psi}_{r\alpha} \\ \hat{\psi}_{r\beta} \end{bmatrix} \mathrm{d}t \tag{4-14}$$

由式（4-14）可得：

$$\begin{aligned} \eta(0,t) &= \frac{L_m}{\sigma L_s L_r}\int_0^t e_\omega(e_{i\beta}\hat{\psi}_{r\alpha} - e_{i\alpha}\hat{\psi}_{r\beta})\,\mathrm{d}t \\ &= \frac{L_m}{\sigma L_s L_r}\int_0^t (\hat{\omega}_r - \omega_r)(e_{i\beta}\hat{\psi}_{r\alpha} - e_{i\alpha}\hat{\psi}_{r\beta})\,\mathrm{d}t \geqslant -\gamma^2 \end{aligned} \tag{4-15}$$

进一步，可得：

$$\eta_1(0,t) = \frac{L_m}{\sigma L_s L_r}\int_0^t \hat{\omega}_r(e_{i\beta}\hat{\psi}_{r\alpha} - e_{i\alpha}\hat{\psi}_{r\beta})\,\mathrm{d}t \geqslant -\gamma_1^2 \tag{4-16}$$

式（4-16）中：γ_1 为中间变量，且有：

$$\gamma_1^2 = \gamma^2 - \frac{L_m}{\sigma L_s L_r}\int_0^t [\omega_r(e_{i\beta}\hat{\psi}_{r\alpha} - e_{i\alpha}\hat{\psi}_{r\beta})]\,\mathrm{d}t \tag{4-17}$$

为保证波波夫不等式成立，即保证式（4-17）成立，不妨令：

$$\frac{\mathrm{d}h(t)}{\mathrm{d}t} = e_{i\beta}\hat{\psi}_{r\alpha} - e_{i\alpha}\hat{\psi}_{r\beta} \tag{4-18}$$

且有：

$$\hat{\omega}_r(t) = k_{\omega i}h(t) \tag{4-19}$$

将式（4-18）和式（4-19）代入式（4-16），则有：

$$
\begin{aligned}
\eta_1(0,t) &= \frac{L_m}{\sigma L_s L_r}\int_0^t k_{\omega i}h(t)\frac{\mathrm{d}h(t)}{\mathrm{d}}\mathrm{d}t = \frac{L_m}{\sigma L_s L_r}\int_0^t k_{\omega i}h(t)\mathrm{d}h(t) \\
&= \frac{L_m}{\sigma L_s L_r}k_{\omega i}[h^2(t) - h^2(0)] \geqslant -\frac{L_m}{\sigma L_s L_r}k_{\omega i}h^2(0)
\end{aligned}
\tag{4-20}
$$

可以看出，当 $\gamma_1^2 = \dfrac{L_m}{\sigma L_s L_r}k_{\omega i}h^2(0)$ 时，上述不等式得证。如此，速度估计可以表示为：

$$\hat{\omega}_r = k_{\omega i}\int(e_{i\beta}\hat{\psi}_{r\alpha} - e_{i\alpha}\hat{\psi}_{r\beta})\mathrm{d}t \tag{4-21}$$

为加快收敛速度，采用基于 PI 控制器的自适应律，即有：

$$\hat{\omega}_r = k_{\omega p}(e_{i\beta}\hat{\psi}_{r\alpha} - e_{i\alpha}\hat{\psi}_{r\beta}) + k_{\omega i}\int(e_{i\beta}\hat{\psi}_{r\alpha} - e_{i\alpha}\hat{\psi}_{r\beta})\mathrm{d}t \tag{4-22}$$

式（4-22）中：$k_{\omega p}$ 和 $k_{\omega i}$ 为速度估计的增益。

进一步，估计的转子磁场定向角可计算为：

$$\hat{\theta}_r = \int(\omega_{sl} + \hat{\omega}_r)\mathrm{d}t \tag{4-23}$$

式（4-23）中：$\hat{\theta}_r$ 和 ω_{sl} 分别为估计的转子磁场定向角和转差频率。

综上可得，基于滑模观测器的估计方案如图 4-2 所示。

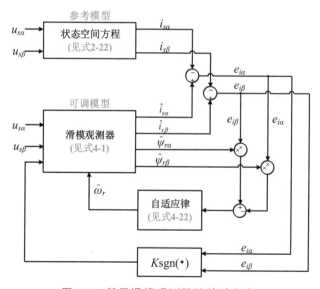

图 4-2　基于滑模观测器的估计方案

如图 4-2 所示，基于滑模观测器的估计方案是基于电机模型实现的，当电机参数发生变化后，估计性能会出现下降[8-11]。以定子电阻为例，对基于滑模观测器的估计方案在电机参数变化工况下的性能进行分析。

考虑定子电阻变化后，式（4-1）可重写为：

$$\begin{bmatrix} \dfrac{\mathrm{d}\hat{i}_s}{\mathrm{d}t} \\[2mm] \dfrac{\mathrm{d}\hat{\psi}_r}{\mathrm{d}t} \end{bmatrix} = \begin{bmatrix} \hat{A}_{11} & A_{12} \\ A_{21} & A_{22} \end{bmatrix} \begin{bmatrix} \hat{i}_s \\ \hat{\psi}_r \end{bmatrix} + \begin{bmatrix} B \\ 0 \end{bmatrix} u_s + K \begin{bmatrix} \mathrm{sgn}(\hat{i}_s - i_s) \\ 0 \end{bmatrix} \qquad （4-24）$$

且有：

$$\hat{A}_{11} = \begin{bmatrix} \dfrac{\hat{R}_s L_r^2 + R_r L_m^2}{\sigma L_s L_r^2} & 0 \\[4mm] 0 & \dfrac{\hat{R}_s L_r^2 + R_r L_m^2}{\sigma L_s L_r^2} \end{bmatrix} \qquad （4-25）$$

式（4-25）中：$\hat{R}_s$ 为估计的定子电阻。

从式（4-24）中减去式（2-22），可得电流估计误差为：

$$\frac{\mathrm{d}\Delta i_s}{\mathrm{d}t} = \begin{bmatrix} A_{11} & A_{12} \end{bmatrix} \begin{bmatrix} \Delta i_s \\ \Delta \psi_r \end{bmatrix} + \Delta A_{11} \hat{i}_s + \Delta A_{12} \hat{\psi}_r + K \, \mathrm{sgn}(\Delta i_s) \qquad （4-26）$$

且有：

$$\Delta A_{11} = \begin{bmatrix} \dfrac{e_{Rs} L_r^2}{\sigma L_s L_r^2} & 0 \\[4mm] 0 & \dfrac{e_{Rs} L_r^2}{\sigma L_s L_r^2} \end{bmatrix} \qquad （4-27）$$

式（4-27）中：e_{Rs} 为定子电阻偏差，且有：

$$e_{Rs} = \hat{R}_s - R_s \qquad （4-28）$$

考虑在稳态时，估计电流收敛于实际电流，且转子磁链估计准确，则有：

$$\begin{cases} \Delta i_s = 0 \\ \Delta \psi_r = 0 \end{cases} \qquad （4-29）$$

将式（4-29）代入式（4-26）可得：

$$\Delta A_{11} \hat{i}_s + \Delta A_{12} \hat{\psi}_r = 0 \qquad （4-30）$$

根据式（4-30），则有：

$$\frac{L_m e_\omega}{\sigma L_s L_r}(\hat{\psi}_{r\alpha} - \hat{\psi}_{r\beta}) + \frac{e_{Rs} L_r^2}{\sigma L_s L_r^2}(\hat{i}_{s\alpha} + \hat{i}_{s\beta}) = 0 \qquad （4-31）$$

进一步，可得：

$$e_{\omega} = e_{Rs} \frac{\dfrac{L_r^2}{\sigma L_s L_r^2}(\hat{i}_{s\alpha} + \hat{i}_{s\beta})}{\dfrac{L_m}{\sigma L_s L_r}(\hat{\psi}_{r\beta} - \hat{\psi}_{r\alpha})} \qquad (4\text{-}32)$$

由式（4-32）可知，当定子电阻发生变化后，即 $e_{Rs} \neq 0$，速度估计误差不会收敛到 0，即定子电阻变化导致估计速度会出现明显误差。

为验证基于滑模观测器的估计方案的性能，对其进行实验测试，测试结果如图 4-3 所示。如图所示，速度指令设置为 1 000 r/min，随后变化至 1 430 r/min，最后变化至 1 000 r/min，负载设置为 5 N·m。由测试结果可知，基于滑模观测器的估计方案虽能实现速度估计，但在系统抖振的作用下，速度估计出现明显的脉动，如图 4-3（a）所示。

进一步，利用实验测试对基于滑模观测器的估计方案在电机参数变化工况下的性能进行测试，测试结果如图 4-4 所示。在此测试中，速度指令和负载分别设置为 800 r/min 和 5 N·m，定子电阻由 3.67 Ω 变化至 4.404 Ω，随后再变化至 3.303 Ω。根据测试结果可知，与之前分析一致，当定子电阻发生变化后，估计速度无法准确追踪到实际速度，估计误差逐渐增大甚至有发散的趋势，如图 4-4（b）所示。

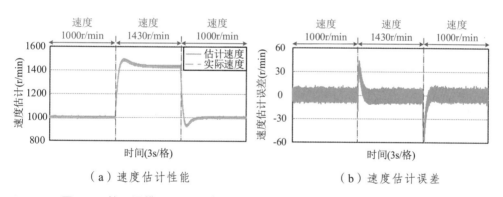

（a）速度估计性能　　　　　　　　　（b）速度估计误差

图 4-3　基于滑模观测器的估计方案在速度指令变化工况下的估计性能

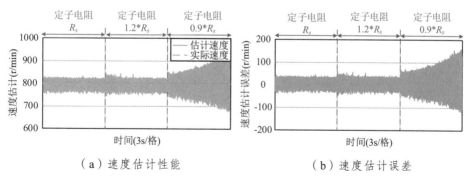

（a）速度估计性能　　　　　　　　　（b）速度估计误差

图 4-4　基于滑模观测器的估计方案在定子电阻变化工况下的估计性能

4.1.2 二阶滑模观测器

针对传统滑模观测器存在系统抖振导致估计性能下降的问题，本节在感应电机数学模型的基础上，依据二阶滑模控制算法构建一种二阶滑模观测器，实现磁链准确估计的同时，有效降低系统抖振的影响。

二阶滑模控制算法可以表示为[12-16]：

$$\begin{cases} \dfrac{\mathrm{d}\hat{x}_1}{\mathrm{d}t} = f(\hat{x}_2) + \lambda |\hat{x}_1 - x_1|^{\frac{1}{2}} \mathrm{sgn}(\hat{x}_1 - x_1) + \rho_1 \\[2mm] \dfrac{\mathrm{d}\hat{x}_2}{\mathrm{d}t} = \delta \mathrm{sgn}(\hat{x}_1 - x_1) + \rho_2 \end{cases} \quad (4\text{-}33)$$

式（4-33）中：x_1、x_2、$\hat{x}_1$、$\hat{x}_2$、λ、δ、ρ_1 和 ρ_2 分别为系统状态变量、状态变量估计、滑模增益以及系统扰动。

为保证二阶滑模控制算法在有限时间内收敛，系统扰动项需满足[12-16]：

$$\begin{cases} |\rho_1| \leqslant w |x_1|^{\frac{1}{2}} \\[2mm] \rho_2 = 0 \end{cases} \quad (4\text{-}34)$$

式（4-34）中：w 为有界正实数。

由式（2-22）可得，感应电机的电压模型和电流模型分别为：

$$\begin{cases} \dfrac{\mathrm{d}i_{s\alpha}}{\mathrm{d}t} = -\dfrac{R_s L_r^2 + R_r L_m^2}{\sigma L_s L_r^2} i_{s\alpha} + \dfrac{L_m}{\sigma L_s L_r T_r} \psi_{r\alpha} + \dfrac{L_m \omega_r}{\sigma L_s L_r} \psi_{r\beta} + \dfrac{1}{\sigma L_s} u_{s\alpha} \\[3mm] \dfrac{\mathrm{d}i_{s\beta}}{\mathrm{d}t} = -\dfrac{R_s L_r^2 + R_r L_m^2}{\sigma L_s L_r^2} i_{s\beta} - \dfrac{L_m \omega_r}{\sigma L_s L_r} \psi_{r\alpha} + \dfrac{L_m}{\sigma L_s L_r T_r} \psi_{r\beta} + \dfrac{1}{\sigma L_s} u_{s\beta} \end{cases} \quad (4\text{-}35)$$

$$\begin{cases} \dfrac{\mathrm{d}\psi_{r\alpha}}{\mathrm{d}t} = \dfrac{L_m}{T_r} i_{s\alpha} - \dfrac{1}{T_r} \psi_{r\alpha} - \omega_r \psi_{r\beta} \\[3mm] \dfrac{\mathrm{d}\psi_{r\beta}}{\mathrm{d}t} = \dfrac{L_m}{T_r} i_{s\beta} + \omega_r \psi_{r\alpha} - \dfrac{1}{T_r} \psi_{r\beta} \end{cases} \quad (4\text{-}36)$$

将式（4-36）代入式（4-35）中，则有：

$$\begin{cases} \dfrac{\mathrm{d}i_{s\alpha}}{\mathrm{d}t} = -\dfrac{R_s}{\sigma L_s} i_{s\alpha} - \dfrac{L_m}{\sigma L_s L_r} \left(\dfrac{\mathrm{d}\psi_{r\alpha}}{\mathrm{d}t} \right) + \dfrac{1}{\sigma L_s} u_{s\alpha} \\[3mm] \dfrac{\mathrm{d}i_{s\beta}}{\mathrm{d}t} = -\dfrac{R_s}{\sigma L_s} i_{s\alpha} - \dfrac{L_m}{\sigma L_s L_r} \left(\dfrac{\mathrm{d}\psi_{r\beta}}{\mathrm{d}t} \right) + \dfrac{1}{\sigma L_s} u_{s\beta} \end{cases} \quad (4\text{-}37)$$

根据二阶滑模控制算法［式（4-33）］，对感应电机的电压模型［即式（4-37）］进行改写，得到二阶滑模观测器模型为：

$$\begin{cases} \dfrac{\mathrm{d}\hat{i}_{s\alpha}}{\mathrm{d}t} = \lambda_1 \left| \hat{i}_{s\alpha} - i_{s\alpha} \right|^{\frac{1}{2}} \mathrm{sgn}(\hat{i}_{s\alpha} - i_{s\alpha}) + \dfrac{L_m}{\sigma L_s L_r}\left(-\dfrac{\mathrm{d}\hat{\psi}_{r\alpha}^v}{\mathrm{d}t} \right) - \dfrac{R_s}{\sigma L_s}\hat{i}_{s\alpha} + \dfrac{1}{\sigma L_s}u_{s\alpha} \\[4mm] \dfrac{\mathrm{d}\left(-\dfrac{\mathrm{d}\hat{\psi}_{r\alpha}^v}{\mathrm{d}t} \right)}{\mathrm{d}t} = \delta_1 \, \mathrm{sgn}(\hat{i}_{s\alpha} - i_{s\alpha}) \end{cases} \tag{4-38}$$

$$\begin{cases} \dfrac{\mathrm{d}\hat{i}_{s\beta}}{\mathrm{d}t} = \lambda_2 \left| \hat{i}_{s\beta} - i_{s\beta} \right|^{\frac{1}{2}} \mathrm{sgn}(\hat{i}_{s\beta} - i_{s\beta}) + \dfrac{L_m}{\sigma L_s L_r}\left(-\dfrac{\mathrm{d}\hat{\psi}_{r\beta}^v}{\mathrm{d}t} \right) - \dfrac{R_s}{\sigma L_s}\hat{i}_{s\beta} + \dfrac{1}{\sigma L_s}u_{s\beta} \\[4mm] \dfrac{\mathrm{d}\left(-\dfrac{\mathrm{d}\hat{\psi}_{r\beta}^v}{\mathrm{d}t} \right)}{\mathrm{d}t} = \delta_2 \, \mathrm{sgn}(\hat{i}_{s\beta} - i_{s\beta}) \end{cases} \tag{4-39}$$

式（4-38）和式（4-39）中：$\hat{i}_{s\alpha}$、$\hat{i}_{s\beta}$ 和 $\hat{\psi}_{r\alpha}^v$、$\hat{\psi}_{r\beta}^v$ 分别为定子电流估计和转子磁链估计。

不妨令：

$$\begin{cases} \hat{x}_1 = \hat{i}_{s\alpha} & \hat{x}_2 = \hat{i}_{s\beta} \\[1mm] \hat{x}_3 = -(\mathrm{d}\hat{\psi}_{r\alpha}^v / \mathrm{d}t) & \hat{x}_4 = -(\mathrm{d}\hat{\psi}_{r\beta}^v / \mathrm{d}t) \\[1mm] e_{i\alpha} = \hat{i}_{s\alpha} - i_{s\alpha} & e_{i\beta} = \hat{i}_{s\beta} - i_{s\beta} \end{cases} \tag{4-40}$$

将式（4-40）代入式（4-38）和式（4-39），则有：

$$\begin{cases} \dfrac{\mathrm{d}\hat{x}_1}{\mathrm{d}t} = \lambda_1 \left| e_{i\alpha} \right|^{\frac{1}{2}} \mathrm{sgn}(e_{i\alpha}) + \dfrac{L_m}{\sigma L_s L_r}\hat{x}_3 - \dfrac{R_s}{\sigma L_s}\hat{x}_1 + \dfrac{1}{\sigma L_s}u_{s\alpha} \\[4mm] \dfrac{\mathrm{d}\hat{x}_3}{\mathrm{d}t} = \delta_1 \, \mathrm{sgn}(e_{i\alpha}) \end{cases} \tag{4-41}$$

$$\begin{cases} \dfrac{\mathrm{d}\hat{x}_2}{\mathrm{d}t} = \lambda_2 \left| e_{i\beta} \right|^{\frac{1}{2}} \mathrm{sgn}(e_{i\beta}) + \dfrac{L_m}{\sigma L_s L_r}\hat{x}_4 - \dfrac{R_s}{\sigma L_s}\hat{x}_2 + \dfrac{1}{\sigma L_s}u_{s\beta} \\[4mm] \dfrac{\mathrm{d}\hat{x}_4}{\mathrm{d}t} = \delta_2 \, \mathrm{sgn}(e_{i\beta}) \end{cases} \tag{4-42}$$

进一步，定义扰动项为：

$$\begin{cases} \rho_1 = \dfrac{L_m}{\sigma L_s L_r}\hat{x}_3 - \dfrac{R_s}{\sigma L_s}\hat{x}_1 + \dfrac{1}{\sigma L_s}u_{s\alpha} \\[4mm] \rho_2 = \dfrac{L_m}{\sigma L_s L_r}\hat{x}_4 - \dfrac{R_s}{\sigma L_s}\hat{x}_2 + \dfrac{1}{\sigma L_s}u_{s\beta} \end{cases} \tag{4-43}$$

根据式（4-34），为保证二阶滑模观测器在有限时间内收敛，需满足：

$$\begin{cases} \left| \dfrac{L_m}{\sigma L_s L_r}\hat{x}_3 - \dfrac{R_s}{\sigma L_s}\hat{x}_1 + \dfrac{1}{\sigma L_s}u_{s\alpha} \right| \leqslant w \left| e_{i\alpha} \right|^{\frac{1}{2}} \\[4mm] \left| \dfrac{L_m}{\sigma L_s L_r}\hat{x}_4 - \dfrac{R_s}{\sigma L_s}\hat{x}_2 + \dfrac{1}{\sigma L_s}u_{s\beta} \right| \leqslant w \left| e_{i\beta} \right|^{\frac{1}{2}} \end{cases} \tag{4-44}$$

当 w 的值足够大时即可保证式（4-44）成立，如此，二阶滑模观测器的收敛性得到保证。

综上，可得感应电机的二阶滑模观测器如图 4-5 所示。由图 4-5 可知：在二阶滑模观测器中，速度信息未出现，这意味着二阶滑模观测器提供的估计变量与速度信息无关，因此可作为速度估计的参考模型。

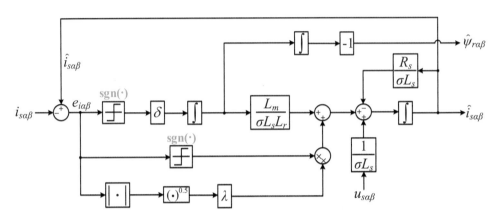

图 4-5 感应电机的二阶滑模观测器

为验证二阶滑模观测器的性能，对其进行实验测试，并与传统的滑模观测器进行对比，测试结果如图 4-6 所示。在此测试中，速度指令和负载分别设置为 150 r/min 和 5 N·m。根据测试结果可知，当电机运行在低速工况时，传统滑模观测器受到系统抖振的影响，磁链估计出现明显畸变，且磁链估计的谐波总畸变率（Total Harmonic Distortion，THD）为 21.30%；相比之下，在二阶滑模观测器中，系统抖振得到有效抑制，磁链估计的 THD 明显降低。

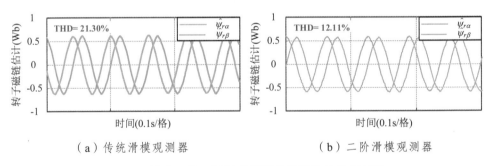

（a）传统滑模观测器   （b）二阶滑模观测器

图 4-6 低速工况下不同观测器的磁链估计性能对比

进一步，在高速工况下对传统滑模观测器和二阶滑模观测器的性能进行测试，测试结果如图 4-7 所示。在此测试中，速度指令和负载分别设置为 1 430 r/min 和 5 N·m。由图 4-7 可知，当感应电机运行在高速时，传统滑模观测器提供的磁链估计性能有所改善，但在系统抖振的作用下，磁链估计仍保持着较高的 THD；而二阶滑模观测器有效抑制了系统抖振，从而提升了磁链估计性能。

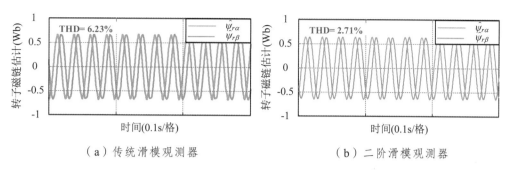

（a）传统滑模观测器　　　　　　（b）二阶滑模观测器

图 4-7　高速工况下不同观测器的磁链估计性能对比

4.1.3　速度估计实现

在本节中，以所建立的二阶滑模观测器作为速度估计的参考模型，以实际的电流模型作为可调模型，并利用波波夫超稳定性理论设计自适应律，构建模型参考自适应系统实现速度估计。

考虑电机速度的变化后，电流模型可重写为：

$$\begin{cases} \dfrac{\mathrm{d}\hat{\psi}_{r\alpha}^{i}}{\mathrm{d}t} = \dfrac{L_m}{T_r} i_{s\alpha} - \dfrac{1}{T_r}\hat{\psi}_{r\alpha}^{i} - \hat{\omega}_r\hat{\psi}_{r\beta}^{i} \\[3mm] \dfrac{\mathrm{d}\hat{\psi}_{r\beta}^{i}}{\mathrm{d}t} = \dfrac{L_m}{T_r} i_{s\beta} + \hat{\omega}_r\hat{\psi}_{r\alpha}^{i} - \dfrac{1}{T_r}\hat{\psi}_{r\beta}^{i} \end{cases} \tag{4-45}$$

式（4-45）中：$\hat{\psi}_{r\alpha}^{i}$、$\hat{\psi}_{r\beta}^{i}$ 和 $\hat{\omega}_r$ 分别为考虑速度变化后电流模型提供的转子磁链估计和估计速度。

从式（4-45）中减去式（4-36），则有：

$$\begin{cases} \dfrac{\mathrm{d}e_{\psi\alpha}}{\mathrm{d}t} = -\dfrac{1}{T_r} e_{\psi\alpha} - e_{\omega}\hat{\psi}_{r\beta}^{i} - \hat{\omega}_r e_{\psi\beta} \\[3mm] \dfrac{\mathrm{d}e_{\psi\beta}}{\mathrm{d}t} = -\dfrac{1}{T_r} e_{\psi\beta} + e_{\omega}\hat{\psi}_{r\alpha}^{i} + \hat{\omega}_r e_{\psi\alpha} \end{cases} \tag{4-46}$$

式（4-46）中：$e_{\psi\alpha}$ 和 $e_{\psi\beta}$ 为磁链估计误差，且有：

$$\begin{cases} e_{\psi\alpha} = \hat{\psi}_{r\alpha}^{i} - \psi_{r\alpha}^{i} \\[2mm] e_{\psi\beta} = \hat{\psi}_{r\beta}^{i} - \psi_{r\beta}^{i} \end{cases} \tag{4-47}$$

由波波夫超稳定性理论可得，速度估计可表示为：

$$\hat{\omega}_r = k_{\omega i}\int(\psi_{r\beta}^{i}\hat{\psi}_{r\alpha}^{i} - \psi_{r\alpha}^{i}\hat{\psi}_{r\beta}^{i})\mathrm{d}t \tag{4-48}$$

注意到在式（4-48）中，$\psi_{r\alpha}^{i}$ 和 $\psi_{r\beta}^{i}$ 为电流模型提供转子磁链的参考值。如前所述，考虑到二阶滑模观测器所提供的转子磁链与速度信息无关（见图 4-5），因此可作为速度估计方案中转子磁链的参考值，即有：

$$\begin{cases} \psi_{r\alpha}^{i} = \hat{\psi}_{r\alpha}^{v} \\ \psi_{r\beta}^{i} = \hat{\psi}_{r\beta}^{v} \end{cases} \tag{4-49}$$

将式（4-49）代入式（4-48），可得：

$$\hat{\omega}_r = k_{\omega i} \int (\hat{\psi}_{r\beta}^{v} \hat{\psi}_{r\alpha}^{i} - \hat{\psi}_{r\alpha}^{v} \hat{\psi}_{r\beta}^{i}) \mathrm{d}t \tag{4-50}$$

此外，为保证收敛速度，采用基于 PI 控制器的自适应律，则有：

$$\hat{\omega}_r = k_{\omega p} (\hat{\psi}_{r\beta}^{v} \hat{\psi}_{r\alpha}^{i} - \hat{\psi}_{r\alpha}^{v} \hat{\psi}_{r\beta}^{i}) + k_{\omega i} \int (\hat{\psi}_{r\beta}^{v} \hat{\psi}_{r\alpha}^{i} - \hat{\psi}_{r\alpha}^{v} \hat{\psi}_{r\beta}^{i}) \mathrm{d}t \tag{4-51}$$

根据式（4-51），可得转子磁场定向角估计为：

$$\hat{\theta}_r = \int (\omega_{sl} + \hat{\omega}_r) \mathrm{d}t \tag{4-52}$$

综上，可得基于二阶滑模观测器的速度估计方案如图 4-8 所示。

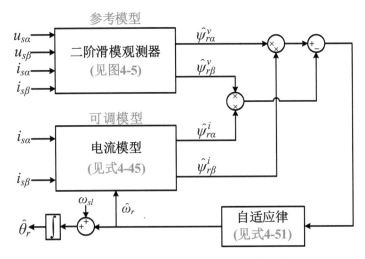

图 4-8　基于二阶滑模观测器的估计方案

利用李雅普诺夫稳定性理论对估计方案的稳定性进行验证。定义李雅普诺夫稳定性函数为：

$$V = \frac{1}{2} (e_{\psi\alpha}^2 + e_{\psi\beta}^2 + \zeta e_{\omega}^2) \tag{4-53}$$

式（4-53）中：ζ 为一个正实数。

根据李雅普诺夫稳定性理论可知，系统稳定的条件为：

$$\begin{cases} V \geqslant 0 \\ \dfrac{\mathrm{d}V}{\mathrm{d}t} \leqslant 0 \end{cases} \tag{4-54}$$

由式（4-53）可知，$V \geqslant 0$ 显然成立。对式（4-53）求导可得：

$$\frac{\mathrm{d}V}{\mathrm{d}t} = e_{\psi\alpha}\frac{\mathrm{d}e_{\psi\alpha}}{\mathrm{d}t} + e_{\psi\beta}\frac{\mathrm{d}e_{\psi\beta}}{\mathrm{d}t} + \zeta e_{\omega}\frac{\mathrm{d}e_{\omega}}{\mathrm{d}t} \qquad (4\text{-}55)$$

将式（4-46）代入式（4-55），则有：

$$\frac{\mathrm{d}V}{\mathrm{d}t} = V_1 + V_2 \qquad (4\text{-}56)$$

式（4-56）中：V_1 和 V_2 均为中间变量，且有：

$$\begin{cases} V_1 = -\dfrac{1}{T_r}(e_{\psi\alpha}^2 + e_{\psi\beta}^2) \\ V_2 = e_{\omega}\left[\zeta\dfrac{\mathrm{d}e_{\omega}}{\mathrm{d}t} - (\hat{\psi}_{r\beta}^i e_{\psi\alpha} - \hat{\psi}_{r\alpha}^i e_{\psi\beta}) \right] \end{cases} \qquad (4\text{-}57)$$

在 V_1 中，T_r 为电机转子时间常数，且有：

$$-\frac{1}{T_r} < 0 \qquad (4\text{-}58)$$

由式（4-58）可得：

$$V_1 = -\frac{1}{T_r}(e_{\psi\alpha}^2 + e_{\psi\beta}^2) \leqslant 0 \qquad (4\text{-}59)$$

由式（4-59）可知，为保证式（4-54）成立，需使 $V_2 = 0$，即有：

$$\zeta\frac{\mathrm{d}e_{\omega}}{\mathrm{d}t} = (\hat{\psi}_{r\beta}^i e_{\psi\alpha} - \hat{\psi}_{r\alpha}^i e_{\psi\beta}) \qquad (4\text{-}60)$$

考虑感应电机驱动系统为一个大惯性系统，可认为实际的电机速度在每个采样周期内保持不变，则有：

$$\frac{\mathrm{d}\omega_r}{\mathrm{d}t} = 0 \qquad (4\text{-}61)$$

将式（4-61）代入式（4-60）中，则有：

$$\frac{\mathrm{d}\hat{\omega}_r}{\mathrm{d}t} = \frac{1}{\zeta}(\hat{\psi}_{r\beta}^i e_{\psi\alpha} - \hat{\psi}_{r\alpha}^i e_{\psi\beta}) \qquad (4\text{-}62)$$

将式（4-50）代入式（4-62）可得：

$$\frac{\mathrm{d}\hat{\omega}_r}{\mathrm{d}t} - \frac{1}{\zeta}(\hat{\psi}_{r\beta}^i e_{\psi\alpha} - \hat{\psi}_{r\alpha}^i e_{\psi\beta}) = \left(\frac{1}{\zeta} - k_{\omega i}\right)(\hat{\psi}_{r\beta}^v \hat{\psi}_{r\alpha}^i - \hat{\psi}_{r\alpha}^v \hat{\psi}_{r\beta}^i) \qquad (4\text{-}63)$$

不妨令：

$$\zeta = \frac{1}{k_{\omega i}} \qquad (4\text{-}64)$$

由式（4-63）和式（4-64）可得：

$$V_2 = 0 \tag{4-65}$$

联立式（4-59）和式（4-65），则有：

$$\frac{\mathrm{d}V}{\mathrm{d}t} \leqslant 0 \tag{4-66}$$

综上，估计方案的稳定性得证。

4.1.4　定子电阻在线辨识

在所研究的估计方案中，定子电阻出现在二阶滑模观测器中（见图 4-5），当定子电阻发生变化后，磁链估计会出现偏差，进而影响估计性能。对此，研究一种定子电阻在线辨识方法，降低定子电阻变化的不利影响。

根据式（4-37），感应电机的电压模型可重写为：

$$\begin{cases} \dfrac{\mathrm{d}\psi_{r\alpha}^{v}}{\mathrm{d}t} = \dfrac{L_r}{L_m}u_{s\alpha} - \dfrac{L_r R_s}{L_m}i_{s\alpha} - \dfrac{\sigma L_r L_s}{L_m}\dfrac{\mathrm{d}i_{s\alpha}}{\mathrm{d}t} \\[3mm] \dfrac{\mathrm{d}\psi_{r\beta}^{v}}{\mathrm{d}t} = \dfrac{L_r}{L_m}u_{s\beta} - \dfrac{L_r R_s}{L_m}i_{s\beta} - \dfrac{\sigma L_r L_s}{L_m}\dfrac{\mathrm{d}i_{s\beta}}{\mathrm{d}t} \end{cases} \tag{4-67}$$

考虑定子电阻变化后，式（4-67）可写为：

$$\begin{cases} \dfrac{\mathrm{d}\hat{\psi}_{r\alpha}^{v}}{\mathrm{d}t} = \dfrac{L_r}{L_m}u_{s\alpha} - \dfrac{L_r \hat{R}_s}{L_m}i_{s\alpha} - \dfrac{\sigma L_r L_s}{L_m}\dfrac{\mathrm{d}i_{s\alpha}}{\mathrm{d}t} \\[3mm] \dfrac{\mathrm{d}\hat{\psi}_{r\beta}^{v}}{\mathrm{d}t} = \dfrac{L_r}{L_m}u_{s\beta} - \dfrac{L_r \hat{R}_s}{L_m}i_{s\beta} - \dfrac{\sigma L_r L_s}{L_m}\dfrac{\mathrm{d}i_{s\beta}}{\mathrm{d}t} \end{cases} \tag{4-68}$$

式（4-68）中：$\hat{\psi}_{r\alpha}^{v}$、$\hat{\psi}_{r\beta}^{v}$ 和 $\hat{R}_s$ 为考虑定子电阻变化后电压模型提供的转子磁链估计和定子电阻估计。

从式（4-68）中减去式（4-67），可得：

$$\begin{cases} \dfrac{\mathrm{d}e_{\psi\alpha}^{v}}{\mathrm{d}t} = -\dfrac{L_r e_{Rs}}{L_m}i_{s\alpha} \\[3mm] \dfrac{\mathrm{d}e_{\psi\beta}^{v}}{\mathrm{d}t} = -\dfrac{L_r e_{Rs}}{L_m}i_{s\beta} \end{cases} \tag{4-69}$$

由波波夫超稳定性理论可得，定子电阻估计为：

$$\begin{aligned} \hat{R}_s = {} & k_{Rp}\left[\hat{i}_{s\alpha}(\hat{\psi}_{r\alpha}^{v} - \psi_{r\alpha}^{v}) + \hat{i}_{s\beta}(\hat{\psi}_{r\beta}^{v} - \psi_{r\beta}^{v})\right] + \\ & k_{Ri}\int\left[\hat{i}_{s\alpha}(\hat{\psi}_{r\alpha}^{v} - \psi_{r\alpha}^{v}) + \hat{i}_{s\beta}(\hat{\psi}_{r\beta}^{v} - \psi_{r\beta}^{v})\right]\mathrm{d}t \end{aligned} \tag{4-70}$$

同样，考虑到电流模型所提供的转子磁链与定子电阻无关［见式（4-45）］，因此可作为定子电阻辨识方案中转子磁链的参考值，即有：

$$\begin{cases} \psi_{r\alpha}^{v} = \hat{\psi}_{r\alpha}^{i} \\ \psi_{r\beta}^{v} = \hat{\psi}_{r\beta}^{i} \end{cases} \tag{4-71}$$

将式（4-71）代入式（4-70），可得：

$$\hat{R}_s = k_{Rp}\left[\hat{i}_{s\alpha}(\hat{\psi}_{r\alpha}^{v} - \hat{\psi}_{r\alpha}^{i}) + \hat{i}_{s\beta}(\hat{\psi}_{r\beta}^{v} - \hat{\psi}_{r\beta}^{i})\right] +$$
$$k_{Ri}\int\left[\hat{i}_{s\alpha}(\hat{\psi}_{r\alpha}^{v} - \hat{\psi}_{r\alpha}^{i}) + \hat{i}_{s\beta}(\hat{\psi}_{r\beta}^{v} - \hat{\psi}_{r\beta}^{i})\right]\mathrm{d}t \tag{4-72}$$

综上，可得所研究的估计方案如图 4-9 所示。由图 4-9 可知，所研究的估计方案由两个模型参考自适应系统组成。在速度估计方案中，以二阶滑模观测器作为参考模型，以电流模型作为可调模型，利用波波夫超稳定性理论设计自适应律；而在定子电阻在线辨识方案中，将二阶滑模观测器作为可调模型，将电流模型作为参考模型，同样利用波波夫超稳定性理论设计自适应律；两个模型参考自适应系统相互作用，最终实现速度和定子电阻的有效估计。进一步，可得感应电机无速度传感器控制系统如图 4-10 所示。

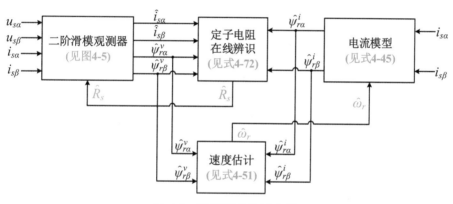

图 4-9　所研究的估计方案

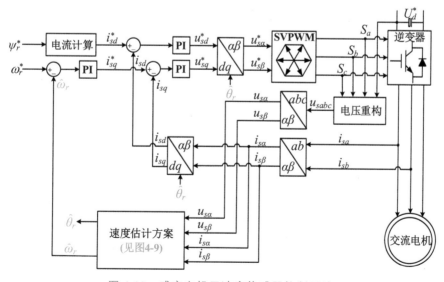

图 4-10　感应电机无速度传感器控制系统

4.1.5 实验测试

为验证所提方法的可行性，利用实验测试对其进行验证。实验测试中所用的感应电机驱动系统参数见表4-1。

表 4-1　感应电机驱动系统的参数

参 数	数 值	参 数	数 值
额定功率/kW	2.2	额定电压/V	220
额定电流/A	5.1	额定速度/（r/min）	1 430
定子电阻 R_s/Ω	3.67	转子电阻 R_r/Ω	2.32
定子电感 L_s/mH	244.2	转子电感 L_r/mH	247.3
励磁电感 L_m/mH	235	极对数	2

首先，对所提方法在速度指令变化工况下的性能进行实验测试，测试结果如图4-11所示。在此测试中，速度指令开始设置为 1 000 r/min，随后变化至 1 430 r/min，最后减少至 1 000 r/min，负载设置为 5 N·m。由测试结果可知，在整个速度变化范围内，估计速度能够准确追踪到实际速度，且速度估计误差控制在合理的范围。此外，定子电阻在线辨识方案运行良好，定子电阻辨识误差限制在较小的范围内。

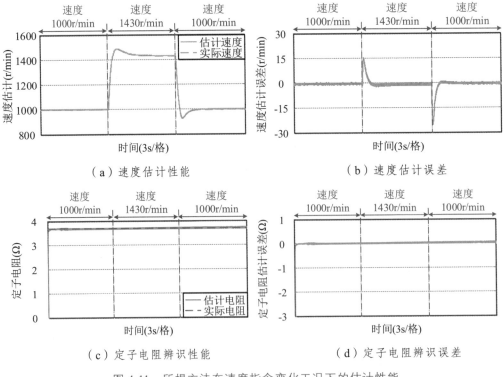

（a）速度估计性能　　　　　　　　（b）速度估计误差

（c）定子电阻辨识性能　　　　　　　（d）定子电阻辨识误差

图 4-11　所提方法在速度指令变化工况下的估计性能

　　进一步，为验证所提方法在负载变化工况下的性能，对其进行实验测试，测试结果如图 4-12 所示。在此测试中，速度指令设置为 1 430 r/min，负载开始设置为 2 N·m，随后增加至 8 N·m，最后再减少至 2 N·m。如图 4-12 所示，当电机运行在负载变化工况时，所提方法展现出良好的估计性能，虽然在负载变化的暂态过程中，速度估计误差略有波动，但仍在合理范围内。此外，定子电阻在线辨识方案能够提供良好的辨识效果，定子电阻辨识误差较小 ［见图 4-12（c）和图 4-12（d）］。

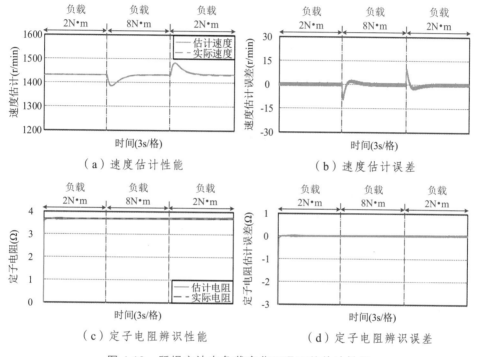

图 4-12　所提方法在负载变化工况下的估计性能

　　最后，对所提方法在定子电阻变化时的性能进行测试，测试结果如图 4-13 所示。在此测试中，速度指令和负载分别设置为 1 430 r/min 和 5 N·m，定子电阻由 3.67 Ω 增加至 4.404 Ω，随后再变化至 3.303 Ω。根据测试结果可知，所研究的定子电阻在线辨识方案能够有效追踪定子电阻的变化，降低定子电阻变化对估计性能的不利影响。如此，所提方法在定子电阻变化工况仍能提供良好的估计性能，且估计误差限制在合理的范围内。

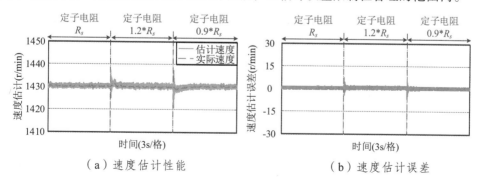

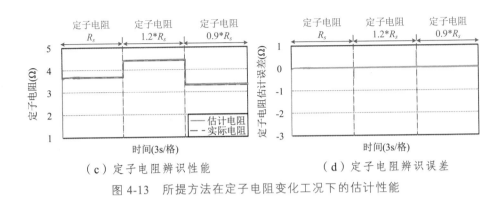

（c）定子电阻辨识性能　　　　　　　（d）定子电阻辨识误差

图4-13　所提方法在定子电阻变化工况下的估计性能

4.2　基于闭环磁链观测器的无传感器控制技术

在基于观测器的无传感器控制技术中，磁链的准确估计至关重要。然而，传统的磁链观测器易受到直流偏置、电机参数变化、谐波等扰动的影响，导致磁链估计出现畸变，从而降低估计性能。对此，本节以感应电机为例，研究一种基于闭环磁链观测器（Closed-Loop Flux Observer，CLFO）的无速度传感器控制方法。该方法在传统磁链观测器的基础上，构建一种闭环磁链观测器进行磁链估计。进一步，依据所得到的估计磁链，利用锁相环实现速度估计。

4.2.1　传统的磁链观测器

基于电压模型和电流模型的磁链观测器结构简单、易于实现，在交流电机无传感器控制系统中备受关注。基于此，首先对这两种磁链观测器进行介绍，并对其性能进行详细分析。

1. 直流偏置对电压模型的影响

由式（4-35）可得，感应电机的电压模型可表示为：

$$\begin{cases} \dfrac{\mathrm{d}\psi_{s\alpha}^{v}}{\mathrm{d}t} = u_{s\alpha} - R_s i_{s\alpha} \\[3mm] \dfrac{\mathrm{d}\psi_{s\beta}^{v}}{\mathrm{d}t} = u_{s\beta} - R_s i_{s\beta} \end{cases} \tag{4-73}$$

式（4-73）中：$\psi_{s\alpha}^{v}$ 和 $\psi_{s\beta}^{v}$ 为电压模型提供的定子磁链。

当考虑直流偏置影响后，电压模型可重写为：

$$\begin{cases} \dfrac{\mathrm{d}\psi_{s\alpha d}^{v}}{\mathrm{d}t} = u_{s\alpha} - R_s i_{s\alpha} + V_{dc} \\[3mm] \dfrac{\mathrm{d}\psi_{s\beta d}^{v}}{\mathrm{d}t} = u_{s\beta} - R_s i_{s\beta} + V_{dc} \end{cases} \tag{4-74}$$

式（4-74）中：$\psi_{s\alpha d}^{v}$、$\psi_{s\beta d}^{v}$ 和 V_{dc} 分别为考虑直流偏置影响后的定子磁链估计和直流偏置。

从式（4-74）中减去式（4-73），可得

$$\begin{cases} \dfrac{\mathrm{d}\Delta\psi_{s\alpha d}^{v}}{\mathrm{d}t} = V_{dc} \\[2mm] \dfrac{\mathrm{d}\Delta\psi_{s\beta d}^{v}}{\mathrm{d}t} = V_{dc} \end{cases} \tag{4-75}$$

式（4-75）中：$\Delta\psi_{s\alpha d}^{v}$ 和 $\Delta\psi_{s\beta d}^{v}$ 为考虑直流偏置影响后的定子磁链估计误差。

根据式（4-75），磁链估计误差可计算为：

$$\begin{cases} \Delta\psi_{s\alpha d}^{v}(t) = V_{dc}t \\[2mm] \Delta\psi_{s\beta d}^{v}(t) = V_{dc}t \end{cases} \tag{4-76}$$

进一步，则有：

$$\begin{cases} \lim\limits_{t\to\infty}\Delta\psi_{s\alpha d}^{v}(t) = \lim\limits_{t\to\infty}V_{dc}t = \infty \\[2mm] \lim\limits_{t\to\infty}\Delta\psi_{s\beta d}^{v}(t) = \lim\limits_{t\to\infty}V_{dc}t = \infty \end{cases} \tag{4-77}$$

由式（4-77）可知，对于基于电压模型的磁链观测器而言，由于纯积分器的存在，当直流偏置进入电压模型后，磁链估计会出现严重畸变，如图 4-14 所示。

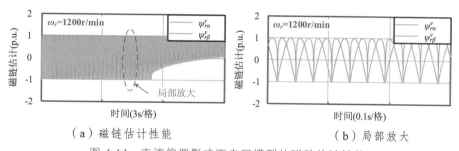

（a）磁链估计性能　　　　　　　　　　（b）局部放大

图 4-14　直流偏置影响下电压模型的磁链估计性能

2. 定子电阻变化对电压模型的影响

此外，定子电阻出现在电压模型 [见式（4-73）] 中，当定子电阻发生变化后，磁链估计性能可能也会受到影响。

当考虑定子电阻变化影响后，式（4-73）可写为：

$$\begin{cases} \dfrac{\mathrm{d}\psi_{s\alpha r}^{v}}{\mathrm{d}t} = u_{s\alpha} - \hat{R}_s i_{s\alpha} \\[2mm] \dfrac{\mathrm{d}\psi_{s\beta r}^{v}}{\mathrm{d}t} = u_{s\beta} - \hat{R}_s i_{s\beta} \end{cases} \tag{4-78}$$

式（4-78）中：$\psi_{s\alpha r}^{v}$ 和 $\psi_{s\beta r}^{v}$ 为考虑定子电阻变化影响后的定子磁链估计。

从式（4-78）中减去式（4-73），可得磁链估计误差为：

$$\begin{cases} \dfrac{\mathrm{d}\Delta\psi_{s\alpha r}^{v}}{\mathrm{d}t} = -\Delta R_s i_{s\alpha} \\[2mm] \dfrac{\mathrm{d}\Delta\psi_{s\beta r}^{v}}{\mathrm{d}t} = -\Delta R_s i_{s\beta} \end{cases} \tag{4-79}$$

假设定子电流为纯正弦信号，则有：

$$\begin{cases} i_{s\alpha} = I_m \cos(\omega_s t) \\ i_{s\beta} = I_m \sin(\omega_s t) \end{cases} \tag{4-80}$$

式（4-80）中：I_m 和 ω_s 分别为定子电流的幅值和定子电流的频率。

联立式（4-79）和式（4-80），可得：

$$\begin{cases} \Delta\psi_{s\alpha r}^{v}(t) = -\Delta R_s I_m \dfrac{\sin(\omega_s t)}{\omega_s} \\ \Delta\psi_{s\beta r}^{v}(s) = -\Delta R_s I_m \dfrac{1-\cos(\omega_s t)}{\omega_s} \end{cases} \tag{4-81}$$

由式（4-81）可得：定子电阻变化会对磁链估计性能产生不利影响，并且定子电阻变化造成的磁链估计误差与电机速度有关。当电机运行在低速工况时（此时，ω_s 很小），磁链估计误差更为显著，如图 4-15 所示。

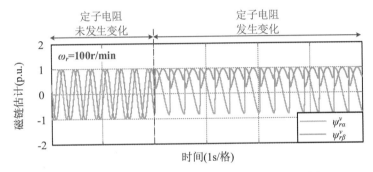

图 4-15　定子电阻变化影响下电压模型的磁链估计性能

3. 转子时间常数变化对电流模型的影响

注意到，转子时间常数出现在电流模型［见式（4-36）］中，当转子时间常数发生变化后，可能会影响磁链估计性能。

为便于分析，将电流模型变化至复频域（即 s 域），则有：

$$\begin{cases} \left(s + \dfrac{1}{T_r}\right)\psi_{r\alpha}^{i} + \omega_r \psi_{r\beta}^{i} = \dfrac{L_m}{T_r} i_{s\alpha} \\ \left(s + \dfrac{1}{T_r}\right)\psi_{r\beta}^{i} - \omega_r \psi_{r\alpha}^{i} = \dfrac{L_m}{T_r} i_{s\beta} \end{cases} \tag{4-82}$$

根据式（4-82），可得：

$$\begin{cases} \psi_{r\alpha}^{i} = \dfrac{(s+Z_r)Z_r L_m}{(s+Z_r)^2 + \omega_r^2} i_{s\alpha} - \dfrac{Z_r L_m \omega_r}{(s+Z_r)^2 + \omega_r^2} i_{s\beta} \\ \psi_{r\beta}^{i} = \dfrac{Z_r L_m \omega_r}{(s+Z_r)^2 + \omega_r^2} i_{s\alpha} + \dfrac{(s+Z_r)Z_r L_m}{(s+Z_r)^2 + \omega_r^2} i_{s\beta} \end{cases} \tag{4-83}$$

式（4-83）中：Z_r 为中间变量，且有：

$$Z_r = \frac{1}{T_r} \tag{4-84}$$

考虑转子时间常数的变化后，则有：

$$\begin{cases} \psi_{r\alpha t}^i = \dfrac{(s+\hat{Z}_r)\hat{Z}_r L_m}{(s+\hat{Z}_r)^2 + \omega_r^2} i_{s\alpha} - \dfrac{\hat{Z}_r L_m \omega_r}{(s+\hat{Z}_r)^2 + \omega_r^2} i_{s\beta} \\[3mm] \psi_{r\beta t}^i = \dfrac{\hat{Z}_r L_m \omega_r}{(s+\hat{Z}_r)^2 + \omega_r^2} i_{s\alpha} + \dfrac{(s+\hat{Z}_r)\hat{Z}_r L_m}{(s+\hat{Z}_r)^2 + \omega_r^2} i_{s\beta} \end{cases} \tag{4-85}$$

式（4-85）中：$\psi_{r\alpha t}^i$ 和 $\psi_{r\beta t}^i$ 分别为考虑转子时间常数变化后的转子磁链估计。

以 $\Delta\psi_{r\alpha t}^i$ 为例，对其进行分析。从式（4-85）中减去式（4-83）可得：

$$\begin{aligned} \Delta\psi_{r\alpha t}^i = {}& \frac{as^3 + bs^2 + cs + d}{[(s+\hat{Z}_r)^2 + \omega_r^2][(s+Z_r)^2 + \omega_r^2]} i_{s\alpha} - \\ & \frac{es^2 + f}{[(s+\hat{Z}_r)^2 + \omega_r^2][(s+Z_r)^2 + \omega_r^2]} i_{s\beta} \end{aligned} \tag{4-86}$$

式（4-86）中：a、b、c、d、e 和 f 均为中间量，且有：

$$\begin{cases} a = L_m(\hat{Z}_r - Z_r) \\ b = L_m(\hat{Z}_r^2 - Z_r^2) \\ c = L_m(\hat{Z}_r \omega_r^2 + Z_r \hat{Z}_r^2 - \hat{Z}_r Z_r^2 - Z_r \omega_r^2) \\ d = L_m[(\hat{Z}_r^2 - Z_r^2)\omega_r^2)] \\ e = L_m \omega_r(\hat{Z}_r - Z_r) \\ f = L_m \omega_r[(\hat{Z}_r^2 - Z_r^2)\omega_r^2)] \end{cases} \tag{4-87}$$

对式（4-80）进行拉普拉斯变换，则有：

$$\begin{cases} i_{s\alpha}(s) = I_m \dfrac{s}{s^2 + \omega_s^2} \\[3mm] i_{s\beta}(s) = I_m \dfrac{\omega_s}{s^2 + \omega_s^2} \end{cases} \tag{4-88}$$

将式（4-88）代入式（4-86），可得：

$$\begin{aligned} \Delta\psi_{r\alpha t}^i(s) = {}& \frac{as^3 + bs^2 + cs + d}{[(s+\hat{Z}_r)^2 + \omega_r^2][(s+Z_r)^2 + \omega_r^2]} I_m \frac{s}{s^2 + \omega_s^2} - \\ & \frac{es^2 + f}{[(s+\hat{Z}_r)^2 + \omega_r^2][(s+Z_r)^2 + \omega_r^2]} I_m \frac{\omega_s}{s^2 + \omega_s^2} \\ = {}& \Delta\psi_1(s) - \Delta\psi_2(s) \end{aligned} \tag{4-89}$$

对式（4-89）进行拉普拉斯反变换，则有：

$$
\Delta\psi_1(t) = I_{\mathrm{m}}\left\{ \mathrm{e}^{-Z_r t}\cos(\omega_r t) + \frac{\omega_s \sin(\omega_r t)\left(\hat{Z}_r - \dfrac{H_1}{\omega_s^6}\right)}{(Z_r - \hat{Z}_r)Z_r^2\left[\left(\dfrac{Z_r - \hat{Z}_r}{\omega_s}\right)^2 + 4\right]\left[\left(\dfrac{Z_r}{\omega_s}\right)^2 + 4\right]} - \right.
$$

$$
\frac{\omega_s^2 H_2}{Z_r^2 \hat{Z}_r^2\left(\dfrac{Z_r^2}{\omega_s^2} + 4\right)\left(\dfrac{\hat{Z}_r^2}{\omega_s^2} + 4\right)} - \mathrm{e}^{-\hat{Z}_r t}\cos(\omega_r t) +
$$

$$
\left. \frac{\omega_s \sin(\omega_r t)\left(\dfrac{Z_r}{\omega_s^6} + \dfrac{H_3}{\omega_s^6}\right)}{\left\{(Z_r - \hat{Z}_r)Z_r^2\left[\left(\dfrac{Z_r - \hat{Z}_r}{\omega_s}\right)^2 + 4\right]\left[\left(\dfrac{Z_r}{\omega_s}\right)^2 + 4\right]\right\}} \right\} \tag{4-90}
$$

式（4-90）中：H_1、H_2 和 H_3 均为有界函数。

由于 $\cos(\omega_s t)$ 为有界函数，且 $Z_r > 0$ 和 $\hat{Z}_r > 0$，则有：

$$
\begin{cases}
\lim\limits_{t\to\infty} I_{\mathrm{m}}[\mathrm{e}^{-Z_r t}\cos(\omega_r t)] \to 0 \\
\lim\limits_{t\to\infty} I_{\mathrm{m}}[\mathrm{e}^{-\hat{Z}_r t}\cos(\omega_r t)] \to 0
\end{cases} \tag{4-91}
$$

将式（4-91）代入式（4-90）可得：

$$
\lim_{t\to\infty}\Delta\psi_1(t) = \lim_{t\to\infty} I_{\mathrm{m}} \frac{\omega_s \sin(\omega_r t)\left(\hat{Z}_r - \dfrac{H_1}{\omega_s^6}\right)}{(Z_r - \hat{Z}_r)Z_r^2\left[\left(\dfrac{Z_r - \hat{Z}_r}{\omega_s}\right)^2 + 4\right]\left[\left(\dfrac{Z_r}{\omega_s}\right)^2 + 4\right]} -
$$

$$
\lim_{t\to\infty} I_{\mathrm{m}} \frac{\omega_s^2 H_2}{Z_r^2 \hat{Z}_r^2\left(\dfrac{Z_r^2}{\omega_s^2} + 4\right)\left(\dfrac{\hat{Z}_r^2}{\omega_s^2} + 4\right)} +
$$

$$
\lim_{t\to\infty} I_{\mathrm{m}} \frac{\omega_s \sin(\omega_r t)\left(\dfrac{Z_r}{\omega_s^6} + \dfrac{H_3}{\omega_s^6}\right)}{\left\{(Z_r - \hat{Z}_r)Z_r^2\left[\left(\dfrac{Z_r - \hat{Z}_r}{\omega_s}\right)^2 + 4\right]\left[\left(\dfrac{Z_r}{\omega_s}\right)^2 + 4\right]\right\}} \tag{4-92}
$$

由式（4-92）可知：当转子时间常数发生变化后，$\Delta\psi_1$ 不会收敛到 0，且 $\Delta\psi_1$ 与电机速度有关。

进一步，可得：

$$\Delta\psi_2(t) = I_{\mathrm{m}}\left\{ \mathrm{e}^{-Z_r t}\cos(\omega_r t) + \frac{\sin(\omega_r t)\left(\dfrac{Z_r + H_4}{\omega_s^5}\right)}{\left\{(Z_r - \hat{Z}_r)Z_r^2\left[\left(\dfrac{Z_r - \hat{Z}_r}{\omega_s}\right)^2 + 4\right]\left[\left(\dfrac{Z_r}{\omega_s}\right)^2 + 4\right]\right\}} - \right.$$

$$\frac{\omega_s^2 H_5}{Z_r^2 \hat{Z}_r^2\left(\dfrac{Z_r^2}{\omega_s^2} + 4\right)\left(\dfrac{\hat{Z}_r^2}{\omega_s^2} + 4\right)} - \mathrm{e}^{-\hat{Z}_r t}\cos(\omega_r t) +$$

$$\left. \frac{\sin(\omega_r t)\left(\dfrac{\hat{Z}_r - H_6}{\omega_s^5}\right)}{\left\{(Z_r - \hat{Z}_r)Z_r^2\left[\left(\dfrac{Z_r - \hat{Z}_r}{\omega_s}\right)^2 + 4\right]\left[\left(\dfrac{Z_r}{\omega_s}\right)^2 + 4\right]\right\}} \right\} \tag{4-93}$$

式（4-93）中：H_4、H_5 和 H_6 均为有界函数。

将式（4-91）代入式（4-93），则有：

$$\lim_{t\to\infty}\Delta\psi_2(t) = \lim_{t\to\infty} I_{\mathrm{m}}\frac{\sin(\omega_r t)\left(\dfrac{Z_r + H_4}{\omega_s^5}\right)}{\left\{(Z_r - \hat{Z}_r)Z_r^2\left[\left(\dfrac{Z_r - \hat{Z}_r}{\omega_s}\right)^2 + 4\right]\left[\left(\dfrac{Z_r}{\omega_s}\right)^2 + 4\right]\right\}} -$$

$$\lim_{t\to\infty} I_{\mathrm{m}}\frac{\omega_s^2 H_5}{Z_r^2 \hat{Z}_r^2\left(\dfrac{Z_r^2}{\omega_s^2} + 4\right)\left(\dfrac{\hat{Z}_r^2}{\omega_s^2} + 4\right)} +$$

$$\lim_{t\to\infty} I_{\mathrm{m}}\frac{\sin(\omega_r t)\left(\dfrac{\hat{Z}_r - H_6}{\omega_s^5}\right)}{\left\{(Z_r - \hat{Z}_r)Z_r^2\left[\left(\dfrac{Z_r - \hat{Z}_r}{\omega_s}\right)^2 + 4\right]\left[\left(\dfrac{Z_r}{\omega_s}\right)^2 + 4\right]\right\}} \tag{4-94}$$

由式（4-94）可知：当转子时间常数发生变化后，$\Delta\psi_2$ 不会收敛到 0，且 $\Delta\psi_2$ 与电机速度有关。

联立式（4-92）和式（4-94）可得：对于电流模型来说，转子时间常数变化导致磁链估计出现误差，如图 4-16 所示。

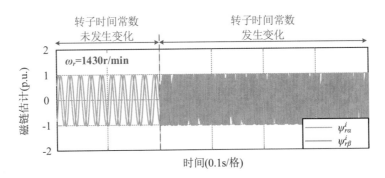

图 4-16　转子时间常数变化影响下电流模型的磁链估计性能

4.2.2　闭环磁链观测器

基于电压模型的磁链观测器易受到直流偏置和定子电阻变化的影响，在低速工况时磁链估计性能较差；在电机转子参数变化影响下，基于电流模型的磁链观测器在中高速工况时性能会显著下降[17-20]。为此，本节介绍一种闭环磁链观测器，该观测器结合上述两种磁链观测器的优点同时规避各自的缺点，实现宽速域范围内磁链的准确估计。

根据式（4-36），在同步坐标系（dq 坐标系）下，电流模型可表示为：

$$\begin{cases} \dfrac{\mathrm{d}\psi_{rd}^i}{\mathrm{d}t} = \dfrac{L_m}{T_r}i_{sd} - \dfrac{1}{T_r}\psi_{rd}^i - \omega_{sl}\psi_{rq}^i \\[3mm] \dfrac{\mathrm{d}\psi_{rq}^i}{\mathrm{d}t} = \dfrac{L_m}{T_r}i_{sq} + \omega_{sl}\psi_{rd}^i - \dfrac{1}{T_r}\psi_{rq}^i \end{cases} \tag{4-95}$$

式（4-95）中：ψ_{rd}^i 和 ψ_{rq}^i 为同步坐标系下电流模型提供的磁链估计。

考虑在矢量控制系统中，转子磁场定向于 d 轴，则有：

$$\begin{cases} \psi_{rd}^i = |\psi_r| \\ \psi_{rq}^i = 0 \end{cases} \tag{4-96}$$

将式（4-96）代入式（4-95），则有：

$$\begin{cases} \psi_{rd}^i = \dfrac{L_m i_{sd}}{1 + sT_r} \\[3mm] \psi_{rq}^i = 0 \end{cases} \tag{4-97}$$

式（4-97）中：s 为拉普拉斯算子。

将式（4-97）变换到静止坐标系（$\alpha\beta$ 坐标系）下，则有：

$$\begin{cases} \psi_{r\alpha}^i = \psi_{rd}^i \cos(\hat{\theta}_r) - \psi_{rq}^i \sin(\hat{\theta}_r) = \psi_{rd}^i \cos(\hat{\theta}_r) \\ \psi_{r\beta}^i = \psi_{rd}^i \sin(\hat{\theta}_r) + \psi_{rq}^i \cos(\hat{\theta}_r) = \psi_{rd}^i \sin(\hat{\theta}_r) \end{cases} \tag{4-98}$$

式（4-98）中：$\hat{\theta}_r$ 为估计的转子磁链角。

进一步，电流模型提供的定子磁链可计算为：

$$\begin{cases} \psi_{s\alpha}^i = \dfrac{L_m}{L_r}\psi_{r\alpha}^i + \dfrac{L_sL_r - L_m^2}{L_r}i_{s\alpha} \\ \psi_{s\beta}^i = \dfrac{L_m}{L_r}\psi_{r\beta}^i + \dfrac{L_sL_r - L_m^2}{L_r}i_{s\beta} \end{cases} \tag{4-99}$$

如此，闭环磁链观测器提供的定子磁链可计算为：

$$\begin{cases} \psi_{s\alpha}^{CL} = \int(u_{s\alpha} - R_si_{s\alpha} + e_{com\alpha})\mathrm{d}t = \psi_{s\alpha}^v + \int e_{com\alpha}\mathrm{d}t \\ \psi_{s\beta}^{CL} = \int(u_{s\beta} - R_si_{s\beta} + e_{com\beta})\mathrm{d}t = \psi_{s\beta}^v + \int e_{com\beta}\mathrm{d}t \end{cases} \tag{4-100}$$

式（4-100）中：$e_{com\alpha}$ 和 $e_{com\beta}$ 为补偿信号，用于消除直流偏置、电机参数变化等扰动的影响，且有：

$$\begin{cases} e_{com\alpha} = \left(k_{po} + \dfrac{k_{io}}{s}\right)(\psi_{s\alpha}^i - \psi_{s\alpha}^{CL}) \\ e_{com\beta} = \left(k_{po} + \dfrac{k_{io}}{s}\right)(\psi_{s\beta}^i - \psi_{s\beta}^{CL}) \end{cases} \tag{4-101}$$

式（4-101）中：k_{po} 和 k_{io} 为闭环磁链观测器的增益。

根据式（4-100），闭环磁链观测器提供的转子磁链可计算为：

$$\begin{cases} \psi_{r\alpha}^{CL} = \dfrac{L_r}{L_m}\psi_{s\alpha}^{CL} - \dfrac{L_sL_r - L_m^2}{L_m}i_{s\alpha} \\ \psi_{r\beta}^{CL} = \dfrac{L_r}{L_m}\psi_{s\beta}^{CL} - \dfrac{L_sL_r - L_m^2}{L_m}i_{s\beta} \end{cases} \tag{4-102}$$

由式（4-102）可得转子磁链角为：

$$\hat{\theta}_r = \arctan\left(\frac{\psi_{r\beta}^{CL}}{\psi_{r\alpha}^{CL}}\right) \tag{4-103}$$

综上可得，闭环磁链观测器如图 4-17 所示。如图所示，闭环磁链观测器由电流模型和电压模型组合而成，并且两个模型之间构成一个模型参考自适应系统。即，当电机运行在低速工况时，由于电流模型提供的转子磁链估计较为准确，因此，将电流模型作为参考模型，电压模型作为可调模型；而当电机运行在中高速工况时，则将电压模型作为参考模型，将电流模型作为可调模型。并且，利用 PI 控制器对两个观测器的磁链估计误差进行补偿，并将补偿信号提供给电压模型，从而保证不同扰动影响下磁链的准确估计。

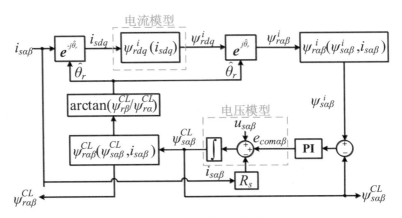

图 4-17 闭环磁链观测器

4.2.3 性能分析

如前所述，闭环磁链观测器能够降低直流偏置、电机参数变化等扰动的不利影响。对此，本节对不同扰动影响下闭环磁链观测器的性能进行探究。

1. 直流偏置对闭环磁链观测器的影响

首先，分析直流偏置对闭环磁链观测器性能的影响。由式（4-100）和式（4-101）可得：

$$\psi_{s\alpha\beta}^{CL} + \int\left(k_{po} + \frac{k_{io}}{s}\right)\psi_{s\alpha\beta}^{CL}\mathrm{d}t = \psi_{s\alpha\beta}^{v} + \int\left(k_{po} + \frac{k_{io}}{s}\right)\psi_{s\alpha\beta}^{i}\mathrm{d}t \qquad （4\text{-}104）$$

对式（4-104）进行拉普拉斯变换，可得：

$$\psi_{s\alpha\beta}^{CL}(s) = \frac{s^2}{s^2 + k_{po}s + k_{io}}\psi_{s\alpha\beta}^{v}(s) + \frac{k_{po}s + k_{io}}{s^2 + k_{po}s + k_{io}}\psi_{s\alpha\beta}^{i}(s) \qquad （4\text{-}105）$$

当考虑直流偏置影响后，电压模型可写为：

$$\psi_{s\alpha\beta d}^{v} = \int(u_{s\alpha\beta} - R_s i_{s\alpha\beta} + V_{dc})\mathrm{d}t \qquad （4\text{-}106）$$

对式（4-106）进行拉普拉斯变换，则有：

$$\psi_{s\alpha\beta d}^{v}(s) = \frac{1}{s}(u_{s\alpha\beta} - R_s i_{s\alpha\beta} + V_{dc}) \qquad （4\text{-}107）$$

将式（4-107）代入式（4-105），则有：

$$\psi_{s\alpha\beta d}^{CL}(s) = \frac{s^2}{s^2 + k_{po}s + k_{io}}\psi_{s\alpha\beta d}^{v}(s) + \frac{k_{po}s + k_{io}}{s^2 + k_{po}s + k_{io}}\psi_{s\alpha\beta}^{i}(s) \qquad （4\text{-}108）$$

式（4-108）中：$\psi_{s\alpha\beta d}^{CL}$ 为考虑直流偏置影响后的定子磁链估计。

从式（4-108）中减去式（4-105），可得：

$$\Delta \psi_{s\alpha\beta d}^{CL}(s) = \frac{s^2}{s^2 + k_{po}s + k_{io}}[\psi_{s\alpha\beta d}^{v}(s) - \psi_{s\alpha\beta}^{v}(s)] = \frac{s}{s^2 + k_{po}s + k_{io}}V_{dc} \qquad (4\text{-}109)$$

对式（4-109）进行拉普拉斯反变换，则有：

$$\Delta \psi_{s\alpha\beta d}^{CL}(t) = V_{dc}\left[\cosh(at)\mathrm{e}^{-bt} - \frac{k_{po}}{2a}\sinh(at)\mathrm{e}^{-bt}\right] \qquad (4\text{-}110)$$

式（4-110）中：a 和 b 均为中间变量，且有：

$$a = \sqrt{\frac{k_{po}^2}{4} - k_{io}} \qquad b = \frac{k_{po}}{2} \qquad (4\text{-}111)$$

联立式（4-110）和式（4-111），则有：

$$\begin{cases} \cosh(at)\mathrm{e}^{-bt} = \dfrac{\mathrm{e}^{-(b-a)t} + \mathrm{e}^{-(b+a)t}}{2} & (b > a) \\[2mm] \sinh(at)\mathrm{e}^{-bt} = \dfrac{\mathrm{e}^{-(b-a)t} - \mathrm{e}^{-(b+a)t}}{2} & (b > a) \end{cases} \qquad (4\text{-}112)$$

由式（4-112）可得：

$$\begin{cases} \lim\limits_{t \to \infty}\cosh(at)\mathrm{e}^{-bt} \to 0 \\[2mm] \lim\limits_{t \to \infty}\sinh(at)\mathrm{e}^{-bt} \to 0 \end{cases} \qquad (4\text{-}113)$$

将式（4-113）代入式（4-110）可得：

$$\lim_{t \to \infty}\Delta \psi_{s\alpha\beta d}^{CL}(t) = \lim_{t \to \infty}V_{dc}\left[\cosh(at)\mathrm{e}^{-bt} - \frac{k_{po}}{2a}\sinh(at)\mathrm{e}^{-bt}\right] \to 0 \qquad (4\text{-}114)$$

由式（4-114）可得：当直流偏置出现在闭环磁链观测器后，磁链估计误差收敛为
0。这意味着，闭环磁链观测器能够有效抑制直流偏置的影响，从而保证磁链估计性能，
如图 4-18 所示。

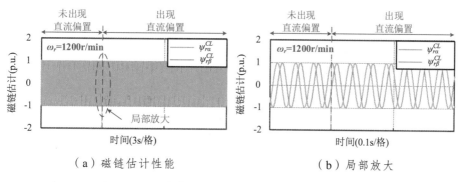

图 4-18 直流偏置影响下闭环磁链观测器的性能

2. 定子电阻变化对闭环磁链观测器的影响

进一步，对闭环磁链观测器在定子电阻变化工况下的性能进行分析。当考虑定子电阻变化的影响后，电压模型可写为：

$$\psi_{s\alpha\beta r}^{v}(s) = \frac{1}{s}(u_{s\alpha\beta} - \hat{R}_s i_{s\alpha\beta}) \tag{4-115}$$

将式（4-115）代入式（4-105），可得定子电阻变化后磁链估计误差为：

$$\Delta\psi_{s\alpha\beta r}^{CL}(s) = \frac{s^2}{s^2 + k_{po}s + k_{io}}[\psi_{s\alpha\beta r}^{v}(s) - \psi_{s\alpha\beta}^{v}(s)]$$

$$= \frac{s}{s^2 + k_{po}s + k_{io}}\Delta R_s i_{s\alpha\beta}(s) \tag{4-116}$$

将式（4-88）代入式（4-116）可得：

$$\begin{cases} \Delta\psi_{s\alpha r}^{CL}(s) = \dfrac{s}{s^2 + k_{po}s + k_{io}}\Delta R_s i_{s\alpha}(s) = \Delta R_s I_m \dfrac{s}{s^2 + k_{po}s + k_{io}} \dfrac{s}{s^2 + \omega_s^2} \\[3mm] \Delta\psi_{s\beta r}^{CL}(s) = \dfrac{s}{s^2 + k_{po}s + k_{io}}\Delta R_s i_{s\beta}(s) = \Delta R_s I_m \dfrac{s}{s^2 + k_{po}s + k_{io}} \dfrac{\omega_s}{s^2 + \omega_s^2} \end{cases} \tag{4-117}$$

式（4-117）中：ΔR_s 为定子电阻偏差。

以 $\Delta\psi_{s\alpha r}^{CL}$ 为例，对闭环磁链观测器在定子电阻变化工况下的性能进行分析。对式（4-117）进行拉普拉斯反变换，则有：

$$\Delta\psi_{s\alpha r}^{CL}(t) = \Delta R_s I_m[G_1(t) + G_2(t) + G_3(t)] \tag{4-118}$$

且有：

$$G_1(t) = \frac{\omega_s^3 \sin(\omega_s t) + k_{po}\omega_s^2 \cos(\omega_s t) - k_{io}\omega_s \sin(\omega_s t)}{[\omega_s^4 + (k_{po}^2 - 2k_{io})\omega_s^2 + k_{io}^2]}$$

$$= \frac{\dfrac{1}{\omega_s}\sin(\omega_s t) + k_{po}\dfrac{\cos(\omega_s t)}{\omega_s^2} - k_{io}\dfrac{\sin(\omega_s t)}{\omega_s^3}}{\left[1 + (k_{po}^2 - 2k_{io})\dfrac{1}{\omega_s^2} + \dfrac{k_{io}^2}{\omega_s^4}\right]} \tag{4-119}$$

$$G_2(t) = \frac{-k_{po}}{[\omega_s^4 + (k_{po}^2 - 2k_{io})\omega_s^2 + k_{io}^2]}\cosh(at)\mathrm{e}^{-bt} \tag{4-120}$$

$$G_3(t) = \frac{k_{po}\omega_s^2\left(b - \dfrac{k_{pi}\omega_s^2 - k_{pi}}{k_{po}\omega_s^2}\right)}{[\omega_s^4 + (k_{po}^2 - 2k_{io})\omega_s^2 + k_{io}^2]a}\sinh(at)\mathrm{e}^{-bt} \tag{4-121}$$

在闭环磁链观测器中，电压模型工作在中高速域，则有：

$$\omega_s \gg \sin(\omega_s t) \qquad \omega_s \gg \cos(\omega_s t) \qquad (4\text{-}122)$$

进一步，可得：

$$\lim_{t \to \infty} \frac{\sin(\omega_s t)}{\omega_s} \to 0 \quad \lim_{t \to \infty} \frac{\cos(\omega_s t)}{\omega_s^2} \to 0 \quad \lim_{t \to \infty} \frac{\sin(\omega_s t)}{\omega_s^3} \to 0 \qquad (4\text{-}123)$$

将式（4-123）代入式（4-119）可得：

$$\lim_{t \to \infty} G_1(t) = \lim_{t \to \infty} \frac{\dfrac{1}{\omega_s}\sin(\omega_s t) + k_{po}\dfrac{\cos(\omega_s t)}{\omega_s^2} - k_{io}\dfrac{\sin(\omega_s t)}{\omega_s^3}}{\left[1 + (k_{po}^2 - 2k_{io})\dfrac{1}{\omega_s^2} + \dfrac{k_{io}^2}{\omega_s^4} \right]} \to 0 \qquad (4\text{-}124)$$

对于 G_2，则有：

$$\frac{-k_{po}}{[\omega_s^4 + (k_{po}^2 - 2k_{io})\omega_s^2 + k_{io}^2]} \leqslant \left| \frac{k_{po}}{[\omega_s^4 + (k_{po}^2 - 2k_{io})\omega_s^2 + k_{io}^2]} \right| \leqslant M \qquad (4\text{-}125)$$

式（4-125）中：M 为有界正实数。

联立式（4-113）和式（4-125）可得：

$$\lim_{t \to \infty} G_2(t) = \lim_{t \to \infty} \frac{-k_{po}}{[\omega_s^4 + (k_{po}^2 - 2k_{io})\omega_s^2 + k_{io}^2]} \cosh(at)\mathrm{e}^{-bt} \to 0 \qquad (4\text{-}126)$$

对于 G_3，则有：

$$\frac{k_{po}\omega_s^2\left(b - \dfrac{k_{pi}\omega_s^2 - k_{pi}}{k_{po}\omega_s^2} \right)}{[\omega_s^4 + (k_{po}^2 - 2k_{io})\omega_s^2 + k_{io}^2]a} \leqslant \left| \frac{k_{po}\omega_s^2\left(b - \dfrac{k_{pi}\omega_s^2 - k_{pi}}{k_{po}\omega_s^2} \right)}{[\omega_s^4 + (k_{po}^2 - 2k_{io})\omega_s^2 + k_{io}^2]a} \right| \leqslant N \qquad (4\text{-}127)$$

式（4-127）中：N 为有界正实数。

同理，可得：

$$\lim_{t \to \infty} G_3(t) = \lim_{t \to \infty} \frac{k_{po}\omega_s^2\left(b - \dfrac{k_{pi}\omega_s^2 - k_{pi}}{k_{po}\omega_s^2} \right)}{[\omega_s^4 + (k_{po}^2 - 2k_{io})\omega_s^2 + k_{io}^2]a} \sinh(at)\mathrm{e}^{-bt} \to 0 \qquad (4\text{-}128)$$

联立式（4-124）、式（4-127）和式（4-128），则有：

$$\lim_{t \to \infty} \Delta\psi_{s\alpha r}^{CL}(t) = \lim_{t \to \infty} \Delta R_s I_m[G_1(t) + G_2(t) + G_3(t)] \to 0 \qquad (4\text{-}129)$$

由式（4-129）可得：闭环磁链观测器运行在定子电阻变化工况时，定子磁链估计误差也会收敛为 0。此外，由定子磁链计算得到转子磁链时，定子电阻并未出现［见式（4-102）]。因此，当定子电阻发生变化时，闭环磁链观测器仍能提供良好的转子磁链估计性能，如图 4-19 所示。

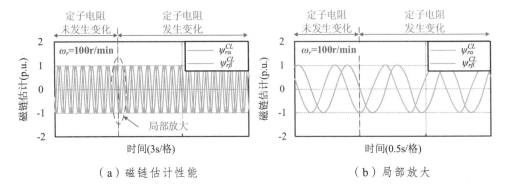

（a）磁链估计性能　　　　　　　　　（b）局部放大

图 4-19　定子电阻变化影响下闭环磁链观测器的性能

3. 励磁电感变化对闭环磁链观测器的影响

最后，分析励磁电感变化对闭环磁链观测器性能的影响。考虑励磁电感变化后，稳态时电流模型可写为：

$$\begin{cases} \psi_{rdl}^i = \hat{L}_m i_{sd} \\ \psi_{rql}^i = 0 \end{cases} \tag{4-130}$$

式（4-130）中：ψ_{rdl}^i、ψ_{rql}^i 和 $\hat{L}_m$ 分别为考虑励磁电感变化后电流模型提供的磁链估计和估计的励磁电感。

将式（4-130）代入式（4-98）可得：

$$\begin{cases} \psi_{r\alpha l}^i = \hat{L}_m i_{sd} \cos(\hat{\theta}_r) = \hat{L}_m i_{sd} \cos(\omega_f t) \\ \psi_{r\beta l}^i = \hat{L}_m i_{sd} \sin(\hat{\theta}_r) = \hat{L}_m i_{sd} \sin(\omega_f t) \end{cases} \tag{4-131}$$

式（4-131）中：ω_f 为转子磁链的频率。

考虑励磁电感变化后，电流模型提供的定子磁链可计算为：

$$\psi_{s\alpha\beta l}^i = \frac{\hat{L}_m}{\hat{L}_m + L_{lr}} \psi_{r\alpha\beta l}^i + \frac{(\hat{L}_m + L_{ls})(\hat{L}_m + L_{lr}) - \hat{L}_m^2}{(\hat{L}_m + L_{lr})} i_{s\alpha\beta} \tag{4-132}$$

式（4-132）中：L_{ls} 和 L_{lr} 分别为定子漏感和转子漏感。

将式（4-132）重写为：

$$\psi_{s\alpha\beta l}^i = \frac{1}{1 + \dfrac{L_{lr}}{\hat{L}_m}} \psi_{r\alpha\beta l}^i + \frac{L_{ls} + L_{lr}}{1 + \dfrac{L_{lr}}{\hat{L}_m}} i_{s\alpha\beta} \tag{4-133}$$

在感应电机中，励磁电感通常远大于转子漏感，即有：

$$\frac{L_{lr}}{\hat{L}_m} \approx 0 \qquad (4\text{-}134)$$

将式（4-134）代入式（4-133），则有：

$$\psi_{s\alpha\beta l}^{i} \approx \psi_{r\alpha\beta l}^{i} + (L_{ls} + L_{lr})i_{s\alpha\beta} \qquad (4\text{-}135)$$

由式（4-135）可得：

$$\begin{cases} \Delta\psi_{s\alpha l}^{i} = \psi_{s\alpha l}^{i} - \psi_{s\alpha}^{i} \approx \psi_{r\alpha l}^{i} - \psi_{r\alpha}^{i} = \Delta L_m i_{sd}\cos(\omega_f t) \\ \Delta\psi_{s\beta l}^{i} = \psi_{s\beta l}^{i} - \psi_{s\beta}^{i} \approx \psi_{r\beta l}^{i} - \psi_{r\beta}^{i} = \Delta L_m i_{sd}\sin(\omega_f t) \end{cases} \qquad (4\text{-}136)$$

式（4-136）中：ΔL_m 为励磁电感偏差，且有：

$$\Delta L_m = \hat{L}_m - L_m \qquad (4\text{-}137)$$

将式（4-136）进行拉普拉斯变换，则有：

$$\begin{cases} \Delta\psi_{s\alpha l}^{i}(s) = \Delta L_m i_{sd}\dfrac{s}{s^2 + \omega_f^2} \\ \Delta\psi_{s\beta l}^{i}(s) = \Delta L_m i_{sd}\dfrac{\omega_f}{s^2 + \omega_f^2} \end{cases} \qquad (4\text{-}138)$$

将式（4-138）代入式（4-105）可得，在励磁电感变化工况下，闭环磁链观测器的磁链估计误差为：

$$\begin{cases} \Delta\psi_{s\alpha l}^{CL}(s) = \Delta L_m i_{sd}\dfrac{k_{po}s + k_{io}}{s^2 + k_{po}s + k_{io}}\dfrac{s}{s^2 + \omega_f^2} \\ \Delta\psi_{s\beta l}^{CL}(s) = \Delta L_m i_{sd}\dfrac{k_{po}s + k_{io}}{s^2 + k_{po}s + k_{io}}\dfrac{\omega_f}{s^2 + \omega_f^2} \end{cases} \qquad (4\text{-}139)$$

同样，以 $\Delta\psi_{s\alpha l}^{CL}$ 为例，对磁链估计误差进行分析。对式（4-139）进行拉普拉斯反变换，则有：

$$\Delta\psi_{s\alpha l}^{CL}(t) = \Delta L_m i_{sd}[X_1(t) + X_2(t) + X_3(t)] \qquad (4\text{-}140)$$

且有：

$$X_1(t) = \frac{k_{io}\cos(\omega_f t) - \omega_f^2 k_{io}\cos(\omega_f t) + \omega_f^2 k_{po}^2\cos(\omega_f t) + \omega_f^3 k_{po}\sin(\omega_f t)}{[\omega_f^4 + (k_{po}^2 - 2k_{io})\omega_f^2 + k_{io}^2]} \qquad (4\text{-}141)$$

$$X_2(t) = \frac{(-k_{io}\omega_f^2 + k_{po}^2\omega_f^2 + k_{io}^2)}{[\omega_f^4 + (k_{po}^2 - 2k_{io})\omega_f^2 + k_{io}^2]}\cosh(at)\mathrm{e}^{-bt} \qquad (4\text{-}142)$$

$$X_3(t) = \frac{b(-k_{io}\omega_f^2 + k_{po}^2\omega_f^2 + k_{io}^2) - k_{po}k_{io}\omega_f^2}{[\omega_f^4 + (k_{po}^2 - 2k_{io})\omega_f^2 + k_{io}^2]a}\sinh(at)\mathrm{e}^{-bt} \qquad (4\text{-}143)$$

对式（4-141）进行处理，可得：

$$X_1(t) = \frac{\dfrac{\cos(\omega_f t)}{k_{io}} - \dfrac{\omega_f^2}{k_{io}}\cos(\omega_f t) + \dfrac{\omega_f^2}{k_{io}^2}k_{po}^2\cos(\omega_f t) + \dfrac{\omega_f^3}{k_{io}^2}k_{po}\sin(\omega_f t)}{\left[\dfrac{\omega_f^4}{k_{io}^2} + (k_{po}^2 - 2k_{io})\dfrac{\omega_f^2}{k_{io}^2} + 1\right]} \quad (4\text{-}144)$$

注意到电流模型工作在低速域，当观测器增益 k_{io} 足够大时，则有：

$$\begin{cases} \dfrac{\cos(\omega_f t)}{k_{io}} \to 0 & \dfrac{\omega_f}{k_{io}} \to 0 \\[3mm] \dfrac{\omega_f^2}{k_{io}} \to 0 & \dfrac{\omega_f^3}{k_{io}} \to 0 \end{cases} \quad (4\text{-}145)$$

将式（4-145）代入式（4-144），可得：

$$\lim_{t \to \infty} X_1(t) = \lim_{t \to \infty} \frac{\dfrac{\cos(\omega_f t)}{k_{io}} - \dfrac{\omega_f^2}{k_{io}}\cos(\omega_f t) + \dfrac{\omega_f^2}{k_{io}^2}k_{po}^2\cos(\omega_f t) + \dfrac{\omega_f^3}{k_{io}^2}k_{po}\sin(\omega_f t)}{\left[\dfrac{\omega_f^4}{k_{io}^2} + (k_{po}^2 - 2k_{io})\dfrac{\omega_f^2}{k_{io}^2} + 1\right]} \to 0$$

$$(4\text{-}146)$$

对于 X_2 和 X_3，可得：

$$\frac{(-k_{io}\omega_f^2 + k_{po}^2\omega_f^2 + k_{io}^2)}{[\omega_f^4 + (k_{po}^2 - 2k_{io})\omega_f^2 + k_{io}^2]} \leqslant \left| \frac{(-k_{io}\omega_f^2 + k_{po}^2\omega_f^2 + k_{io}^2)}{[\omega_f^4 + (k_{po}^2 - 2k_{io})\omega_f^2 + k_{io}^2]} \right| \leqslant P \quad (4\text{-}147)$$

$$\frac{b(-k_{io}\omega_f^2 + k_{po}^2\omega_f^2 + k_{io}^2) - k_{po}k_{io}\omega_f^2}{[\omega_f^4 + (k_{po}^2 - 2k_{io})\omega_f^2 + k_{io}^2]a} \leqslant \left| \frac{b(-k_{io}\omega_f^2 + k_{po}^2\omega_f^2 + k_{io}^2) - k_{po}k_{io}\omega_f^2}{[\omega_f^4 + (k_{po}^2 - 2k_{io})\omega_f^2 + k_{io}^2]a} \right| \leqslant Q$$

$$(4\text{-}148)$$

式（4-147）和式（4-148）中：P 和 Q 均为有界正实数。

联立式（4-113）、式（4-147）和式（4-148）则有：

$$\lim_{t \to \infty} X_2(t) = \lim_{t \to \infty} \frac{(-k_{io}\omega_f^2 + k_{po}^2\omega_f^2 + k_{io}^2)}{[\omega_f^4 + (k_{po}^2 - 2k_{io})\omega_f^2 + k_{io}^2]} \cosh(at)\mathrm{e}^{-bt} \to 0 \quad (4\text{-}149)$$

$$\lim_{t \to \infty} X_3(t) = \lim_{t \to \infty} \frac{b(-k_{io}\omega_f^2 + k_{po}^2\omega_f^2 + k_{io}^2) - k_{po}k_{io}\omega_f^2}{[\omega_f^4 + (k_{po}^2 - 2k_{io})\omega_f^2 + k_{io}^2]a} \sinh(at)\mathrm{e}^{-bt} \to 0 \quad (4\text{-}150)$$

由式（4-146）、式（4-149）和式（4-150）可得：

$$\lim_{t \to \infty} \Delta\psi_{s\alpha l}^{CL}(t) = \lim_{t \to \infty} \Delta L_m i_{sd}[X_1(t) + X_2(t) + X_3(t)] \to 0 \quad (4\text{-}151)$$

由式（4-151）可以看出，当励磁电感发生变化后，闭环磁链观测器的定子磁链估计误差会收敛于 0。进一步，由式（4-135）可知，当定子磁链估计准确时，转子磁链估计也能准确估计，即当励磁电感发生变化后，闭环磁链观测器提供的定子磁链和转子磁链估计性能均能得到保证（见图 4-20）。

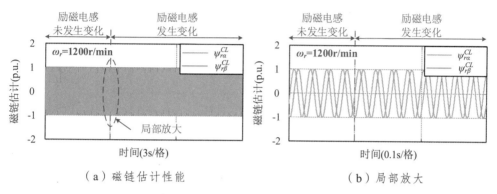

（a）磁链估计性能　　　　　　　（b）局部放大

图 4-20　励磁电感变化影响下闭环磁链观测器的性能

4.2.4　速度估计实现

为实现速度估计，本节采用闭环磁链观测器和锁相环相结合的方法。如图 4-21 所示，估计方案由三部分组成，即由闭环磁链观测器、幅值归一化和锁相环组成。首先，利用闭环磁链观测器进行转子磁链和转子磁链角估计；进一步，为降低幅值变化对估计性能的影响，对转子磁链进行幅值归一化处理；最后，以转子磁链估计作为输入信号，利用锁相环实现速度估计。

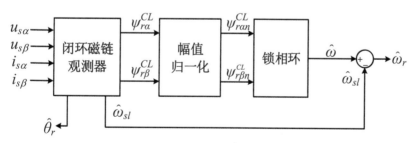

图 4-21　基于闭环磁链观测器的估计方案

考虑到电机运行在暂态过程中，磁链幅值会出现波动，从而影响估计性能。对此，引入幅值归一化消除幅值变化的影响，即有：

$$\begin{cases} \psi_{r\alpha n}^{CL} = \dfrac{\psi_{r\alpha}^{CL}}{\sqrt{(\psi_{r\alpha}^{CL})^2 + (\psi_{r\beta}^{CL})^2}} \\[4mm] \psi_{r\beta n}^{CL} = \dfrac{\psi_{r\beta}^{CL}}{\sqrt{(\psi_{r\alpha}^{CL})^2 + (\psi_{r\beta}^{CL})^2}} \end{cases} \tag{4-152}$$

如图 4-22 所示，锁相环由相位检测（Phase Detector，PD）、环路滤波器（Loop Filter，LF）和压控振荡器（Voltage-Controlled Oscillator，VCO）组成。其中，k_p 和 k_i 为环路滤波器的增益。

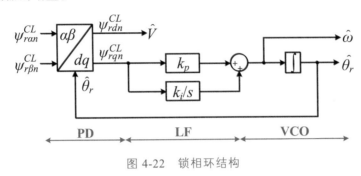

图 4-22　锁相环结构

最终，速度估计可计算为：

$$\hat{\omega}_r = \hat{\omega} - \hat{\omega}_{sl} \tag{4-153}$$

式（4-153）中：$\hat{\omega}_{sl}$ 为转差频率（由闭环磁链观测器提供），且有：

$$\hat{\omega}_{sl} = \frac{R_r(\psi_{s\alpha}^{CL} i_{s\beta} - \psi_{s\beta}^{CL} i_{s\alpha})}{\left|\psi_r^{CL}\right|^2} \tag{4-154}$$

式（4-154）中：$\left|\psi_r^{CL}\right|$ 为转子磁链估计的幅值，且有：

$$\left|\psi_r^{CL}\right| = \sqrt{(\psi_{r\alpha}^{CL})^2 + (\psi_{r\beta}^{CL})^2} \tag{4-155}$$

4.2.5　实验测试

为验证所提算法的可行性，对其进行实验测试。实验测试所采用的感应电机驱动系统参数见表 4-1。

首先，对所提方法在直流偏置工况下进行实验测试，测试结果如图 4-23 所示。在此测试中，速度指令和负载分别设置为 150 r/min 和 5 N·m，直流偏置开始设置为 0 V，随后增加至 0.6 V，最后减小至 0.3 V。由测试结果可知，当直流偏置出现在控制系统中时，所提方法仍能提供优良的估计性能，估计速度未出现明显偏差。这是由于闭环磁链观测器提供磁链估计未受到直流偏置的不利影响，从而保证了估计性能。

进一步，对所提方法运行在定子电阻变化工况时进行实验测试，测试结果如图 4-24 所示。在图 4-24 中，速度指令和负载分别设置为 150 r/min 和 5 N·m，定子电阻由 3.67 Ω 变化至 5.505 Ω，最后变化至 3.303 Ω。从测试结果可以看出，当定子电阻发生变化时，在闭环磁链观测器的协助下，系统未出现控制失稳，并且估计误差限制在较小的范围内［见图 4-24（a）和图 4-24（b）］。此外，在此工况下，闭环磁链观测器提供的磁链估计性能优良，未出现明显畸变［见图 4-24（c）和图 4-24（d）］。

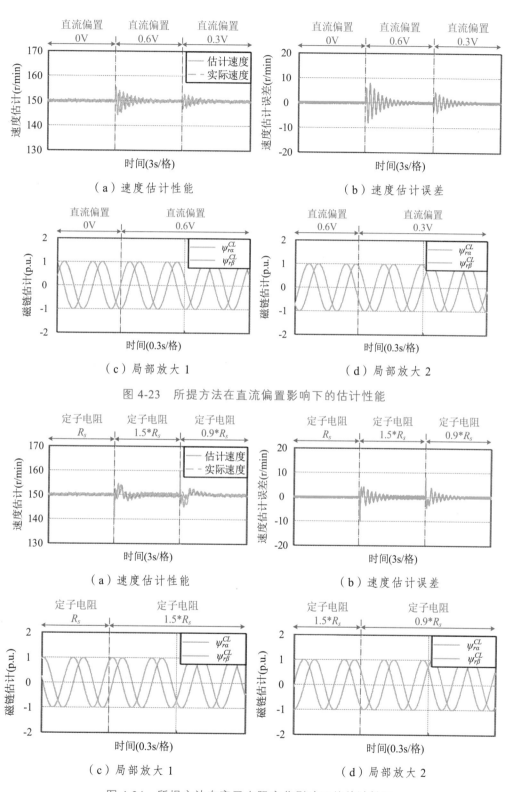

（a）速度估计性能

（b）速度估计误差

（c）局部放大 1

（d）局部放大 2

图 4-23　所提方法在直流偏置影响下的估计性能

（a）速度估计性能

（b）速度估计误差

（c）局部放大 1

（d）局部放大 2

图 4-24　所提方法在定子电阻变化影响下的估计性能

最后，对基于闭环磁链观测器的估计方案在励磁电感变化工况下进行实验测试，测试结果如图 4-25 所示。在图 4-25 中，速度指令和负载分别设置为 1 200 r/min 和 5 N·m，励磁电感由 235 mH 变化至 352.5 mH，最后变化至 211.5 mH。由测试结果可知，由于闭环磁链观测器对励磁电感变化具有良好的鲁棒性，因此在励磁电感变化工况下，所提方法仍能提供优良的估计性能。虽然在暂态过程中，速度估计略有偏差，但在可接受范围内。此外，闭环磁链观测器运行良好，所提供的磁链估计正弦度较高。

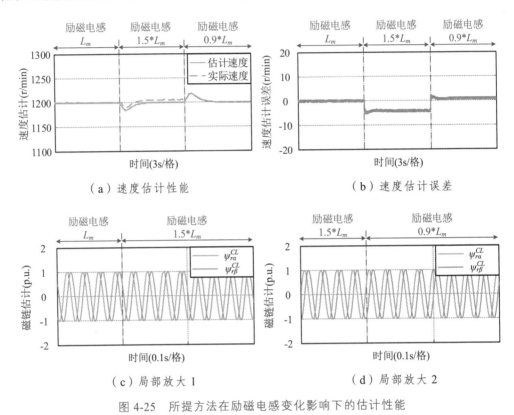

图 4-25　所提方法在励磁电感变化影响下的估计性能

4.3　基于二阶自适应扰动观测器的无传感器控制技术

在永磁同步电机无位置传感器控制系统中，反电动势的准确估计至关重要。在众多反电动势观测器中，滑模观测器以其结构简单、收敛速度快等优点而备受关注。然而，滑模观测器由于符号函数的使用易受到系统抖振的影响，导致估计性能下降[21-22]。基于此，本节提出一种基于二阶自适应扰动观测器（Second-Order Adaptive Disturbance Observer，SOADO）的无位置传感器控制方法。在此方法中，在永磁同步电机有效磁链模型的基础上，构建一种二阶自适应扰动观测器用于反电动势估计，并对其性能进行详细分析。此外，考虑传统基于锁相环的估计方案在升降速工况时会出现明显估计误差，采用一种基于改进型锁相环的估计方案实现速度和位置的准确估计。

4.3.1　永磁同步电机有效磁链模型

根据式（2-58）和式（2-59），可得同步坐标系（dq 坐标系）下永磁同步电机的电压方程为：

$$\begin{bmatrix} u_d \\ u_q \end{bmatrix} = \underbrace{\begin{bmatrix} R_s + pL_d & -\omega_r L_q \\ \omega_r L_d & R_s + pL_q \end{bmatrix}}_{A} \begin{bmatrix} i_d \\ i_q \end{bmatrix} + \omega_r \begin{bmatrix} 0 \\ \psi_f \end{bmatrix} + \begin{bmatrix} pL_q - pL_q & 0 \\ \omega_r L_q - \omega_r L_q & 0 \end{bmatrix} \begin{bmatrix} i_d \\ i_q \end{bmatrix} \quad （4\text{-}156）$$

式（4-156）中：p 为微分算子。

由于内置式永磁同步电机转子磁路不对称（即，$L_d \neq L_q$），导致式（4-156）中的系统矩阵 A 不对称。对此，定义有效磁链为[21-22]：

$$\psi_a = \psi_f + (L_d - L_q)i_d \quad （4\text{-}157）$$

式（4-157）中：ψ_a 为有效磁链。

依据有效磁链概念，式（4-156）可重写为：

$$\begin{bmatrix} u_d \\ u_q \end{bmatrix} = \underbrace{\begin{bmatrix} R_s + pL_q & -\omega_r L_q \\ \omega_r L_q & R_s + pL_q \end{bmatrix}}_{B} \begin{bmatrix} i_d \\ i_q \end{bmatrix} + \omega_r \begin{bmatrix} 0 \\ \psi_f + (L_d - L_q)i_d \end{bmatrix} + p \begin{bmatrix} \psi_f + (L_d - L_q)i_d \\ 0 \end{bmatrix}$$

$$（4\text{-}158）$$

由式（4-158）可知，系统矩阵 B 为对称矩阵。进一步，对有效磁链进行 Park 变换可得：

$$\begin{cases} \psi_{ad} = \psi_f + (L_d - L_q)i_d \\ \psi_{aq} = 0 = \psi_q - L_q i_q \end{cases} \quad （4\text{-}159）$$

式（4-159）中：ψ_{ad} 和 ψ_{aq} 分别为有效磁链的 d 轴分量和 q 轴分量。

将式（4-159）代入式（4-158）可得：

$$\begin{bmatrix} u_d \\ u_q \end{bmatrix} = \begin{bmatrix} R_s + pL_q & -\omega_r L_q \\ \omega_r L_q & R_s + pL_q \end{bmatrix} \begin{bmatrix} i_d \\ i_q \end{bmatrix} + \begin{bmatrix} p & -\omega_r \\ \omega_r & p \end{bmatrix} \begin{bmatrix} \psi_{ad} \\ \psi_{aq} \end{bmatrix} \quad （4\text{-}160）$$

对比式（4-156）与式（4-158）可得，采用有效磁链概念后，电压方程中的阻抗压降项由不对称矩阵（即矩阵 A）变为对称矩阵（即矩阵 B），从而实现有效解耦。对（4-158）进行 Park 反变换可得：

$$\begin{bmatrix} u_\alpha \\ u_\beta \end{bmatrix} = \begin{bmatrix} R_s + pL_q & 0 \\ 0 & R_s + pL_q \end{bmatrix} \begin{bmatrix} i_\alpha \\ i_\beta \end{bmatrix} + p \begin{bmatrix} \psi_{a\alpha} \\ \psi_{a\beta} \end{bmatrix} \quad （4\text{-}161）$$

式（4-161）中：$\psi_{a\alpha}$ 和 $\psi_{a\beta}$ 分别为有效磁链的 α 轴分量和 β 轴分量，且有：

$$\begin{bmatrix} \psi_{a\alpha} \\ \psi_{a\beta} \end{bmatrix} = \begin{bmatrix} \psi_{s\alpha} - L_q i_\alpha \\ \psi_{s\beta} - L_q i_\beta \end{bmatrix} = [\psi_f + (L_d - L_q)i_d] \begin{bmatrix} \cos(\theta_r) \\ \sin(\theta_r) \end{bmatrix} \qquad (4\text{-}162)$$

进一步，将式（4-162）重写为：

$$\begin{cases} L_q \dfrac{\mathrm{d}i_\alpha}{\mathrm{d}t} = u_\alpha - R_s i_\alpha - p\psi_{a\alpha} = u_\alpha - R_s i_\alpha - E_{a\alpha} \\[2mm] L_q \dfrac{\mathrm{d}i_\beta}{\mathrm{d}t} = u_\beta - R_s i_\beta - p\psi_{a\beta} = u_\beta - R_s i_\beta - E_{a\beta} \end{cases} \qquad (4\text{-}163)$$

式（4-163）中：$E_{a\alpha}$ 和 $E_{a\beta}$ 为有效反电动势的 α 轴分量和 β 轴分量。

图 4-26 为永磁同步电机有效磁链与定子磁链示意图。如图所示，有效磁链的方向与永磁体方向一致，位于两相旋转坐标系的 d 轴。

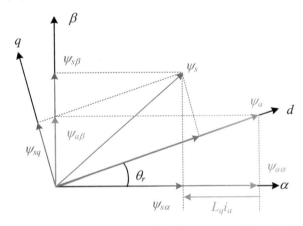

图 4-26　永磁同步电机的有效磁链与定子磁链示意图

4.3.2　二阶自适应扰动观测器

定义一个非线性系统为：

$$\frac{\mathrm{d}x}{\mathrm{d}t} = v + f(x) - d \qquad (4\text{-}164)$$

式（4-164）中：x、v 和 d 分别为系统状态变量、系统控制变量和系统扰动。

由式（4-164）可得，系统扰动可计算为：

$$d = v + f(x) - \frac{\mathrm{d}x}{\mathrm{d}t} \qquad (4\text{-}165)$$

定义辅助变量 z 为：

$$z = \hat{d} + Lx \qquad (4\text{-}166)$$

式（4-166）中：$\hat{d}$ 为系统扰动估计，且有[23-24]：

$$\frac{\mathrm{d}z}{\mathrm{d}t} = -Lz + L[v + f(x) + Lx] - kd_2 \qquad (4\text{-}167)$$

式（4-167）中：L、k 和 d_2 分别为观测器增益和扰动有界积分，且有：

$$d_2 = \int \hat{d}\mathrm{d}t \qquad (4\text{-}168)$$

联立式（4-165）和式（4-167）则有：

$$\frac{\mathrm{d}z}{\mathrm{d}t} = -L(\hat{d} + Lx) + L\left(d + \frac{\mathrm{d}x}{\mathrm{d}t} + Lx\right) - kd_2 = -Le_d + L\frac{\mathrm{d}x}{\mathrm{d}t} - kd_2 \qquad (4\text{-}169)$$

式（4-169）中：e_d 为扰动估计误差，且有：

$$e_d = \hat{d} - d \qquad (4\text{-}170)$$

由式（4-169）可得，扰动估计可计算为：

$$\frac{\mathrm{d}\hat{d}}{\mathrm{d}t} = \frac{\mathrm{d}z}{\mathrm{d}t} - L\frac{\mathrm{d}x}{\mathrm{d}t} = -Le_d + L\frac{\mathrm{d}x}{\mathrm{d}t} - kd_2 - L\frac{\mathrm{d}x}{\mathrm{d}t} = -Le_d - kd_2 \qquad (4\text{-}171)$$

对式（4-171）进行拉普拉斯变换，可得：

$$G_{ado}(s) = \frac{\hat{d}(s)}{d(s)} = \frac{Ls}{s^2 + Ls + k} \qquad (4\text{-}172)$$

由式（4-172）可得：$G_{ado}(s)$ 可视为一个二阶带通滤波器。进一步可知，当观测器增益 L 和 k 为正实数时，即可保证系统稳定。

根据上述分析，二阶自适应扰动观测器可表示为：

$$\begin{cases} \dfrac{\mathrm{d}\hat{z}_\alpha}{\mathrm{d}t} = -\eta\hat{z}_\alpha + \eta(u_\alpha - R_s i_\alpha + \rho_\alpha) - \gamma\hat{\psi}_{a\alpha} \\ \dfrac{\mathrm{d}\hat{z}_\beta}{\mathrm{d}t} = -\eta\hat{z}_\beta + \eta(u_\beta - R_s i_\beta + \rho_\beta) - \gamma\hat{\psi}_{a\beta} \end{cases} \qquad (4\text{-}173)$$

式（4-173）中：$\hat{z}_\alpha$、$\hat{z}_\beta$、ρ_α、ρ_β、η 和 γ 分别为系统扰动估计的 α 轴分量和 β 轴分量、中间变量的 α 轴分量和 β 轴分量以及观测器增益，且有：

$$\begin{cases} \hat{z}_\alpha = \hat{E}_{a\alpha} + \rho_\alpha \\ \hat{z}_\beta = \hat{E}_{a\beta} + \rho_\beta \end{cases} \qquad (4\text{-}174)$$

$$\begin{cases} \rho_\alpha = \eta L_q i_\alpha \\ \rho_\beta = \eta L_q i_\beta \end{cases} \qquad (4\text{-}175)$$

$$\eta = 2\zeta\omega_r \qquad (4\text{-}176)$$

式（4-176）中：ζ 为阻尼因子。

从式（4-173）中减去式（4-163），可得：

$$\begin{cases} \dfrac{\mathrm{d}\hat{E}_{a\alpha}}{\mathrm{d}t} = \dfrac{\mathrm{d}\hat{z}_\alpha}{\mathrm{d}t} - \dfrac{\mathrm{d}\rho_\alpha}{\mathrm{d}t} = -\eta e_{Ea\alpha} - \gamma\hat{\psi}_{a\alpha} \\[3mm] \dfrac{\mathrm{d}\hat{E}_{a\beta}}{\mathrm{d}t} = \dfrac{\mathrm{d}\hat{z}_\beta}{\mathrm{d}t} - \dfrac{\mathrm{d}\rho_\beta}{\mathrm{d}t} = -\eta e_{Ea\beta} - \gamma\hat{\psi}_{a\beta} \end{cases} \qquad (4\text{-}177)$$

式（4-177）中：$e_{Ea\alpha}$ 和 $e_{Ea\beta}$ 为反电动势估计误差分量，且有：

$$\begin{cases} e_{Ea\alpha} = \hat{E}_{a\alpha} - E_{a\alpha} \\ e_{Ea\beta} = \hat{E}_{a\beta} - E_{a\beta} \end{cases} \qquad (4\text{-}178)$$

对式（4-177）进行拉普拉斯变换，可得二阶自适应扰动观测器的传递函数为：

$$G_{SOADO}(s) = \frac{\hat{E}_{a\alpha}}{E_{a\alpha}} = \frac{\eta s}{s^2 + \eta s + k} \qquad (4\text{-}179)$$

不妨令：

$$\gamma = \omega_r^2 \qquad (4\text{-}180)$$

将式（4-176）和式（4-180）代入式（4-179），则有：

$$G_{SOADO}(s) = \frac{2\zeta\omega_r s}{s^2 + 2\zeta\omega_r s + \omega_r^2} \qquad (4\text{-}181)$$

进一步，可得：

$$G_{SOADO}(\mathrm{j}\omega) = \frac{\mathrm{j}2\zeta\omega_r\omega}{(\omega_r^2 - \omega^2) + \mathrm{j}2\zeta\omega_r\omega} \qquad (4\text{-}182)$$

当 $\omega = \omega_r$ 时，则有：

$$\left| G_{SOADO}(\mathrm{j}\omega_r) \right| = \left| \frac{\mathrm{j}2\zeta\omega_r^2}{(\omega_r^2 - \omega_r^2) + \mathrm{j}2\zeta\omega_r^2} \right| = 1 \qquad (4\text{-}183)$$

$$\angle G_{SOADO}(\mathrm{j}\omega_r) = \frac{\pi}{2} - \frac{\pi}{2} = 0 \qquad (4\text{-}184)$$

由式（4-183）和式（4-184）可得，二阶自适应扰动观测器不会造成幅值衰减和相位延迟。

综上，可得永磁同步电机的二阶自适应扰动观测器，如图4-27所示。与传统的滑模观测器相比，二阶自适应扰动观测器取消了符号函数，因此避免了系统抖振对反电动势和有效磁链估计的不利影响。此外，二阶自适应扰动观测器不会带来幅值衰减和相位延迟等问题，无须进行幅值校正和相位补偿。

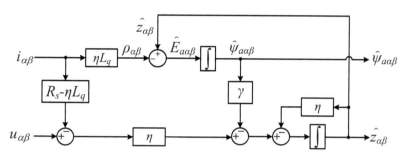

图 4-27　二阶自适应扰动观测器

进一步,利用李雅普诺夫稳定性理论对二阶自适应扰动观测器的稳定性进行证明。定义李雅普诺夫稳定性函数为:

$$V = \frac{1}{2}(e_{Ea\alpha}^2 + e_{Ea\beta}^2) \qquad (4\text{-}185)$$

显然,$V \geq 0$ 成立。对式（4-185）求导可得:

$$\begin{aligned}\frac{\mathrm{d}V}{\mathrm{d}t} &= e_{Ea\alpha}\frac{\mathrm{d}e_{Ea\alpha}}{\mathrm{d}t} + e_{Ea\beta}\frac{\mathrm{d}e_{Ea\beta}}{\mathrm{d}t} \\ &= e_{Ea\alpha}\left(\frac{\mathrm{d}\hat{E}_{a\alpha}}{\mathrm{d}t} - \frac{\mathrm{d}E_{a\alpha}}{\mathrm{d}t}\right) + e_{Ea\beta}\left(\frac{\mathrm{d}\hat{E}_{a\beta}}{\mathrm{d}t} - \frac{\mathrm{d}E_{a\beta}}{\mathrm{d}t}\right)\end{aligned} \qquad (4\text{-}186)$$

进一步,假定有效磁链参考值为纯正弦信号,则有:

$$\begin{cases} E_{a\alpha} = V_E\cos(\theta_r) \\ E_{a\beta} = V_E\sin(\theta_r) \end{cases} \qquad (4\text{-}187)$$

式（4-187）中:V_E 为有效磁链的幅值。

进一步,则有:

$$\begin{cases} \dfrac{\mathrm{d}E_{a\alpha}}{\mathrm{d}t} = -\omega_r V_E\sin(\theta_r) = -\omega_r E_{a\beta} \\ \dfrac{\mathrm{d}E_{a\beta}}{\mathrm{d}t} = \omega_r V_E\cos(\theta_r) = \omega_r E_{a\alpha} \end{cases} \qquad (4\text{-}188)$$

将式（4-177）和式（4-188）分别代入式（4-186）,可得:

$$\frac{\mathrm{d}V}{\mathrm{d}t} = V_1 + V_2 \qquad (4\text{-}189)$$

式（4-189）中:V_1 和 V_2 均为中间变量,且有:

$$\begin{cases} V_1 = -\eta(e_{Ea\alpha}^2 + e_{Ea\beta}^2) \\ V_2 = \omega_r(e_{Ea\alpha}E_{a\beta} - e_{Ea\beta}E_{a\alpha}) - \gamma(\hat{\psi}_\alpha + \hat{\psi}_\beta) \end{cases} \qquad (4\text{-}190)$$

由式（4-190）易知:$V_1 \leq 0$。

对于 V_2 项，则有：

$$V_2 \leqslant \left| \omega_r (e_{Ea\alpha} E_{a\beta} - e_{Ea\beta} E_{a\alpha}) - \gamma(\hat{\psi}_\alpha + \hat{\psi}_\beta) \right| \leqslant \Gamma \qquad (4\text{-}191)$$

式（4-191）中：Γ 为有界正实数。

当二阶自适应扰动观测器的增益 η 足够大时，则有：

$$\eta \gg \Gamma \qquad (4\text{-}192)$$

将式（4-192）代入式（4-189），则有：

$$\frac{\mathrm{d}V}{\mathrm{d}t} = V_1 + V_2 \leqslant 0 \qquad (4\text{-}193)$$

如此，二阶自适应扰动观测器的稳定性得证。

为验证二阶自适应扰动观测器的性能，对其进行测试，并与滑模观测器进行对比，测试结果如图 4-28 所示。在此测试中，速度指令设置为 1 432.5 r/min，负载设置为 1 000 N·m。由测试结果可知，在系统抖振的影响下，滑模观测器提供的反电动势估计出现明显的脉动［见图 4-28（a）］；相较之下，二阶自适应扰动观测器取消了符号函数，有效降低了系统抖振的影响，从而实现反电动势的准确估计［见图 4-28（b）］。

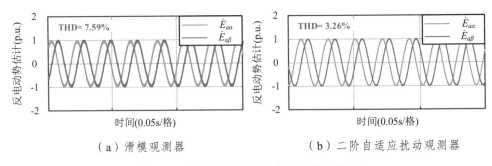

（a）滑模观测器　　　　　　　　　　（b）二阶自适应扰动观测器

图 4-28　不同观测器的反电动势估计性能

4.3.3　性能分析

在直流偏置、电机参数变化等扰动的影响下，二阶自适应扰动观测器性能可能会受到不利影响。基于此，本节对不同扰动影响下二阶自适应扰动观测器的估计性能进行详细分析。

1. 直流偏置对二阶自适应扰动观测器的影响

对反电动势进行幅值归一化处理后，则有：

$$\begin{cases} E_{a\alpha} = \cos(\theta_r) \\ E_{a\beta} = \sin(\theta_r) \end{cases} \qquad (4\text{-}194)$$

考虑直流偏置影响后，反电动势可写为：

$$\begin{cases} E_{a\alpha d} = \cos(\theta_r) + V_{dc} \\ E_{a\beta d} = \sin(\theta_r) + V_{dc} \end{cases} \qquad (4\text{-}195)$$

式（4-195）中：$E_{a\alpha d}$ 和 $E_{a\beta d}$ 为考虑直流偏置影响后的反电动势。

联立式（4-179）和式（4-195），考虑直流偏置影响后的反电动势估计可计算为：

$$\begin{cases} \hat{E}_{a\alpha d} = [\cos(\theta_r) + V_{dc}] \dfrac{2\zeta\omega_r s}{s^2 + 2\zeta\omega_r s + \omega_r^2} \\ \hat{E}_{a\beta d} = [\sin(\theta_r) + V_{dc}] \dfrac{2\zeta\omega_r s}{s^2 + 2\zeta\omega_r s + \omega_r^2} \end{cases} \qquad (4\text{-}196)$$

进一步可得，直流偏置影响下反电动势估计误差为：

$$\begin{cases} e_{Ea\alpha d}(s) = \dfrac{2\zeta\omega_r s}{s^2 + 2\zeta\omega_r s + \omega_r^2} V_{dc} \\ e_{Ea\beta d}(s) = \dfrac{2\zeta\omega_r s}{s^2 + 2\zeta\omega_r s + \omega_r^2} V_{dc} \end{cases} \qquad (4\text{-}197)$$

以 $e_{Ea\alpha d}$ 为例对其进行分析。将式（4-197）进行拉普拉斯反变换，则有：

$$e_{Ea\alpha d}(t) = V_{dc} \left[c e^{-\frac{c}{2}t} \cosh(dt) - \frac{c}{2d} e^{-\frac{c}{2}t} \sinh(dt) \right] \qquad (4\text{-}198)$$

式（4-198）中：c 和 d 均为中间变量，且有：

$$\begin{cases} c = 2\zeta\omega_r \\ d = \sqrt{(\zeta\omega_r)^2 - \omega_r^2} \end{cases} \qquad (4\text{-}199)$$

由式（4-199）易知：

$$\begin{cases} \lim\limits_{t\to\infty} e^{-\frac{c}{2}t} \cosh(dt) \to 0 \\ \lim\limits_{t\to\infty} e^{-\frac{c}{2}t} \sinh(dt) \to 0 \end{cases} \qquad (4\text{-}200)$$

将式（4-200）代入式（4-198），可得：

$$\lim_{t\to\infty} e_{Ea\alpha d}(t) = \lim_{t\to\infty} V_{dc} \left[c e^{-\frac{c}{2}t} \cosh(dt) - \frac{c}{2d} e^{-\frac{c}{2}t} \sinh(dt) \right] \to 0 \qquad (4\text{-}201)$$

由式（4-201）可知，在直流偏置影响下，二阶自适应扰动观测器的反电动势估计误差趋近于 0。这意味着，二阶自适应扰动观测器能够降低直流偏置的不利影响，有效保证了反电动势的估计性能（见图 4-29）。

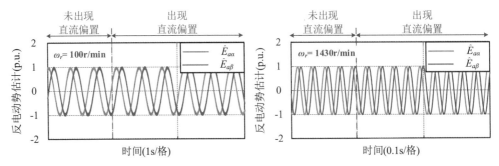

（a）低速工况下反电动势估计性能　　　　　（b）高速工况下反电动势估计性能

图 4-29　直流偏置影响下二阶自适应扰动观测器的性能

2. 谐波对二阶自适应扰动观测器的影响

进一步，对谐波干扰下二阶自适应扰动观测器的估计性能进行分析。当考虑谐波影响后，反电动势可写为：

$$\begin{cases} E_{a\alpha h} = \cos(\theta_r) + \sum_{h=2}^{\infty} V_{Eh}\cos(\omega_{rh}t) \\ E_{a\beta h} = \sin(\theta_r) + \sum_{h=2}^{\infty} V_{Eh}\sin(\omega_{rh}t) \end{cases} \tag{4-202}$$

式（4-202）中：$E_{a\alpha h}$、$E_{a\beta h}$、V_{Eh}、ω_{rh} 和 h 分别为考虑谐波干扰影响后的反电动势、谐波分量的幅值、谐波分量的频率和谐波次数，且有 $\omega_{rh} = h\omega_r$。

同理，可得考虑谐波影响后的反电动势估计误差为：

$$\begin{cases} e_{Ea\alpha h}(s) = \dfrac{2\zeta\omega_r s}{s^2 + 2\zeta\omega_r s + \omega_r^2}\sum_{h=2}^{\infty} V_{Eh}\cos(\omega_{rh}t) \\ e_{Ea\beta h}(s) = \dfrac{2\zeta\omega_r s}{s^2 + 2\zeta\omega_r s + \omega_r^2}\sum_{h=2}^{\infty} V_{Eh}\sin(\omega_{rh}t) \end{cases} \tag{4-203}$$

以 $e_{Ea\alpha h}$ 为例对其进行分析。将式（4-203）进行拉普拉斯反变换，则有：

$$e_{Ea\alpha h}(t) = Y_1(t) + Y_2(t) + Y_3(t) \tag{4-204}$$

式（4-204）中：$Y_1(t)$、$Y_2(t)$ 和 $Y_3(t)$ 均为中间变量，且有：

$$Y_1(t) = \sum_{h=2}^{\infty} V_{Eh}\frac{[c\omega_{rh}^3\sin(\omega_{rh}t) + c^2\omega_{rh}^2\cos(\omega_{rh}t) - c\omega_r^2\omega_{rh}\sin(\omega_{rh}t)]}{c^2\omega_{rh}^2 + \omega_r^4 - 2\omega_r^2\omega_{rh}^2 + \omega_{rh}^4} \tag{4-205}$$

$$Y_2(t) = -\left[e^{-\frac{c}{2}t}\cosh(dt)\right]\sum_{h=2}^{\infty} V_{Eh}\frac{c\omega_{rh}^2}{c^2\omega_{rh}^2 + \omega_r^4 - 2\omega_r^2\omega_{rh}^2 + \omega_{rh}^4} \tag{4-206}$$

$$Y_3(t) = \left[e^{-\frac{c}{2}t}\sinh(dt)\right]\sum_{h=2}^{\infty} V_{Eh}\frac{c\omega_{rh}^2\left(\dfrac{c}{2} - \dfrac{-\omega_r^4 + \omega_r^2\omega_{rh}^2}{c\omega_{rh}^2}\right)}{d(c^2\omega_{rh}^2 + \omega_r^4 - 2\omega_r^2\omega_{rh}^2 + \omega_{rh}^4)} \tag{4-207}$$

对于式（4-205），则有：

$$Y_1(t) = \sum_{h=2}^{\infty} V_{Eh} \frac{\left[\dfrac{\zeta}{h}\sin(\omega_{rh}t) + \dfrac{4\zeta^2}{h^2}\cos(\omega_{rh}t) - \dfrac{\zeta}{h^3}\sin(\omega_{rh}t) \right]}{\left(1 - \dfrac{1}{h^2}\right)^2 + \dfrac{4\zeta^2}{h^4}} \tag{4-208}$$

对于式（4-206），则有：

$$\lim_{t\to\infty} Y_2(t) = \lim_{t\to\infty} \left\{ -\left[e^{-\frac{c}{2}t}\cosh(dt) \right] \sum_{h=2}^{\infty} V_{Eh} \frac{c\omega_{rh}^2}{c^2\omega_{rh}^2 + \omega_r^4 - 2\omega_r^2\omega_{rh}^2 + \omega_{rh}^4} \right\} \to 0 \tag{4-209}$$

对于式（4-207），易知：

$$\lim_{t\to\infty} Y_3(t) = \lim_{t\to\infty} \left\{ -\left[e^{-\frac{c}{2}t}\sinh(dt) \right] \sum_{h=2}^{\infty} V_{Eh} \frac{\left(\dfrac{c}{2} + \dfrac{c\omega_r^4 - c\omega_r^2\omega_{rh}^2}{c^2\omega_{rh}^2} \right)}{d(c^2\omega_{rh}^2 + \omega_r^4 - 2\omega_r^2\omega_{rh}^2 + \omega_{rh}^4)} \right\} \to 0 \tag{4-210}$$

将式（4-208）、式（4-209）和式（4-210）代入式（4-204），则有：

$$e_{Ea\alpha h}(t) = Y_1(t) + Y_2(t) + Y_3(t)$$
$$= \sum_{h=2}^{\infty} V_{Eh} \frac{\left[\dfrac{\zeta}{h}\sin(\omega_{rh}t) + \dfrac{4\zeta^2}{h^2}\cos(\omega_{rh}t) - \dfrac{\zeta}{h^3}\sin(\omega_{rh}t) \right]}{\left(1 - \dfrac{1}{h^2}\right)^2 + \dfrac{4\zeta^2}{h^4}} \tag{4-211}$$

由式（4-211）可知，在谐波作用下，反电动势会出现估计误差，且反电动势估计误差与阻尼因子 ζ 紧密相关，因此设计阻尼因子时需要在抗扰能力和动态性能之间做出合理的折中。

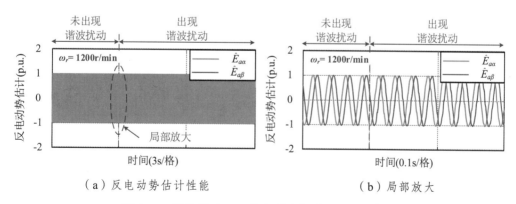

图 4-30　谐波影响下二阶自适应扰动观测器的性能

3. 定子电阻变化对二阶自适应扰动观测器的影响

此外，对二阶滑模自适应扰动观测器在定子电阻变化工况下的性能进行分析。当考虑定子电阻变化后，二阶自适应扰动观测器模型可重写为：

$$\begin{cases} \dfrac{d\hat{z}_{\alpha R}}{dt} = -\eta \hat{z}_{\alpha R} + \eta(u_\alpha - \hat{R}_s i_\alpha + \eta L_q i_\alpha) - \gamma \hat{\psi}_{a\alpha R} \\ \dfrac{d\hat{z}_{\beta R}}{dt} = -\eta \hat{z}_{\beta R} + \eta(u_\beta - \hat{R}_s i_\beta + \eta L_q i_\beta) - \gamma \hat{\psi}_{a\beta R} \end{cases} \qquad (4\text{-}212)$$

式（4-212）中：$\hat{z}_{\alpha R}$、$\hat{z}_{\beta R}$、$\hat{\psi}_{r\alpha R}$、$\hat{\psi}_{r\beta R}$ 分别为考虑定子电阻变化后的扰动估计分量、考虑定子电阻变化后的有效磁链估计分量。

从式（4-212）中减去式（4-173），可得：

$$\begin{cases} \dfrac{de_{Ea\alpha R}}{dt} = -\eta e_{Ea\alpha R} - \eta e_{Rs} i_\alpha - \gamma e_{\psi a\alpha R} \\ \dfrac{de_{Ea\beta R}}{dt} = -\eta e_{Ea\beta R} - \eta e_{Rs} i_\beta - \gamma e_{\psi a\beta R} \end{cases} \qquad (4\text{-}213)$$

式（4-213）中：$e_{Ea\alpha R}$、$e_{Ea\beta R}$、$e_{\psi a\alpha R}$、$e_{\psi a\beta R}$ 和 e_{Rs} 分别为考虑定子电阻变化后的反电动势估计误差、考虑定子电阻变化后的有效磁链估计误差和定子电阻偏差。

对式（4-213）进行拉普拉斯变换可得：

$$\begin{cases} e_{Ea\alpha R}(s) = \dfrac{-\eta s}{s^2 + \eta s + \gamma} e_{Rs} i_\alpha(s) \\ e_{Ea\beta R}(s) = \dfrac{-\eta s}{s^2 + \eta s + \gamma} e_{Rs} i_\beta(s) \end{cases} \qquad (4\text{-}214)$$

同样，以 $e_{Ea\alpha R}$ 为例对其进行分析。将式（4-88）代入式（4-214），则有：

$$\begin{aligned} e_{Ea\alpha R}(s) &= -e_{Rs} I_m \frac{\eta s}{s^2 + \eta s + \gamma} \frac{s}{s^2 + \omega_s^2} \\ &= -e_{Rs} I_m \frac{2\zeta \omega_r s}{s^2 + 2\zeta \omega_r s + \omega_r^2} \frac{s}{s^2 + \omega_s^2} \end{aligned} \qquad (4\text{-}215)$$

式（4-215）中：I_m 为定子电流幅值。

对式（4-215）进行拉普拉斯反变换，则有：

$$e_{Ea\alpha R}(t) = -e_{Rs} I_m [J_1(t) + J_2(t) + J_3(t)] \qquad (4\text{-}216)$$

式（4-216）中：$J_1(t)$、$J_2(t)$ 和 $J_3(t)$ 均为中间变量，且有：

$$J_1(t) = \frac{\omega_s^3 \sin(\omega_s t) + c\omega_s^2 \cos(\omega_s t) - \omega_s \omega_r^2 \sin(\omega_s t)}{c^2 \omega_s^2 + \omega_r^4 - 2\omega_r^2 \omega_s^2 + \omega_s^4} \qquad (4\text{-}217)$$

$$J_2(t) = -\left[e^{-\frac{c}{2}t} \cosh(dt) \right] \frac{c^2 \omega_s^2}{c^2 \omega_s^2 + \omega_r^4 - 2\omega_r^2 \omega_s^2 + \omega_s^4} \qquad (4\text{-}218)$$

$$J_3(t) = \left[\mathrm{e}^{-\frac{c}{2}t} \sinh(dt) \right] \frac{c^2 \omega_s^2 \left(\dfrac{c}{2} - \dfrac{\omega_r^2 \omega_s^2 - \omega_r^4}{c \omega_s^2} \right)}{d(c^2 \omega_s^2 + \omega_r^4 - 2\omega_r^2 \omega_s^2 + \omega_s^4)} \tag{4-219}$$

对于式（2-217），则有：

$$J_1(t) = \frac{\omega_s^3 \sin(\omega_s t) + 2\zeta \omega_r \omega_s^2 \cos(\omega_s t) - \omega_s \omega_r^2 \sin(\omega_s t)}{(2\zeta)^2 \omega_r^2 \omega_s^2 + (\omega_r^2 - \omega_s^2)^2} \tag{4-220}$$

考虑在永磁同步电机中，定子电流频率在数值上等于电机速度，则有：

$$\omega_r = \omega_s \tag{4-221}$$

将式（4-221）代入式（4-220），可得：

$$J_1(t) = \frac{1}{2\zeta} \frac{\cos(\omega_s t)}{\omega_s} \tag{4-222}$$

对于式（4-218）和式（4-219），可得：

$$\lim_{t \to \infty} J_2(t) = \lim_{t \to \infty} \left\{ -\left[\mathrm{e}^{-\frac{c}{2}t} \cosh(dt) \right] \frac{c^2 \omega_s^2}{c^2 \omega_s^2 + \omega_r^4 - 2\omega_r^2 \omega_s^2 + \omega_s^4} \right\} \to 0 \tag{4-223}$$

$$\lim_{t \to \infty} J_3(t) = \lim_{t \to \infty} \left\{ \left[\mathrm{e}^{-\frac{c}{2}t} \sinh(dt) \right] \frac{c^2 \omega_s^2 \left(\dfrac{c}{2} - \dfrac{\omega_r^2 \omega_s^2 - \omega_r^4}{c \omega_s^2} \right)}{d(c^2 \omega_s^2 + \omega_r^4 - 2\omega_r^2 \omega_s^2 + \omega_s^4)} \right\} \to 0 \tag{4-224}$$

综上可得，

$$e_{Ea\alpha R}(t) = -e_{Rs} I_\mathrm{m} \frac{1}{2\zeta} \frac{\cos(\omega_s t)}{\omega_s} \tag{4-225}$$

由式（4-225）可知，当电机运行在低速工况时（即 ω_s 很小时），定子电阻发生变化后，会对二阶自适应扰动观测器性能产生显著影响［见图 4-31（a）］；当电机运行在中高速工况时，则有 $\omega_s \gg |\cos(\omega_s t)||$，这意味在中高速工况时定子电阻变化对二阶自适应扰动观测器性能产生影响较小［见图 4-31（b）］。

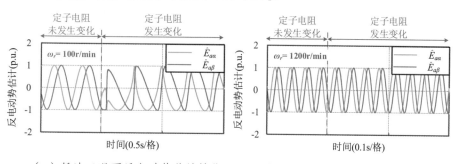

（a）低速工况下反电动势估计性能　　　（b）高速工况下反电动势估计性能

图 4-31　定子电阻变化影响下二阶自适应扰动观测器的性能

4. q 轴电感变化对二阶自适应扰动观测器的影响

最后，分析 q 轴电感变化对二阶自适应扰动观测器性能的影响。考虑 q 轴电感变化后，式（4-173）可重写为：

$$\begin{cases} \dfrac{\mathrm{d}\hat{z}_{\alpha L}}{\mathrm{d}t} = -\eta\hat{z}_{\alpha L} + \eta(u_\alpha - R_s i_\alpha + \eta\hat{L}_q i_\alpha) - \gamma\hat{\psi}_{a\alpha L} \\[4mm] \dfrac{\mathrm{d}\hat{z}_{\beta L}}{\mathrm{d}t} = -\eta\hat{z}_{\beta L} + \eta(u_\beta - R_s i_\beta + \eta\hat{L}_q i_\beta) - \gamma\hat{\psi}_{a\beta L} \end{cases} \tag{4-226}$$

式（4-226）中：$\hat{z}_{\alpha L}$、$\hat{z}_{\beta L}$、$\hat{\psi}_{a\alpha L}$、$\hat{\psi}_{a\beta R}$ 和 $\hat{L}_q$ 分别为考虑 q 轴电感变化后的扰动估计分量、考虑 q 轴电感变化后的有效磁链估计分量和估计的 q 轴电感。

从式（4-226）中减去式（4-173），可得：

$$\begin{cases} \dfrac{\mathrm{d}e_{Ea\alpha L}}{\mathrm{d}t} + \dfrac{\mathrm{d}(e_{Lq}\eta i_\alpha)}{\mathrm{d}t} = -\eta e_{Ea\alpha L} - \gamma e_{\psi a\alpha L} \\[4mm] \dfrac{\mathrm{d}e_{Ea\beta L}}{\mathrm{d}t} + \dfrac{\mathrm{d}(e_{Lq}\eta i_\beta)}{\mathrm{d}t} = -\eta e_{Ea\beta L} - \gamma e_{\psi a\beta L} \end{cases} \tag{4-227}$$

式（4-227）中：$e_{Ea\alpha L}$、$e_{Ea\beta L}$、$e_{\psi a\alpha L}$、$e_{\psi a\beta L}$ 和 e_{Lq} 分别为考虑 q 轴电感变化后的反电动势估计误差、考虑 q 轴电感变化后的有效磁链估计误差和 q 轴电感偏差。

根据式（4-227）可得：

$$\begin{cases} e_{Ea\alpha L}(s) = \dfrac{-\eta s^2}{s^2 + \eta s + \gamma} e_{Lq} i_\alpha(s) \\[4mm] e_{Ea\beta L}(s) = \dfrac{-\eta s^2}{s^2 + \eta s + \gamma} e_{Lq} i_\beta(s) \end{cases} \tag{4-228}$$

同样，以 $e_{Ea\alpha L}$ 为例对其进行分析。将式（4-88）代入式（4-228），则有：

$$e_{Ea\alpha L}(s) = -e_{Lq} I_m \frac{2\zeta\omega_r s^2}{s^2 + 2\zeta\omega_r s + \omega_r^2} \frac{s}{s^2 + \omega_s^2} \tag{4-229}$$

对式（4-229）进行拉普拉斯反变换，可得：

$$e_{Ea\alpha L}(t) = -e_{Lq} I_m [W_1(t) + W_2(t) + W_3(t)] \tag{4-230}$$

式（4-230）中：$W_1(t)$、$W_2(t)$ 和 $W_3(t)$ 均为中间变量，且有：

$$W_1(t) = \frac{\omega_r^2\omega_s^2 c\cos(\omega_s t) - c\omega_s^4\cos(\omega_s t) - c^2\omega_s^3\sin(\omega_s t)}{c^2\omega_s^2 + \omega_r^4 - 2\omega_r^2\omega_s^2 + \omega_s^4} \tag{4-231}$$

$$W_2(t) = \left[\mathrm{e}^{-\frac{c}{2}t}\cosh(dt)\right]\frac{(c^3\omega_s^2 + c\omega_r^4 - c\omega_r^2\omega_s^2)}{c^2\omega_s^2 + \omega_r^4 - 2\omega_r^2\omega_s^2 + \omega_s^4} \tag{4-232}$$

$$W_3(t) = -\left[\mathrm{e}^{-\frac{c}{2}t}\sinh(dt)\right]\frac{\left(\dfrac{c}{2}-\dfrac{c\omega_r^2\omega_s^2}{c^3\omega_s^2+c\omega_r^4-c\omega_r^2\omega_s^2}\right)(c^3\omega_s^2+c\omega_r^4-c\omega_r^2\omega_s^2)}{d(c^2\omega_s^2+\omega_r^4-2\omega_r^2\omega_s^2+\omega_s^4)}$$

$$（4\text{-}233）$$

将式（4-221）代入式（4-231），可得：

$$W_1(t) = -\omega_s\sin(\omega_s t) \qquad （4\text{-}234）$$

同样，易知：

$$\lim_{t\to\infty}W_2(t) = \lim_{t\to\infty}\left\{\left[\mathrm{e}^{-\frac{c}{2}t}\cosh(dt)\right]\frac{(c^3\omega_s^2+c\omega_r^4-c\omega_r^2\omega_s^2)}{c^2\omega_s^2+\omega_r^4-2\omega_r^2\omega_s^2+\omega_s^4}\right\}\to 0 \qquad （4\text{-}235）$$

$$\lim_{t\to\infty}W_3(t) = \lim_{t\to\infty}\left\{-\left[\mathrm{e}^{-\frac{c}{2}t}\sinh(dt)\right]\frac{\left(\dfrac{c}{2}-\dfrac{c\omega_r^2\omega_s^2}{c^3\omega_s^2+c\omega_r^4-c\omega_r^2\omega_s^2}\right)(c^3\omega_s^2+c\omega_r^4-c\omega_r^2\omega_s^2)}{d(c^2\omega_s^2+\omega_r^4-2\omega_r^2\omega_s^2+\omega_s^4)}\right\}\to 0$$

$$（4\text{-}236）$$

将式（4-234）、式（4-235）和式（4-236）代入式（4-230）可得：

$$e_{Ea\alpha L}(t) = e_{Lq}I_m\omega_s\sin(\omega_s t) \qquad （4\text{-}237）$$

由式（4-237）可知：当 q 轴电感发生变化后，反电动势估计误差始终存在。此外，反电动势估计误差与电机速度相关，且电机速度越高，q 轴电感变化对反电动势估计的影响越显著（见图 4-32）。因此，当 q 轴电感发生变化后，需要进一步设计相应的补偿方法，保证反电动势的估计性能。

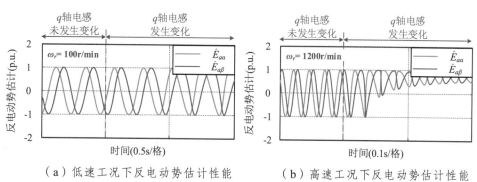

（a）低速工况下反电动势估计性能　　　（b）高速工况下反电动势估计性能

图 4-32　q 轴电感变化影响下二阶自适应扰动观测器的性能

4.3.4　位置估计方案

传统基于锁相环的位置估计方案在升降速工况时会出现明显的估计误差。对此，本节提出一种基于改进型锁相环的位置估计方案，保证在升降速工况时的估计性能。

图 4-33 为基于二阶自适应扰动观测器的估计方案，如图所示，整个估计方案由三部分组成，即二阶自适应扰动观测器、幅值归一化、改进型锁相环。首先，利用二阶自适应扰动观测器获得反电动势估计后，对其进行幅值归一化，并以此作为改进型锁相环的输入信号，最终实现速度和位置估计。

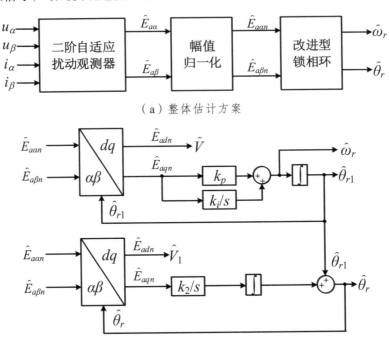

（a）整体估计方案

（b）改进型锁相环

图 4-33　基于二阶自适应扰动观测器的估计方案

依据图 4-33，可得改进型锁相环的小信号模型，如图 4-34 所示。

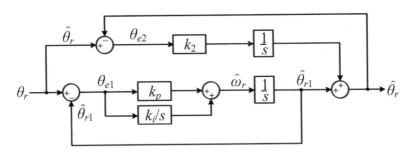

图 4-34　改进型锁相环的小信号模型

由图 4-34 可得：

$$\begin{cases} (\theta_r - \hat{\theta}_{r1})\dfrac{(k_p s + k_i)}{s^2} = \hat{\theta}_{r1} \\ (\theta_r - \hat{\theta}_r)\dfrac{k_2}{s} + \hat{\theta}_{r1} = \hat{\theta}_r \end{cases} \tag{4-238}$$

式（4-238）中：θ_r、$\hat{\theta}_r$ 和 $\hat{\theta}_{r1}$ 分别为实际位置、估计位置和中间变量；k_p、k_i 和 k_2 均为锁相环增益。

根据式（4-238）可得，位置估计的闭环传递函数为：

$$G_{cl\theta}^{IPLL}(s) = \frac{\hat{\theta}_r(s)}{\theta_r(s)} = \frac{k_2(s^2 + k_p s + k_i) + s(k_p s + k_i)}{(s^2 + k_p s + k_i)(s + k_2)} \tag{4-239}$$

进一步，可得位置估计误差的传递函数为：

$$G_{e\theta}^{IPLL}(s) = 1 - \frac{\hat{\theta}_r(s)}{\theta_r(s)} = \frac{s^3}{(s^2 + k_p s + k_i)(s + k_2)} \tag{4-240}$$

当输入信号分别为相位阶跃、频率阶跃和频率斜坡时，则有：

$$\begin{cases} \theta_1(s) = \dfrac{m}{s} \\[2mm] \theta_2(s) = \dfrac{n}{s^2} \\[2mm] \theta_3(s) = \dfrac{h}{s^3} \end{cases} \tag{4-241}$$

式（4-241）中：m、n 和 h 为输入信号的增益。

将式（4-241）代入式（4-240），可得不同输入信号下位置估计误差为：

$$\begin{cases} \Delta\theta_{e1}^{IPLL}(s) = \theta_1(s)G_{e\theta}^{IPLL}(s) = \dfrac{ms^2}{(s^2 + k_p s + k_i)(s + k_2)} \\[3mm] \Delta\theta_{e2}^{IPLL}(s) = \theta_2(s)G_{e\theta}^{IPLL}(s) = \dfrac{ns}{(s^2 + k_p s + k_i)(s + k_2)} \\[3mm] \Delta\theta_{e3}^{IPLL}(s) = \theta_3(s)G_{e\theta}^{IPLL}(s) = \dfrac{h}{(s^2 + k_p s + k_i)(s + k_2)} \end{cases} \tag{4-242}$$

进一步，根据终值定理可得：

$$\begin{cases} \Delta\theta_{ess1}^{IPLL}(s) = \lim\limits_{s \to 0} s\Delta\theta_{e1}^{IPLL}(s) = \lim\limits_{s \to 0} s\dfrac{ms^2}{(s^2 + k_p s + k_i)(s + k_2)} = 0 \\[3mm] \Delta\theta_{ess2}^{IPLL}(s) = \lim\limits_{s \to 0} s\Delta\theta_{e2}^{IPLL}(s) = \lim\limits_{s \to 0} s\dfrac{ns}{(s^2 + k_p s + k_i)(s + k_2)} = 0 \\[3mm] \Delta\theta_{ess3}^{IPLL}(s) = \lim\limits_{s \to 0} s\Delta\theta_{e3}^{IPLL}(s) = \lim\limits_{s \to 0} s\dfrac{h}{(s^2 + k_p s + k_i)(s + k_2)} = 0 \end{cases} \tag{4-243}$$

由式（4-243）可知，采用改进型锁相环可以实现相位阶跃、频率阶跃和频率斜坡时的准确追踪。这意味着，改进型锁相环能够克服传统锁相环在升降速工况时出现估计误差的问题，有效保证估计性能。

4.3.5 硬件在环测试验证

为验证所提方法的可行性，利用实验测试对其进行验证。实验测试中所采用的永磁同步电机驱动系统参数见表 3-1。

首先，对所提方法在速度指令变化工况下进行测试，并与传统基于锁相环的估计方案进行对比，测试结果如图 4-35 所示。在图 4-35 中，速度指令开始设置为 1 000 r/min，随后增加至 1 600 r/min，然后减少至 1 300 r/min，最后减少至 1 000 r/min，负载设置为 1 000 N·m。根据测试结果可知，当永磁同步电机运行在速度指令变化工况时，采用传统基于锁相环的估计方案后，由于锁相环估计能力不足，在升降速工况时出现了明显的估计误差。相较之下，在改进型锁相环的帮助下，所提方法展现出良好的估计性能，且估计误差控制在较小范围内。此外，二阶自适应扰动观测器在此工况下运行良好，所提供的反电动势估计性能优良。

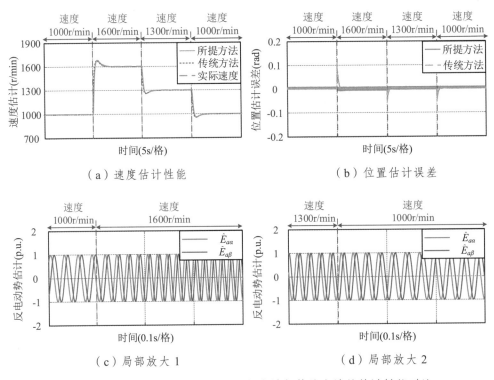

图 4-35　速度指令变化工况下所提方法与传统方法的估计性能对比

进一步，为探究所提方法在直流偏置影响下的估计性能，对其进行测试，测试结果如图 4-36 所示。在此测试中，速度指令和负载分别设置为 1 300 r/min 和 1 000 N·m，直流偏置开始设置为 0 V，随后增加至 0.8 V，再减小至 0.4 V，最后减小至 0 V。根据测试结果可知，在直流偏置影响下，所提方法仍能提供优良的估计性能，估计误差限制在较小范围内。这是由于当直流偏置进入控制系统中，二阶自适应扰动观测器对直流偏置具有良好的鲁棒性，能够有效降低直流偏置对反电动势估计的影响 [见图 4-36（c）和图 4-36（d）]，从而保证了估计性能。

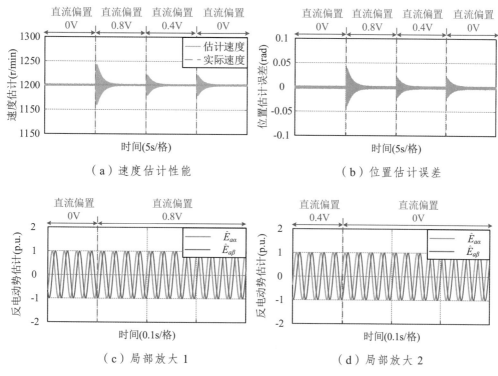

图 4-36　所提方法在直流偏置工况下的估计性能

随后，为验证所提方法在定子电阻变化时的性能，对其进行测试，测试结果如图 4-37 所示。在图 4-37 中，速度指令和负载分别设置为 1 000 r/min 和 1 000 N·m，定子电阻开始设置为 0.045 9 Ω，随后变化至 0.068 85 Ω，再变化至 0.041 31 Ω，最后变化至 0.045 9 Ω。根据测试结果可知，当永磁同步电机运行在中高速工况时，系统未出现性能下降和控制失稳。如前分析，当永磁同步电机运行在中高速工况时，定子电阻变化并未对二阶自适应扰动观测器的性能产生不利影响。如此，估计性能和系统稳定性得到有效保证。

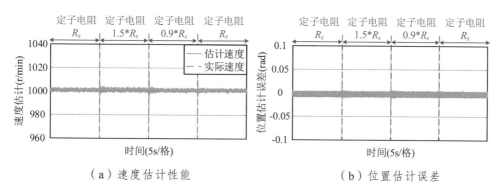

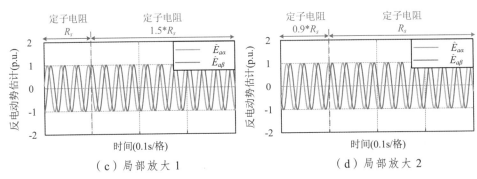

（c）局部放大 1　　　　　　　　　（d）局部放大 2

图 4-37　所提方法在定子电阻变化工况的估计性能

　　最后，对所提算法在 q 轴电感变化时的性能进行测试，测试结果如图 4-38 所示。在此测试中，速度指令和负载分别设置为 1 000 r/min 和 1 000 N·m，q 轴电感由 3.96 mH 变化至 5.94 mH。由测试结果可知，如前分析，二阶自适应扰动观测器难以消除 q 轴电感变化的不利影响，导致估计性能出现明显下降（见图 4-38），因此，亟需研究有效的补偿方案，克服 q 轴电感变化导致估计性能下降的问题。

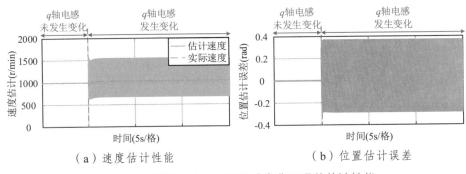

（a）速度估计性能　　　　　　　　　（b）位置估计误差

图 4-38　所提方法在 q 轴电感变化工况的估计性能

本章参考文献

[1]　Zaky M S，Khater M M，Shokralla S S，Yasin H A. Wide-speed-range estimation with online parameter identification schemes of sensorless induction motor drives[J]. IEEE Transactions on Industrial Electronics，2009，56（5）：1699-1707.

[2]　Zaky M S. Stability analysis of speed and stator resistance estimators for sensorless induction motor drives[J]. IEEE Transactions on Industrial Electronics，2012，59（2）：858-870.

[3]　Zaky M S，Metwaly M K. Sensorless torque/speed control of induction motor drives at zero and low frequencies with stator and rotor resistance estimations[J]. IEEE Journal of Emerging and Selected Topics in Power Electronics，2016，4（4）：1416-1429.

[4]　Wang H，Ge X，Liu Y C. Second-order sliding-mode MRAS observer based sensorless vector control of linear induction motor drives for medium-low speed maglev applications[J]. IEEE Transactions on Industrial Electronics，2018，65（12）：9938-9952.

[5]　Vasic V，Vukosavic S N，Levi E. A stator resistance estimation scheme for speed sensorless rotor flux oriented induction motor drives[J]. IEEE Transactions on Energy Conversion，2003，18（4）：476-483.

[6]　Zhao L，Huang J，Liu H，Li B，Kong W. Second-order sliding-mode observer with online parameter identification for sensorless induction motor drives[J]. IEEE Transactions on Industrial Electronics，2014，61（10）：5280-5289.

[7]　Liang D，Li J，Qu R. Sensorless control of permanent magnet synchronous machine based on second-order sliding-mode observer with online resistance estimation[J]. IEEE Transactions on Industry Applications，2017，53（4）：3672-3682.

[8]　孔武斌，黄进，曲荣海，康敏，李健. 带转子参数辩识的五相感应电动机无速度传感器控制策略研究[J]. 中国电机工程学报，2016，36（2）：532-539.

[9]　Chen J，Huang J. Online decoupled stator and rotor resistances adaptation for speed sensorless induction motor drives by a time-division approach[J]. IEEE Transactions on Power Electronics，2017，32（6）：4587-4599.

[10]　尹忠刚，张延庆，杜超，孙向东，钟彦儒. 基于双辩识参数全阶自适应观测器的感应电机低速性能[J]. 电工技术学报，2016，31（20）：111-121.

[11]　黄进，赵力航，刘赫. 基于二阶滑模与定子电阻自适应的转子磁链观测器及其无速度传感器应用[J]. 电工技术学报，2013，28（11）：54-61.

[12]　Levant A. Robust exact differentiation via sliding mode technique[J]. Automatica，1998，34（3）：379-384.

[13]　Levant A. Principles of 2-sliding mode design[J]. Automatica，2007，43（4）：576-586.

[14]　Shtessel Y，Edwards C，Fridman L，Levant A. Sliding mode control and observation[M]. New York：Springer New York，2014.

[15]　Davila J，Fridman L，Levant A. Second-order sliding-mode observer for mechanical systems[J]. IEEE Transactions on Automatic Control，2005，50（11）：1785-1789.

[16]　Levant A. Quasi-continuous high-order sliding-mode controllers[J]. IEEE Transactions on Automatic Control，2005，50（11）：1812-1816.

[17]　Lascu C，Boldea I，Blaabjerg F. A modified direct torque control for induction motor sensorless drive[J]. IEEE Transactions on Industry Applications，2000，36（1）：122-130.

[18]　Lascu C，Andreescu G D. Sliding-mode observer and improved integrator with

DC-offset compensation for flux estimation in sensorless-controlled induction motors[J]. IEEE Transactions on Industrial Electronics, 2006, 53 (3): 785-794.

[19] Lascu C, Boldea I, Blaabjerg F. A class of speed-sensorless sliding-mode observers for high-performance induction motor drives[J]. IEEE Transactions on Industrial Electronics, 2009, 56 (9): 3394-3403.

[20] Wang D, Lu K, Rasmussen P O. Improved closed-loop flux observer based sensorless control against system oscillation for synchronous reluctance machine drives[J]. IEEE Transactions on Power Electronics, 2019, 34 (5): 4593-4602.

[21] Boldea I, Paicu M C, Andreescu G D. Active flux concept for motion-sensorless unified AC drives[J]. IEEE Transactions on Power Electronics, 2008, 23 (5): 2612-2618.

[22] Woldegiorgis A T, Ge X, Wang H, Zuo Y. An active flux estimation in the estimated reference frame for sensorless control of IPMSM[J]. IEEE Transactions on Power Electronics, 2022, 37 (8): 9047-9060.

[23] Woldegiorgis A T, Ge X, Wang H, Hassan M. A new frequency adaptive second-order disturbance observer for sensorless vector control of interior permanent magnet synchronous motor[J]. IEEE Transactions on Industrial Electronics, 2021, 68 (12): 11847-11857.

[24] An Q, Zhang J, An Q, Liu X, Shamekov A, Bi K. Frequency-adaptive complex-coefficient filter-based enhanced sliding mode observer for sensorless control of permanent magnet synchronous motor drives[J]. IEEE Transactions on Industry Applications, 2020, 56 (1): 335-343.

第5章 基于新型锁相环的交流电机无传感器控制技术

锁相环（Phase-Locked Loop，PLL）作为一种反馈控制系统，能够实现对输入信号幅值、频率和相位的有效跟踪。基于此特性，锁相环被进一步拓展应用到交流电机无传感器控制系统中[1-6]。然而，传统的基于锁相环的估计方案运行在升降速工况时，会出现明显的估计偏差[7-16]。此外，由于锁相环抗扰能力有限，当交流电机驱动系统出现扰动后，传统的基于锁相环的估计方案面临着性能显著下降的挑战。

针对传统的基于锁相环的估计方案存在的问题，本章研究基于新型锁相环的估计方案，其中包括 3 型锁相环、双环锁相环、改进型状态观测器锁相环以及有限位置集锁相环，保证复杂工况影响下的估计性能。此外，考虑到系统干扰（如：谐波、直流偏置、参数变化等）会导致估计性能显著下降，在基于新型锁相环的估计方案中引入干扰抑制方案，实现不同扰动影响下速度和位置的准确估计。

5.1 传统的基于锁相环的估计方案

5.1.1 具体实现

传统的基于锁相环的估计方案如图 5-1 所示，由图可知，该方案由磁链（反电动势）观测器、幅值归一化以及锁相环组成。其中，磁链（反电动势）观测器用于提供磁链（反电动势）估计[1-6]。此外，为消除幅值变化的不利影响，引入幅值归一化对磁链（反电动势）估计进行处理。最后，将处理过的磁链（反电动势）估计作为锁相环的输入信号，实现速度和位置估计。进一步可得，该估计方案的小信号模型如图 5-2 所示。由图 5-2 可得，位置估计的开环传递函数为：

$$G_{ol}^{PLL}(s) = \frac{\hat{\theta}_r(s)}{\theta_r(s) - \hat{\theta}_r(s)} = \frac{\hat{\theta}_r(s)}{\theta_e(s)} = \frac{k_p s + k_i}{s^2} \qquad (5\text{-}1)$$

式（5-1）中：θ_r、$\hat{\theta}_r$、θ_e、k_p 和 k_i 分别为实际位置、估计位置、位置估计误差和环路滤波器增益。

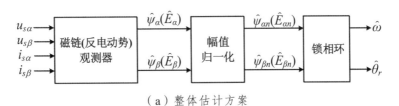

（a）整体估计方案

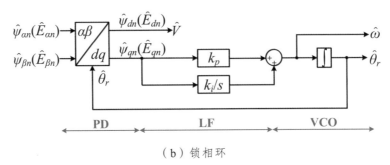

（b）锁相环

图 5-1　传统基于锁相环的估计方案

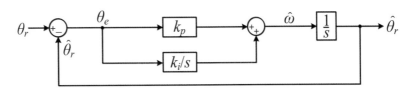

图 5-2　传统基于锁相环的估计方案的小信号模型

5.1.2　升降速工况时性能分析

如式（5-1）所示，传统的基于锁相环的估计方案可以简化为一个 2 型控制系统，而 2 型控制系统无法准确追踪频率斜坡信号，这意味着传统基于锁相环的估计方案在升降速工况时（此时，频率为斜坡变化）会出现估计误差[7-16]，具体分析如下。

由式（5-1）可得，位置估计误差的传递函数为：

$$G_e^{PLL}(s) = \frac{1}{1+G_{ol}^{PLL}(s)} = \frac{s^2}{s^2+k_p s+k_i} \tag{5-2}$$

当输入信号分别为相位阶跃、频率阶跃和频率斜坡时，则有：

$$\begin{cases} \theta_1(s) = \dfrac{m}{s} \\ \theta_2(s) = \dfrac{n}{s^2} \\ \theta_3(s) = \dfrac{h}{s^3} \end{cases} \tag{5-3}$$

式（5-3）中：m、n 和 h 为输入信号的增益。

将式（5-3）代入式（5-2），可得：

$$
\begin{cases}
\Delta\theta_{e1}^{PLL}(s) = \dfrac{m}{s}G_e^{PLL}(s) = \dfrac{ms}{s^2 + k_p s + k_i} \\[3mm]
\Delta\theta_{e2}^{PLL}(s) = \dfrac{n}{s^2}G_e^{PLL}(s) = \dfrac{n}{s^2 + k_p s + k_i} \\[3mm]
\Delta\theta_{e3}^{PLL}(s) = \dfrac{h}{s^3}G_e^{PLL}(s) = \dfrac{1}{s}\dfrac{h}{s^2 + k_p s + k_i}
\end{cases}
\tag{5-4}
$$

式（5-4）中：$\Delta\theta_{e1}^{PLL}(s)$、$\Delta\theta_{e2}^{PLL}(s)$ 和 $\Delta\theta_{e3}^{PLL}(s)$ 分别为不同输入信号下的位置估计误差。

利用终值定理，则有：

$$
\begin{cases}
\Delta\theta_{ess1}^{PLL}(s) = \lim_{s\to0}s\Delta\theta_{e1}^{PLL}(s) = \lim_{s\to0}\dfrac{ms^2}{s^2 + k_p s + k_i} = 0 \\[3mm]
\Delta\theta_{ess2}^{PLL}(s) = \lim_{s\to0}s\Delta\theta_{e2}^{PLL}(s) = \lim_{s\to0}\dfrac{ns}{s^2 + k_p s + k_i} = 0 \\[3mm]
\Delta\theta_{ess3}^{PLL}(s) = \lim_{s\to0}s\Delta\theta_{e3}^{PLL}(s) = \lim_{s\to0}\dfrac{h}{s^2 + k_p s + k_i} = \dfrac{h}{k_i}
\end{cases}
\tag{5-5}
$$

对不同输入信号下锁相环的估计性能进行测试，测试结果如图 5-3 所示。由测试结果可知，当输入信号分别为相位阶跃和频率阶跃时，锁相环均能实现输入信号的准确追踪［见图 5-3（a）和图 5-3（b）］。然而，当输入信号为频率斜坡时，锁相环会出现明显的估计误差［见图 5-3（c）］。

此外，由式（5-5）可知，可以通过增大 k_i 的值来减小估计误差，但这不可避免会对系统产生不利影响，具体分析如下。

由（5-1）可得，位置估计的闭环传递函数为：

$$
G_{cl}^{PLL}(s) = \frac{G_{ol}^{PLL}(s)}{1 + G_{ol}^{PLL}(s)} = \frac{k_p s + k_i}{s^2 + k_p s + k_i}
\tag{5-6}
$$

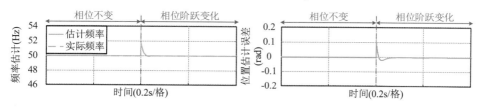

（a）相位阶跃变化

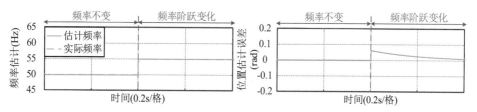

（b）频率阶跃变化

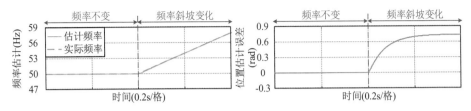

（c）频率斜坡变化

图 5-3　不同输入信号下锁相环的估计性能

不妨令：

$$\begin{cases} k_p = 2\zeta\omega_n \\ k_i = \omega_n^2 \end{cases} \tag{5-7}$$

式（5-7）中：ζ 和 ω_n 分别为阻尼因子和自然频率。

将式（5-7）代入式（5-6），则有：

$$G_{cl}^{PLL}(s) = \frac{k_p s + k_i}{s^2 + k_p s + k_i} = \frac{2\zeta\omega_n s + \omega_n^2}{s^2 + 2\zeta\omega_n s + \omega_n^2} \tag{5-8}$$

由式（5-8）可得，闭环传递函数的幅频特性为：

$$\left| G_{cl}^{PLL}(j\omega) \right| = \left| \frac{\omega_n^2 + j2\zeta\omega_n\omega}{(\omega_n^2 - \omega^2) + j2\zeta\omega_n\omega} \right| \tag{5-9}$$

进一步，可得：

$$\left| G_{cl}^{PLL}(j0) \right| = \left| \frac{\omega_n^2}{\omega_n^2} \right| = 1 \tag{5-10}$$

根据控制带宽的定义，则有：

$$\left| G_{cl}^{PLL}(j\omega_b) \right| = \left| \frac{\omega_n^2 + j2\zeta\omega_n\omega_b}{(\omega_n^2 - \omega_b^2) + j2\zeta\omega_n\omega_b} \right| = \frac{1}{\sqrt{2}} \left| G_{cl}^{PLL}(j0) \right| \tag{5-11}$$

式（5-11）中：ω_b 为带宽频率。

由式（5-11）可得，带宽频率为：

$$\omega_b = \omega_n \sqrt{(1 + 2\zeta^2) + \sqrt{(1 + 2\zeta^2)^2 + 1}} \tag{5-12}$$

此外，锁相环的噪声带宽可定义为[1]：

$$B_n = \frac{1}{2\pi} \int_0^{\infty} \left| G_{cl}^{SRF}(j\omega) \right|^2 d\omega = \frac{1 + 4\zeta^2}{8\zeta} \omega_n \tag{5-13}$$

由式（5-12）可得：当增加 k_i 的值时，即增加自然频率 ω_n，若阻尼因子 ζ 保持不变，系统带宽将会增加。如此，系统的估计精度和动态性能均得到提升，但同时也会增加噪声敏感性［见式（5-13）］。这说明，增加 k_i 的值虽可改善系统的估计精度和动态性能，但同时也会削弱系统的抗扰能力。

综上，当交流电机驱动系统运行在升降速工况时，传统基于锁相环的估计方案会出现明显的性能下降。对于某些应用（如：城轨列车牵引传动系统）而言，交流电机驱动系统频繁运行在升降速工况，采用传统基于锁相环的估计方案，难以实现高性能控制。

5.1.3 不同扰动影响时性能分析

1. 直流偏置对锁相环的影响

考虑直流偏置的影响后，锁相环输入信号可写为：

$$\begin{cases} \hat{\psi}_{r\alpha d} = \cos(\theta_r) + V_{dc} \\ \hat{\psi}_{r\beta d} = \sin(\theta_r) + V_{dc} \end{cases} \tag{5-14}$$

式（5-14）中：$\hat{\psi}_{r\alpha d}$ 和 $\hat{\psi}_{r\beta d}$ 为考虑直流偏置影响后的输入信号。

对式（5-14）进行 Park 变换，可得：

$$\begin{bmatrix} \hat{\psi}_{rdd} \\ \hat{\psi}_{rqd} \end{bmatrix} = \begin{bmatrix} \cos(\hat{\theta}_r) & \sin(\hat{\theta}_r) \\ -\sin(\hat{\theta}_r) & \cos(\hat{\theta}_r) \end{bmatrix} \begin{bmatrix} \hat{\psi}_{r\alpha d} \\ \hat{\psi}_{r\beta d} \end{bmatrix} \tag{5-15}$$

进一步，则有：

$$\begin{cases} \hat{\psi}_{rdd} = \hat{\psi}_{r\alpha d}\cos(\hat{\theta}_r) + \hat{\psi}_{r\beta d}\sin(\hat{\theta}_r) = \cos(\hat{\theta}_r - \theta_r) + V_{dc}[\cos(\hat{\theta}_r) + \sin(\hat{\theta}_r)] \\ \hat{\psi}_{rqd} = -\hat{\psi}_{r\alpha d}\sin(\hat{\theta}_r) + \hat{\psi}_{r\beta d}\cos(\hat{\theta}_r) = \sin(\hat{\theta}_r - \theta_r) + V_{dc}[\cos(\hat{\theta}_r) - \sin(\hat{\theta}_r)] \end{cases} \tag{5-16}$$

联立式（5-6）和式（5-16）可得：

$$\hat{\theta}_{rd} = \frac{k_p s + k_i}{s^2 + k_p s + k_i}\theta_r + \frac{k_p s + k_i}{s^2 + k_p s + k_i}D_d \tag{5-17}$$

式（5-17）中：$\hat{\theta}_{rd}$ 和 D_d 分别为考虑直流偏置后的位置估计和扰动分量，且有：

$$D_d = V_{dc}[\cos(\hat{\theta}_r) - \sin(\hat{\theta}_r)] \tag{5-18}$$

从式（5-17）中减去式（5-6），可得：

$$\Delta\theta_d = \hat{\theta}_{rd} - \hat{\theta}_r = \frac{k_p s + k_i}{s^2 + k_p s + k_i}D_d \tag{5-19}$$

由式（5-19）可知，由于锁相环有限的抗扰能力，当直流偏置进入输入信号后，系统会出现明显的估计误差（见图 5-4）。

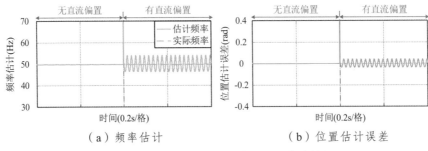

（a）频率估计　　　　　　　　　（b）位置估计误差

图 5-4　直流偏置影响下锁相环的估计性能

2. 谐波分量对锁相环的影响

进一步，分析谐波分量对基于锁相环的估计方案的影响。当谐波分量出现在锁相环的输入信号后，则有：

$$\begin{cases} \hat{\psi}_{r\alpha h} = \cos(\theta_r) + \sum_{h=2}^{\infty} V_h \cos(h\theta_r) \\ \hat{\psi}_{r\beta h} = \sin(\theta_r) + \sum_{h=2}^{\infty} V_h \sin(h\theta_r) \end{cases} \tag{5-20}$$

式（5-20）中：$\hat{\psi}_{r\alpha d}$、$\hat{\psi}_{r\beta d}$、V_h 和 h 分别为考虑谐波影响后的输入信号、谐波分量幅值和谐波次数。

进一步，可得：

$$\hat{\psi}_{rqh} = \sin(\hat{\theta}_r - \theta_r) + \sum_{h=2}^{\infty} V_h \sin(h\theta_r - \hat{\theta}_r) \tag{5-21}$$

由式（5-21）可得：

$$\hat{\theta}_{rh} = \frac{k_p s + k_i}{s^2 + k_p s + k_i} \theta_r + \frac{k_p s + k_i}{s^2 + k_p s + k_i} \left[\sum_{h=2}^{\infty} V_h \sin(h\theta_r - \hat{\theta}_r) \right] \tag{5-22}$$

从式（5-22）中减去式（5-6），可得位置估计误差为：

$$\Delta\theta_h = \hat{\theta}_{rh} - \hat{\theta}_r = \frac{k_p s + k_i}{s^2 + k_p s + k_i} \left[\sum_{h=2}^{\infty} V_h \sin(h\theta_r - \hat{\theta}_r) \right] \tag{5-23}$$

由式（5-23）可知，谐波分量导致锁相环输入信号出现畸变，进而造成锁相环的估计性能显著恶化（见图 5-5）。

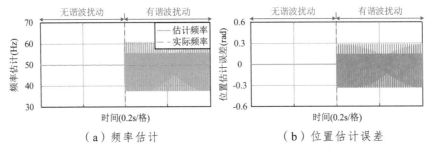

（a）频率估计　　　　　　　　　（b）位置估计误差

图 5-5　谐波分量影响下锁相环的估计性能

3. 电机参数变化对锁相环的影响

最后，分析电机参数变化对基于锁相环的估计方案性能的影响。考虑电机参数变化后，锁相环输入信号可写为：

$$\begin{cases} \hat{\psi}_{r\alpha p} = \cos(\theta_r) + D\cos(\theta_r) \\ \hat{\psi}_{r\beta p} = \sin(\theta_r) + D\sin(\theta_r) \end{cases} \qquad (5\text{-}24)$$

式（5-24）中：$\hat{\psi}_{r\alpha p}$、$\hat{\psi}_{r\beta p}$ 和 D 分别为考虑电机参数变化影响后的输入信号和电机参数变化带来的扰动分量幅值。

由式（5-24）可得：

$$\hat{\psi}_{rqp} = \sin(\hat{\theta}_r - \theta_r) + D\sin(\hat{\theta}_r - \theta_r) \qquad (5\text{-}25)$$

进一步可得，位置估计误差为：

$$\Delta\theta_p = \hat{\theta}_{rp} - \hat{\theta}_r = \frac{k_p s + k_i}{s^2 + k_p s + k_i}[D\sin(\hat{\theta}_r - \theta_r)] \qquad (5\text{-}26)$$

由式（5-26）可得，当电机参数发生变化后，锁相环的估计性能同样会受到不利影响。

根据上述分析可知，传统基于锁相环的估计方案主要存在两个问题：（1）传统基于锁相环的估计方案运行在升降速工况时，会出现明显的估计误差；（2）当系统出现扰动后，传统基于锁相环的估计方案性能会显著下降。对此，需要进一步研究基于新型锁相环的估计方案，保证复杂工况和不同扰动影响下速度和位置的准确估计。

5.2　基于 3 型锁相环的估计方案

针对传统基于锁相环的估计方案运行在升降速工况时出现估计误差的问题，本节介绍基于 3 型锁相环的估计方案，其中包括 3 型同步坐标系锁相环（type-3 Synchronous Reference Frame-Phase-Locked Loop，type-3 SRF-PLL）、3 型增强型锁相环（type-3 Enhanced Phase-Locked Loop，type-3 EPLL）和 3 型静态线性卡尔曼滤波器锁相环（type-3 Steady-State Linear Kalman Filter-Phase-Locked Loop，type-3 SSLKF-PLL），实现升降速工况时的准确估计。

5.2.1　3 型同步坐标系锁相环

如前分析，传统基于锁相环的估计方案在升降速工况时性能欠佳，主要是由于环路滤波器采用 PI 控制器。基于此，在传统基于锁相环的估计方案的基础上，设计新型环路滤波器替代基于 PI 控制器的环路滤波器。如此，得到基于 3 型同步坐标系锁相环的估计方案，如图 5-6 所示。进一步，可得该方案的小信号模型，如图 5-7 所示。

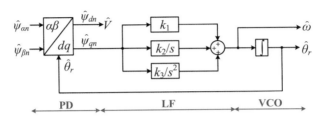

图 5-6　基于 3 型同步坐标系锁相环的估计方案

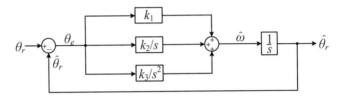

图 5-7　基于 3 型同步坐标系锁相环的估计方案的小信号模型

根据图 5-7 可得，位置估计的开环传递函数为：

$$G_{ol}^{TPLL}(s) = \frac{\hat{\theta}_r(s)}{\theta_r(s) - \hat{\theta}_r(s)} = \frac{\hat{\theta}_r(s)}{\theta_e(s)} = \frac{k_1 s^2 + k_2 s + k_3}{s^3} \tag{5-27}$$

式（5-27）中：k_1、k_2 和 k_3 为环路滤波器的增益。

进一步，位置估计误差的传递函数为：

$$G_e^{TPLL}(s) = \frac{1}{1 + G_{ol}^{TPLL}(s)} = \frac{s^3}{s^3 + k_1 s^2 + k_2 s + k_3} \tag{5-28}$$

当输入信号分别为相位阶跃、频率阶跃和频率斜坡时，位置估计误差分别为：

$$\begin{cases} \Delta\theta_{e1}^{TPLL}(s) = \dfrac{m}{s} G_e^{TPLL}(s) = \dfrac{ms^2}{s^3 + k_1 s^2 + k_2 s + k_3} \\[3mm] \Delta\theta_{e2}^{TPLL}(s) = \dfrac{n}{s^2} G_e^{TPLL}(s) = \dfrac{ns}{s^3 + k_1 s^2 + k_2 s + k_3} \\[3mm] \Delta\theta_{e3}^{TPLL}(s) = \dfrac{h}{s^3} G_e^{TPLL}(s) = \dfrac{h}{s^3 + k_1 s^2 + k_2 s + k_3} \end{cases} \tag{5-29}$$

由终值定理可得：

$$\begin{cases} \Delta\theta_{ess1}^{TPLL}(s) = \lim_{s \to 0} s\Delta\theta_{e1}^{TPLL}(s) = \lim_{s \to 0} \dfrac{ms^3}{s^3 + k_1 s^2 + k_2 s + k_3} = 0 \\[3mm] \Delta\theta_{ess2}^{TPLL}(s) = \lim_{s \to 0} s\Delta\theta_{e2}^{TPLL}(s) = \lim_{s \to 0} \dfrac{ns^2}{s^3 + k_1 s^2 + k_2 s + k_3} = 0 \\[3mm] \Delta\theta_{ess3}^{TPLL}(s) = \lim_{s \to 0} s\Delta\theta_{e3}^{TPLL}(s) = \lim_{s \to 0} \dfrac{hs}{s^3 + k_1 s^2 + k_2 s + k_3} = 0 \end{cases} \tag{5-30}$$

对比式（5-5）和式（5-30）可知：采用 3 型同步坐标系锁相环可以实现相位阶跃、频率阶跃和频率斜坡信号的准确追踪（见图 5-8）。这意味着，基于 3 型同步坐标系锁相环的估计方案能够实现升降速工况时速度和位置的准确估计。

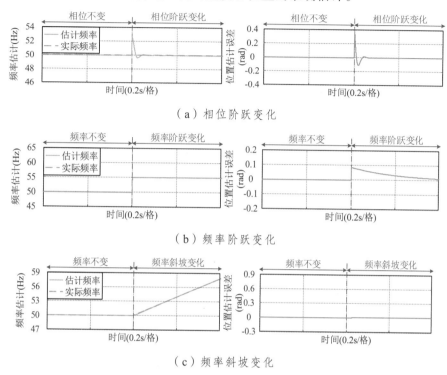

（a）相位阶跃变化

（b）频率阶跃变化

（c）频率斜坡变化

图 5-8　不同输入信号下 3 型同步坐标系锁相环的估计性能

5.2.2　3 型增强型锁相环

在 3 型同步坐标系锁相环的启发下，将所设计的新型环路滤波器推广到增强型锁相环中。如此，得到基于 3 型增强型锁相环的估计方案，如图 5-9 所示。其中，ε_α、ε_β、ε_d、ε_q 和 μ_v 分别为估计误差的 α 轴分量、β 轴分量、d 轴分量、q 轴分量和幅值估计的增益。

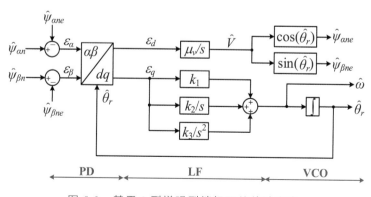

图 5-9　基于 3 型增强型锁相环的估计方案

不妨令，输入信号为幅值为 1 的纯正弦信号，即有：

$$\begin{cases} \hat{\psi}_{\alpha n} = \cos(\theta_r) \\ \hat{\psi}_{\beta n} = \sin(\theta_r) \end{cases} \tag{5-31}$$

进一步，输入信号估计可表示为：

$$\begin{cases} \hat{\psi}_{\alpha ne} = \cos(\hat{\theta}_r) \\ \hat{\psi}_{\beta ne} = \sin(\hat{\theta}_r) \end{cases} \tag{5-32}$$

由图 5-9 可得：

$$\begin{cases} \varepsilon_\alpha = \hat{\psi}_{\alpha n} - \hat{\psi}_{\alpha ne} = \cos(\theta_r) - \cos(\hat{\theta}_r) \\ \varepsilon_\beta = \hat{\psi}_{\beta n} - \hat{\psi}_{\beta ne} = \sin(\theta_r) - \sin(\hat{\theta}_r) \end{cases} \tag{5-33}$$

进一步，则有：

$$\begin{bmatrix} \varepsilon_d \\ \varepsilon_q \end{bmatrix} = \begin{bmatrix} \cos(\hat{\theta}_r) & \sin(\hat{\theta}_r) \\ \sin(\hat{\theta}_r) & -\cos(\hat{\theta}_r) \end{bmatrix} \begin{bmatrix} \varepsilon_\alpha \\ \varepsilon_\beta \end{bmatrix} \tag{5-34}$$

将式（5-34）代入式（5-33），可得：

$$\varepsilon_q = \sin(\theta_r - \hat{\theta}_r) \tag{5-35}$$

若估计位置与实际位置的偏差很小（即 $\hat{\theta}_r \to \theta_r$），则有：

$$\varepsilon_q = \sin(\theta_r - \hat{\theta}_r) \approx \theta_r - \hat{\theta}_r \tag{5-36}$$

结合图 5-9 和式（5-36），可得基于 3 型增强型锁相环的估计方案的小信号模型，如图 5-10 所示。

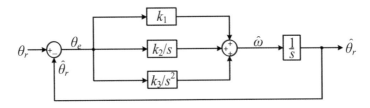

图 5-10　基于 3 型增强型锁相环的估计方案的小信号模型

由图 5-10 可知：基于 3 型增强型锁相环的估计方案的小信号模型与基于 3 型同步坐标系锁相环的估计方案的小信号模型一致，由上述分析可知（见 5.2.1 章节），基于 3 型增强型锁相环的估计方案同样能够保证升降速工况时的性能。

5.2.3　3 型静态线性卡尔曼滤波器锁相环

此外，将新型环路滤波器进一步拓展到静态线性卡尔曼滤波器锁相环中，得到基于 3 型静态线性卡尔曼滤波器锁相环的估计方案，实现升降速工况时的准确估计。

与传统的锁相环相比，在 3 型静态线性卡尔曼滤波器锁相环中，利用校正模块替代环路滤波器，利用预测模块替代压控振荡器，其状态方程可以表示为：

$$\begin{cases} \boldsymbol{x}(\lambda) = \boldsymbol{A}\boldsymbol{x}(\lambda-1) \\ \boldsymbol{y}(\lambda) = \boldsymbol{C}\boldsymbol{x}(\lambda) \end{cases} \tag{5-37}$$

式（5-37）中：$\boldsymbol{x}$、$\boldsymbol{y}$、$\boldsymbol{A}$、$\boldsymbol{C}$ 和 λ 分别为输入变量矩阵、输出变量矩阵、状态矩阵、输出矩阵和采样时刻，且有：

$$\begin{cases} \boldsymbol{x} = [\theta_r \quad \omega \quad a]^{\mathrm{T}} \\ \boldsymbol{A} = \begin{bmatrix} 1 & T_s & \dfrac{T_s^{\,2}}{2} \\ 0 & 1 & T_s \\ 0 & 0 & 1 \end{bmatrix} \\ \boldsymbol{C} = [1 \quad 0 \quad 0] \end{cases} \tag{5-38}$$

式（5-38）中：a 和 T_s 分别为加速度和采样时间，且有：

$$a = \frac{\mathrm{d}\omega}{\mathrm{d}t} \tag{5-39}$$

由状态方程可得，校正模块和预测模块可表示为：

$$\begin{cases} \hat{\boldsymbol{x}}(\lambda) = \boldsymbol{A}\tilde{\boldsymbol{x}}(\lambda-1) \\ \tilde{\boldsymbol{x}}(\lambda) = \hat{\boldsymbol{x}}(\lambda) + \boldsymbol{k}\theta_e(\lambda) \end{cases} \tag{5-40}$$

式（5-40）中：$\hat{\boldsymbol{x}}$、$\tilde{\boldsymbol{x}}$、$\boldsymbol{k}$ 和 θ_e 分别为预测模块变量、校正模块变量、调整矩阵和位置估计误差，且有：

$$\begin{cases} \boldsymbol{k} = [k_1 \quad k_2 \quad k_3]^{\mathrm{T}} \\ \theta_e = \theta_r(\lambda) - \hat{\theta}_r(\lambda) \end{cases} \tag{5-41}$$

式（5-41）中：k_1、k_2 和 k_3 为调整矩阵的增益；$\hat{\theta}_r(\lambda)$ 为位置估计。

综上可得，基于 3 型静态线性卡尔曼滤波器锁相环的估计方案如图 5-11 所示。

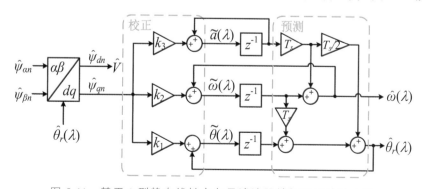

图 5-11　基于 3 型静态线性卡尔曼滤波器锁相环的估计方案

根据图 5-11 可得：

$$
\begin{cases}
\tilde{a}(\lambda) = k_3 \hat{\psi}_{qn}(\lambda) + \tilde{a}(\lambda - 1) \\
\hat{\omega}(\lambda) = \tilde{a}(\lambda - 1) T_s + \tilde{\omega}(\lambda - 1) \\
\tilde{\omega}(\lambda) = k_2 \psi_{qn}(\lambda) + \hat{\omega}(\lambda)
\end{cases}
\tag{5-42}
$$

由式（5-42）可得：

$$
\tilde{a}(\lambda) = \frac{k_3}{1 - z^{-1}} \hat{\psi}_{qn}(\lambda)
\tag{5-43}
$$

$$
\hat{\omega}(\lambda) = \frac{z^{-1} T_s}{1 - z^{-1}} k_3 \hat{\psi}_{qn}(\lambda) + [k_2 \psi_{qn}(\lambda) + \hat{\omega}(\lambda)] z^{-1}
\tag{5-44}
$$

式（5-43）和式（5-44）中：z 为 z 变换算子。

进一步，可得：

$$
\hat{\omega}(\lambda) = \frac{z}{z-1} \left[\frac{k_3 \hat{\psi}_{qn}(\lambda)}{z-1} T_s + k_2 \psi_{qn}(\lambda) z^{-1} \right]
\tag{5-45}
$$

不妨令：

$$
k_1' = \frac{k_1}{T_s} \qquad k_2' = \frac{k_2}{T_s} \qquad k_3' = \frac{k_3}{T_s}
\tag{5-46}
$$

将式（5-46）代入式（5-45），则有：

$$
\hat{\omega}(\lambda) = \frac{T_s}{z-1} \left[\frac{z T_s}{z-1} k_3' \hat{\psi}_{qn}(\lambda) + k_2' \psi_{qn}(\lambda) \right]
\tag{5-47}
$$

由图 5-11 可得：

$$
\begin{cases}
\hat{\theta}_r(\lambda) = \tilde{a}(\lambda) z^{-1} \dfrac{T_s^2}{2} + \tilde{\omega}(\lambda) z^{-1} T_s + \tilde{\theta}(\lambda) z^{-1} \\
\tilde{\theta}(\lambda) = k_1 \hat{\psi}_{qn}(\lambda) + \hat{\theta}_r(\lambda) \\
\tilde{\omega}(\lambda) z^{-1} = \hat{\omega}(\lambda) - \tilde{a}(\lambda) z^{-1} T_s
\end{cases}
\tag{5-48}
$$

由式（5-48）可得：

$$
\hat{\theta}_r(\lambda) = \tilde{a}(\lambda) z^{-1} \frac{T_s^2}{2} + [\hat{\omega}(\lambda) - \tilde{a}(\lambda) z^{-1} T_s] T_s + [k_1 \hat{\psi}_{qn}(\lambda) + \hat{\theta}_r(\lambda)] z^{-1}
\tag{5-49}
$$

进一步，则有：

$$
\hat{\theta}_r(\lambda) = \frac{T_s}{z-1} \left[-\frac{z T_s}{z-1} \frac{T_s}{2} k_3' \hat{\psi}_{qn}(\lambda) + z \hat{\omega}(\lambda) + k_1' \hat{\psi}_{qn}(\lambda) \right]
\tag{5-50}
$$

将式（5-47）代入式（5-50），则有：

$$\hat{\theta}_r(\lambda) = \frac{T_s}{z-1}\left[-\frac{zT_s}{z-1}\frac{T_s}{2}k_3'\hat{\psi}_{qn}(\lambda) + \left(\frac{zT_s}{z-1}\right)^2 k_3'\hat{\psi}_{qn}(\lambda) + \frac{zT_s}{z-1}k_2'\hat{\psi}_{qn}(\lambda) + k_1'\hat{\psi}_{qn}(\lambda)\right] \quad (5-51)$$

根据式（5-47）和式（5-51）可得，基于 3 型态线性卡尔曼滤波器锁相环的估计方案的 z 域模型，如图 5-12 所示。

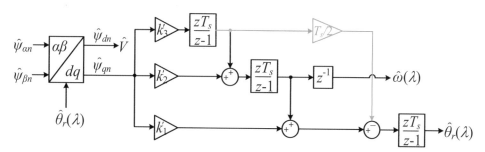

图 5-12　基于 3 型静态线性卡尔曼滤波器锁相环的估计方案的 z 域模型

注意到，在图 5-12 中，$\dfrac{zT_s}{z-1}$ 和 $\dfrac{T_s}{z-1}$ 分别为采用后向欧拉和前向欧拉方法后积分器的表现形式。基于此，进一步可得基于 3 型静态线性卡尔曼滤波器锁相环的估计方案的 s 域模型，如图 5-13 所示。

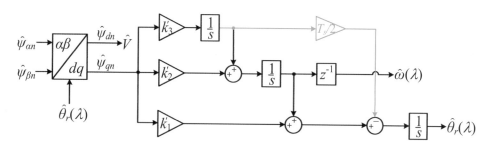

图 5-13　基于 3 型静态线性卡尔曼滤波器锁相环的估计方案的 s 域模型

注意到，在图 5-13 中，红色回路的增益为采样时间的一半（通常，采样时间为微秒级），对系统的影响微乎其微。因此，常将此回路忽略掉。如此，可得基于 3 型静态线性卡尔曼滤波器锁相环的估计方案的小信号模型，如图 5-14 所示。

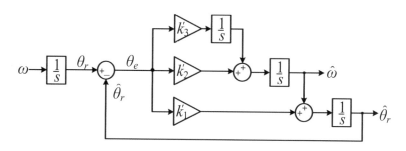

图 5-14　基于 3 型静态线性卡尔曼滤波器锁相环的估计方案的小信号模型

由图 5-14 可得：

$$\begin{cases} \left[\omega(s)\dfrac{1}{s}-\hat{\theta}_r(s)\right]\left[\left(k_2'+\dfrac{k_3'}{s}\right)\dfrac{1}{s}\right]=\hat{\omega}(s) \\ \left[\theta_r(s)-\hat{\theta}_r(s)\right]\left[k_1'+\left(k_2'+\dfrac{k_3'}{s}\right)\dfrac{1}{s}\right]\dfrac{1}{s}=\hat{\theta}_r(s) \end{cases} \qquad (5\text{-}52)$$

由式（5-52）可得，速度估计的开环传递函数和位置估计的开环传递函数分别为：

$$G_{\omega ol}^{SPLL}(s)=\frac{\hat{\omega}(s)}{\omega(s)-\hat{\omega}(s)}=\frac{k_2's+k_3'}{s^2(s+k_1')} \qquad (5\text{-}53)$$

$$G_{\theta ol}^{SPLL}(s)=\frac{\hat{\theta}_r(s)}{\theta_r(s)-\hat{\theta}_r(s)}=\frac{k_1's^2+k_2's+k_3'}{s^3} \qquad (5\text{-}54)$$

进一步，可得速度估计误差的传递函数和位置估计误差的传递函数分别为：

$$G_{\omega e}^{SPLL}(s)=\frac{1}{1+G_{\omega ol}^{SPLL}(s)}=\frac{s^2(s+k_1')}{s^3+k_1's^2+k_2's+k_3'} \qquad (5\text{-}55)$$

$$G_{\theta e}^{SPLL}(s)=\frac{1}{1+G_{\theta ol}^{SPLL}(s)}=\frac{s^3}{s^3+k_1's^2+k_2's+k_3'} \qquad (5\text{-}56)$$

当输入信号分别为相位阶跃、频率阶跃和频率斜坡信号时，即有：

$$\begin{cases} \omega_1(s)=m, \quad \theta_1(s)=\dfrac{m}{s} \\ \omega_2(s)=\dfrac{n}{s}, \quad \theta_2(s)=\dfrac{n}{s^2} \\ \omega_3(s)=\dfrac{h}{s^2}, \quad \theta_3(s)=\dfrac{h}{s^3} \end{cases} \qquad (5\text{-}57)$$

将式（5-57）代入式（5-55）和式（5-56），则有：

$$\begin{cases} \Delta\omega_{e1}^{SPLL}(s)=\omega_1(s)G_{\omega e}^{SPLL}(s)=\dfrac{ms^2(s+k_1')}{s^3+k_1's^2+k_2's+k_3'} \\ \Delta\omega_{e2}^{SPLL}(s)=\omega_2(s)G_{\omega e}^{SPLL}(s)=\dfrac{ns(s+k_1')}{s^3+k_1's^2+k_2's+k_3'} \\ \Delta\omega_{e3}^{SPLL}(s)=\omega_3(s)G_{\omega e}^{SPLL}(s)=\dfrac{h(s+k_1')}{s^3+k_1's^2+k_2's+k_3'} \end{cases} \qquad (5\text{-}58)$$

$$\begin{cases} \Delta\theta_{e1}^{SPLL}(s)=\theta_1(s)G_{\theta e}^{SPLL}(s)=\dfrac{ms^2}{s^3+k_1's^2+k_2's+k_3'} \\ \Delta\theta_{e2}^{SPLL}(s)=\theta_2(s)G_{\theta e}^{SPLL}(s)=\dfrac{ns}{s^3+k_1's^2+k_2's+k_3'} \\ \Delta\theta_{e3}^{SPLL}(s)=\theta_3(s)G_{\theta e}^{SPLL}(s)=\dfrac{h}{s^3+k_1's^2+k_2's+k_3'} \end{cases} \qquad (5\text{-}59)$$

利用终值定理，可得：

$$\begin{cases} \Delta\omega_{ess1}^{SPLL} = \lim_{s \to 0} s \Delta\omega_{e1}^{SPLL}(s) = \lim_{s \to 0} s \dfrac{ms^2(s+k_1')}{s^3+k_1's^2+k_2's+k_3'} = 0 \\[3mm] \Delta\omega_{ess2}^{SPLL} = \lim_{s \to 0} s \Delta\omega_{e2}^{SPLL}(s) = \lim_{s \to 0} s \dfrac{ns(s+k_1')}{s^3+k_1's^2+k_2's+k_3'} = 0 \\[3mm] \Delta\omega_{ess3}^{SPLL} = \lim_{s \to 0} s \Delta\omega_{e3}^{SPLL}(s) = \lim_{s \to 0} s \dfrac{h(s+k_1')}{s^3+k_1's^2+k_2's+k_3'} = 0 \end{cases} \tag{5-60}$$

$$\begin{cases} \Delta\theta_{ess1}^{SPLL}(s) = \lim_{s \to 0} s \Delta\theta_{e1}^{SPLL}(s) = \lim_{s \to 0} s \dfrac{ms^2}{s^3+k_1's^2+k_2's+k_3'} = 0 \\[3mm] \Delta\theta_{ess2}^{SPLL}(s) = \lim_{s \to 0} s \Delta\theta_{e2}^{SPLL}(s) = \lim_{s \to 0} s \dfrac{ns}{s^3+k_1's^2+k_2's+k_3'} = 0 \\[3mm] \Delta\theta_{ess3}^{SPLL}(s) = \lim_{s \to 0} s \Delta\theta_{e3}^{SPLL}(s) = \lim_{s \to 0} s \dfrac{h}{s^3+k_1's^2+k_2's+k_3'} = 0 \end{cases} \tag{5-61}$$

根据式（5-60）和式（5-61）可知：基于 3 型静态线性卡尔曼滤波器锁相环的估计方案能够保证升降速工况时的估计性能。

5.3　基于双环锁相环的估计方案

进一步，本节介绍基于双环锁相环的估计方案，其中包括基于前馈锁相环（Feedforward-loop Phase-Locked Loop，FPLL）的估计方案、基于改进型前馈锁相环（Improved Feedforward-loop Phase-Loced Loop，IFPLL）的估计方案、基于双环锁相环（Dual-loop Phase-Locked Loop，DPLL）的估计方案和基于高阶锁相环（High-order Phase-Locked Loop，HPLL）的估计方案，保证升降速工况时的估计性能。

5.3.1　前馈锁相环

如图 5-15 所示，基于前馈锁相环的估计方案是在传统基于锁相环的估计方案的基础上，引入前馈回路提供一个前馈频率 ω_{ff}，并与锁相环提供的频率估计相加得到估计速度，进一步对估计速度进行积分得到位置估计。

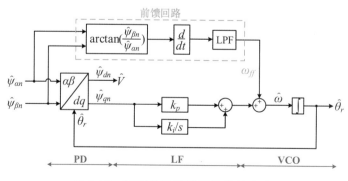

图 5-15　基于前馈锁相环的估计方案

由图 5-15 可得，前馈频率 ω_{ff} 可计算为：

$$\omega_{ff}(s) = LPF(s) \times L\left\{\frac{\mathrm{d}}{\mathrm{d}t}\left[\arctan\left(\frac{\hat{\psi}_{\beta n}}{\hat{\psi}_{\alpha n}}\right)\right]\right\} = LPF(s) \times \omega(s) \tag{5-62}$$

式（5-62）中：L 和 LPF（s）分别为拉普拉斯变换符号和低通滤波器的传递函数，且有：

$$LPF(s) = \frac{\omega_c}{s + \omega_c} \tag{5-63}$$

式（5-63）中：ω_c 为低通滤波器的截止频率。

进一步，可得基于前馈锁相环的估计方案的小信号模型，如图 5-16 所示。

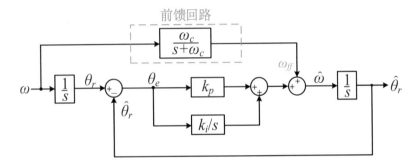

图 5-16　基于前馈锁相环的估计方案的小信号模型

由图 5-16 可得：

$$\theta_r \frac{\omega_c}{s + \omega_c} + (\theta_r - \hat{\theta}_r)\frac{k_p s + k_i}{s^2} = \hat{\theta}_r \tag{5-64}$$

根据式（5-64）可得，位置估计误差的传递函数为：

$$G_e^{FPLL}(s) = \frac{\theta_r(s) - \hat{\theta}_r(s)}{\theta_r(s)} = \frac{s^3}{s^3 + (k_p + \omega_c)s^2 + (k_i + k_p\omega_c)s + k_i\omega_c} \tag{5-65}$$

当输入信号分别为相位阶跃、频率阶跃和频率斜坡时，位置估计误差分别为：

$$\begin{cases} \Delta\theta_{e1}^{FPLL}(s) = \dfrac{m}{s}G_e^{FPLL}(s) = \dfrac{ms^2}{s^3 + (k_p + \omega_c)s^2 + (k_i + k_p\omega_c)s + k_i\omega_c} \\[3mm] \Delta\theta_{e2}^{FPLL}(s) = \dfrac{n}{s^2}G_e^{FPLL}(s) = \dfrac{ns}{s^3 + (k_p + \omega_c)s^2 + (k_i + k_p\omega_c)s + k_i\omega_c} \\[3mm] \Delta\theta_{e3}^{FPLL}(s) = \dfrac{h}{s^3}G_e^{FPLL}(s) = \dfrac{h}{s^3 + (k_p + \omega_c)s^2 + (k_i + k_p\omega_c)s + k_i\omega_c} \end{cases} \tag{5-66}$$

由终值定理可得：

$$\begin{cases} \Delta\theta_{ess1}^{FPLL}(s) = \lim_{s\to\infty}s\Delta\theta_{e1}^{FPLL}(s) = \lim_{s\to\infty}\dfrac{ms^3}{s^3+(k_p+\omega_c)s^2+(k_i+k_p\omega_c)s+k_i\omega_c} = 0 \\[2mm] \Delta\theta_{ess2}^{FPLL}(s) = \lim_{s\to\infty}s\Delta\theta_{e2}^{FPLL}(s) = \lim_{s\to\infty}\dfrac{ns^2}{s^3+(k_p+\omega_c)s^2+(k_i+k_p\omega_c)s+k_i\omega_c} = 0 \quad (5\text{-}67) \\[2mm] \Delta\theta_{ess3}^{FPLL}(s) = \lim_{s\to\infty}s\Delta\theta_{e3}^{FPLL}(s) = \lim_{s\to\infty}\dfrac{hs}{s^3+(k_p+\omega_c)s^2+(k_i+k_p\omega_c)s+k_i\omega_c} = 0 \end{cases}$$

根据式（5-67）可知：基于前馈锁相环的估计方案运行在升降速工况时能够实现速度和位置的准确估计。

5.3.2　改进型前馈锁相环

在基于前馈锁相环的估计方案中，引入了微分算子，而这会导致估计方案的噪声敏感性显著提升。为此，进一步设计一种基于改进型前馈锁相环的估计方案，如图 5-17 所示。在此方案中，利用前馈回路提供一个前馈位置 θ_{ff}。如此，取消了微分运算，从而提升估计性能。

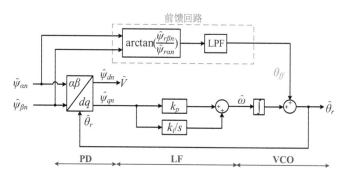

图 5-17　基于改进型前馈锁相环的估计方案

由图 5-17 可得，前馈位置 θ_{ff} 可计算为：

$$\theta_{ff}(s) = LPF(s)\times L\left[\arctan\left(\frac{\hat{\psi}_{\beta n}}{\hat{\psi}_{\alpha n}}\right)\right] = LPF(s)\times\theta_r(s) \quad (5\text{-}68)$$

进一步，基于改进型前馈锁相环的估计方案的小信号模型如图 5-18 所示。

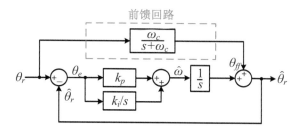

图 5-18　基于改进型前馈锁相环的估计方案的小信号模型

由图 5-18 可得，位置估计误差的传递函数为：

$$G_e^{IFPLL}(s) = \frac{\hat{\theta}_r(s)}{\theta_r(s) - \hat{\theta}_r(s)} = \frac{s^3}{s^3 + (k_p + \omega_c)s^2 + (k_i + k_p\omega_c)s + k_i\omega_c} \qquad (5\text{-}69)$$

由式（5-69）可知：基于改进型前馈锁相环的估计方案的位置估计误差传递函数与式（5-65）一致，这意味着该方案也能保证升降速工况时的估计性能。

5.3.3　双环锁相环

如图 5-19 所示，基于双环锁相环的估计方案有两个环路，并且每个环路均有独立的环路滤波器和压控振荡器。进一步，将两个环路输出相加得到估计速度，最后通过对估计速度进行积分得到估计位置。

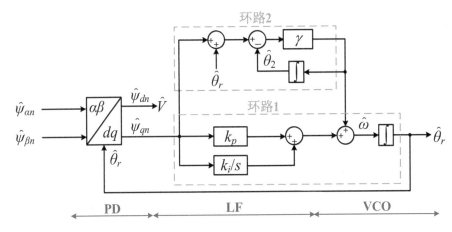

图 5-19　基于双环锁相环的估计方案

由图 5-19 可得，基于双环锁相环的估计方案的小信号模型，如图 5-20 所示。

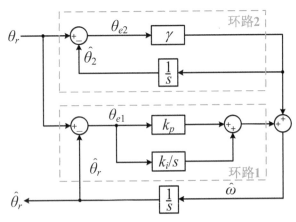

图 5-20　基于双环锁相环的估计方案的小信号模型

由图 5-20 可得：

$$\begin{cases} (\theta_r - \hat{\theta}_2)\dfrac{\gamma}{s} = \hat{\theta}_2 \\[3mm] \left[(\theta_r - \hat{\theta}_r)\dfrac{k_p s + k_i}{s} + (\theta_r - \hat{\theta}_2)\gamma \right]\dfrac{1}{s} = \hat{\theta}_r \end{cases} \quad (5\text{-}70)$$

式（5-70）中：γ 和 $\hat{\theta}_2$ 分别为环路 2 的环路滤波器增益和位置估计。

进一步可得，位置估计的开环传递函数为：

$$G_{ol}^{DPLL}(s) = \frac{\hat{\theta}_r(s)}{\theta_r(s) - \hat{\theta}_r(s)} = \frac{(k_p + \gamma)s^2 + (k_i + k_p\gamma)s + k_i\gamma}{s^3} \quad (5\text{-}71)$$

由式（5-71）可得：基于双环锁相环的估计方案同样能够实现升降速工况时的准确估计。

5.3.4　高阶锁相环

在双环锁相环的启发下，研究一种基于高阶锁相环的估计方案，如图 5-21 所示。由图可知，基于高阶锁相环的估计方案同样有两个环路，且每个环路均采用基于 PI 控制器的环路滤波器。

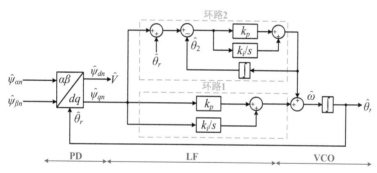

图 5-21　基于高阶锁相环的估计方案

由图 5-21 可得，基于高阶锁相环的估计方案的小信号模型如图 5-22 所示。

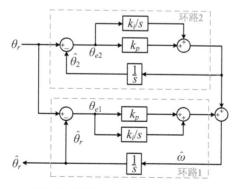

图 5-22　基于高阶锁相环的估计方案的小信号模型

由图 5-22 可得：

$$\begin{cases} (\theta_r - \hat{\theta}_2)\dfrac{k_p s + k_i}{s^2} = \hat{\theta}_2 \\ \left[(\theta_r - \hat{\theta}_r)\dfrac{k_p s + k_i}{s} + (\theta_r - \hat{\theta}_2)\dfrac{k_p s + k_i}{s^2}\right]\dfrac{1}{s} = \hat{\theta}_r \end{cases} \tag{5-72}$$

进一步可得，位置估计的开环传递函数为：

$$G_{ol}^{HPLL}(s) = \frac{\hat{\theta}(s)}{\theta_r(s) - \hat{\theta}_r(s)} = \frac{2k_p s^3 + (2k_i + k_p^2)s^2 + 2k_p k_i s + k_i^2}{s^4} \tag{5-73}$$

由式（5-73）可得，位置估计误差的传递函数为：

$$G_e^{HPLL}(s) = \frac{\theta_r(s) - \hat{\theta}_r(s)}{\theta_r(s)} = \frac{1}{1 + G_{ol}^{HPLL}(s)} = \frac{s^4}{(s^2 + k_p s + k_i)^2} \tag{5-74}$$

当输入信号分别为相位阶跃、频率阶跃和频率斜坡时，位置估计误差为：

$$\begin{cases} \Delta\theta_{e1}^{HPLL}(s) = \dfrac{m}{s}G_e^{HPLL}(s) = \dfrac{ms^3}{(s^2 + k_p s + k_i)^2} \\ \Delta\theta_{e2}^{HPLL}(s) = \dfrac{n}{s^2}G_e^{HPLL}(s) = \dfrac{ns^2}{(s^2 + k_p s + k_i)^2} \\ \Delta\theta_{e3}^{HPLL}(s) = \dfrac{h}{s^3}G_e^{HPLL}(s) = \dfrac{hs}{(s^2 + k_p s + k_i)^2} \end{cases} \tag{5-75}$$

采用终值定理，则有：

$$\begin{cases} \Delta\theta_{ess1}^{HPLL}(s) = \lim_{s \to 0} s\Delta\theta_{e1}^{HPLL}(s) = \lim_{s \to 0} s\dfrac{ms^3}{(s^2 + k_p s + k_i)^2} = 0 \\ \Delta\theta_{ess2}^{HPLL}(s) = \lim_{s \to 0} s\Delta\theta_{e2}^{HPLL}(s) = \lim_{s \to 0} s\dfrac{ns^2}{(s^2 + k_p s + k_i)^2} = 0 \\ \Delta\theta_{ess3}^{HPLL}(s) = \lim_{s \to 0} s\Delta\theta_{e3}^{HPLL}(s) = \lim_{s \to 0} s\dfrac{hs}{(s^2 + k_p s + k_i)^2} = 0 \end{cases} \tag{5-76}$$

由式（5-76）可知：基于高阶锁相环的估计方案能够保证升降速工况时的估计性能。

5.4 基于改进型扩展状态观测器锁相环的估计方案

传统基于锁相环的估计方案运行在升降速时会出现明显估计误差，并且该方案在速度指令变化和负载变化等工况时动态响应欠佳[19-20]。对此，本节根据扩展状态观测器原理，设计基于改进型扩展状态观测器锁相环的估计方案，从而提升估计性能。

5.4.1　传统的扩展状态观测器锁相环

作为自抗扰控制器（Active Disturbance Rejection Controller，ADRC）的一部分，扩展状态观测器（Extended State Observer，ESO）将系统的状态和扰动看作一个整体，构造一个增广系统模型。然后，基于该模型对系统的状态变量和扰动进行估计。通常，扩展状态观测器可表示为：

$$\begin{cases} e = z_1 - \hat{z}_1 \\ \dfrac{\mathrm{d}\hat{z}_i}{\mathrm{d}t} = \hat{z}_{i+1} + \beta_i e \\ \dfrac{\mathrm{d}\hat{z}_n}{\mathrm{d}t} = \hat{z}_{n+1} + bu + \beta_n e + f \\ \dfrac{\mathrm{d}\hat{z}_{n+1}}{\mathrm{d}t} = \beta_{n+1} e \end{cases} \tag{5-77}$$

式（5-77）中：e、z_i（$i = 1$，2，$\cdots$，$n+1$）、f、$\hat{z}_{n+1}$、b、u 和 β_i（$i = 1$，2，$\cdots$，$n+1$）分别为估计误差、实际状态变量、实际扰动变量、扰动变量估计、系统参数、系统输入和扩展状态观测器的增益。此外，上标为"^"的变量代表估计变量。

锁相环的状态空间方程为：

$$\begin{bmatrix} \dfrac{\mathrm{d}x_1}{\mathrm{d}t} \\ \dfrac{\mathrm{d}x_2}{\mathrm{d}t} \end{bmatrix} = \begin{bmatrix} 0 & 1 \\ 0 & 0 \end{bmatrix} \begin{bmatrix} x_1 \\ x_2 \end{bmatrix} + \begin{bmatrix} 1 \\ 0 \end{bmatrix} u + \begin{bmatrix} 0 \\ 1 \end{bmatrix} h \tag{5-78}$$

式（5-78）中：x_1、x_2、u 和 h 分别为锁相环的状态变量、扰动分量、输入变量和扰动分量的微分项。

联立式（5-77）和式（5-78）可得：

$$\begin{bmatrix} \dfrac{\mathrm{d}\hat{x}_1}{\mathrm{d}t} \\ \dfrac{\mathrm{d}\hat{x}_2}{\mathrm{d}t} \end{bmatrix} = \begin{bmatrix} 0 & 1 \\ 0 & 0 \end{bmatrix} \begin{bmatrix} \hat{x}_1 \\ \hat{x}_2 \end{bmatrix} + \begin{bmatrix} 1 \\ 0 \end{bmatrix} u + \begin{bmatrix} \beta_1 \\ \beta_2 \end{bmatrix} (x_1 - \hat{x}_1) \tag{5-79}$$

式（5-79）中：$\hat{x}_1$、$\hat{x}_2$、β_1 和 β_2 分别为输入信号的 q 轴分量、扰动分量估计和扩展状态观测器的增益。

从式（5-79）中减去式（5-78），则有：

$$\begin{cases} \begin{bmatrix} \dfrac{\mathrm{d}e_1}{\mathrm{d}t} \\[2mm] \dfrac{\mathrm{d}e_2}{\mathrm{d}t} \end{bmatrix} = A_e \begin{bmatrix} e_1 \\ e_2 \end{bmatrix} + \begin{bmatrix} 0 \\ 1 \end{bmatrix} h \\[4mm] A_e = \begin{bmatrix} -\beta_1 & 1 \\ -\beta_2 & 0 \end{bmatrix} \end{cases} \quad (5\text{-}80)$$

式（5-80）中：e_1 和 e_2 分别为状态变量估计误差和扰动估计误差，且有：

$$\begin{cases} e_1 = \hat{x}_1 - x_1 \\ e_2 = \hat{x}_2 - x_2 \end{cases} \quad (5\text{-}81)$$

不妨令，观测器增益 β_1 和 β_2 为：

$$\begin{cases} \beta_1 = 2\omega_0 \\ \beta_2 = \omega_0^2 \end{cases} \quad (5\text{-}82)$$

式（5-82）中：ω_0 为扩展状态观测器的带宽。

联立式（5-80）和式（5-82），可得估计误差的特征函数为：

$$\lambda(s) = (sI - A_e)^{-1} = s^2 + \beta_1 s + \beta_2 = (s + \omega_0)^2 \quad (5\text{-}83)$$

综上可得，基于扩展状态观测器锁相环的估计方案如图 5-23 所示。在此基础上，进一步得到该方案的小信号模型如图 5-24 所示。

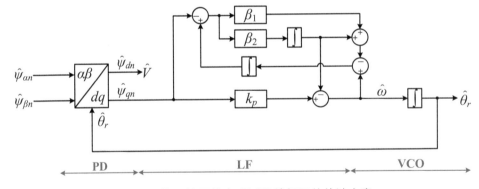

图 5-23　基于扩展状态观测器锁相环的估计方案

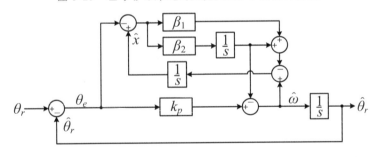

图 5-24　基于扩展状态观测器锁相环的估计方案的小信号模型

由图 5-24 可得：

$$
\begin{cases}
\left\{\hat{\omega}-[\hat{x}-(\hat{\theta}_r-\theta_r)]\dfrac{\beta_1 s+\beta_2}{s}\right\}\dfrac{1}{s}=\hat{x} \\[2mm]
\left\{k_p(\hat{\theta}_r-\theta_r)-[\hat{x}-(\hat{\theta}_r-\theta_r)]\dfrac{\beta_2}{s}\right\}=\hat{\omega} \\[2mm]
\hat{\omega}\dfrac{1}{s}=\hat{\theta}_r
\end{cases}
\tag{5-84}
$$

式（5-84）中：$\hat{x}$ 为扰动估计。

由式（5-84）可得，位置估计的开环传递函数为：

$$
G_{ol}^{ESOPLL}(s)=\frac{\hat{\theta}_r(s)}{\theta_r(s)-\hat{\theta}_r(s)}=\frac{k_p s^2+(k_p\beta_1-\beta_2)s+k_p\beta_2}{s^2(\beta_1+s)}
\tag{5-85}
$$

进一步，位置估计误差的传递函数可计算为：

$$
G_e^{ESOPLL}(s)=\frac{1}{1+G_{ol}^{ESOPLL}(s)}=\frac{s^2(\beta_1+s)}{s^3+(k_p+\beta_1)s^2+(k_p\beta_1-\beta_2)s+k_p\beta_2}
\tag{5-86}
$$

当输入信号分别为相位阶跃、频率阶跃和频率斜坡时，位置估计误差分别为：

$$
\begin{cases}
\Delta\theta_{e1}^{ESOPLL}(s)=\dfrac{ms(\beta_1+s)}{s^3+(k_p+\beta_1)s^2+(k_p\beta_1-\beta_2)s+k_p\beta_2} \\[3mm]
\Delta\theta_{e2}^{ESOPLL}(s)=\dfrac{n(\beta_1+s)}{s^3+(k_p+\beta_1)s^2+(k_p\beta_1-\beta_2)s+k_p\beta_2} \\[3mm]
\Delta\theta_{e3}^{ESOPLL}(s)=\dfrac{1}{s}\dfrac{h(\beta_1+s)}{s^3+(k_p+\beta_1)s^2+(k_p\beta_1-\beta_2)s+k_p\beta_2}
\end{cases}
\tag{5-87}
$$

由终值定理可得：

$$
\begin{cases}
\Delta\theta_{ess1}^{ESOPLL}(s)=\lim_{s\to0}\dfrac{ms^2(\beta_1+s)}{s^3+(k_p+\beta_1)s^2+(k_p\beta_1-\beta_2)s+k_p\beta_2}=0 \\[3mm]
\Delta\theta_{ess2}^{ESOPLL}(s)=\lim_{s\to0}\dfrac{ns(\beta_1+s)}{s^3+(k_p+\beta_1)s^2+(k_p\beta_1-\beta_2)s+k_p\beta_2}=0 \\[3mm]
\Delta\theta_{ess3}^{ESOPLL}(s)=\lim_{s\to0}\dfrac{h(\beta_1+s)}{s^3+(k_p+\beta_1)s^2+(k_p\beta_1-\beta_2)s+k_p\beta_2}=\dfrac{h\beta_1}{k_p\beta_2}
\end{cases}
\tag{5-88}
$$

由式（5-88）可知：传统基于扩展状态观测器锁相环的估计方案运行在升降速工况时会出现明显的估计误差。

5.4.2　3 型扩展状态观测器锁相环

为保证升降速工况时的估计性能，本节在传统基于扩展状态观测器锁相环的估计方案的基础上，进一步设计基于 3 型扩展状态观测器锁相环的估计方案和带有估计误差补偿的基于扩展状态观测器锁相环的估计方案，实现升降速工况时速度和位置的准确估计。

如图 5-25 所示，基于 3 型扩展状态观测器锁相环的估计方案是在基于扩展状态观测器锁相环的估计方案的基础上，重新设计环路滤波器得到的。

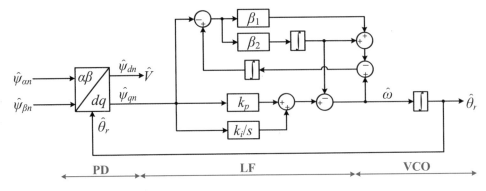

图 5-25　基于 3 型扩展状态观测器锁相环的估计方案

由图 5-25 可得，基于 3 型扩展状态观测器锁相环的估计方案的小信号模型如图 5-26 所示。

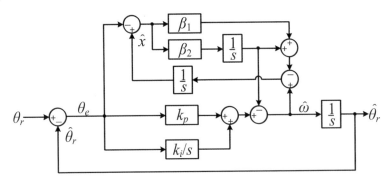

图 5-26　基于 3 型扩展状态观测器锁相环的估计方案的小信号模型

由图 5-26 可得：

$$\begin{cases} \left\{ \hat{\omega} - [\hat{x} - (\hat{\theta}_r - \theta_r)]\dfrac{\beta_1 s + \beta_2}{s} \right\} \dfrac{1}{s} = \hat{x} \\[3mm] \left\{ \dfrac{k_p s + k_i}{s}(\hat{\theta}_r - \theta_r) - [\hat{x} - (\hat{\theta}_r - \theta_r)]\dfrac{\beta_2}{s} \right\} = \hat{\omega} \\[3mm] \hat{\omega}\dfrac{1}{s} = \hat{\theta}_r \end{cases} \tag{5-89}$$

由式（5-89）可得，位置估计的开环传递函数可写为：

$$G_{ol}^{TESOPLL}(s) = \frac{k_p s^3 + (k_p \beta_1 - \beta_2 + k_i)s^2 + s(k_p \beta_2 + k_i \beta_1) + k_i \beta_2}{s^3(\beta_1 + s)} \tag{5-90}$$

进一步可得，位置估计误差的传递函数为：

$$G_e^{TESOPLL}(s) = \frac{s^3(\beta_1 + s)}{s^4 + (k_p + \beta_1)s^3 + (k_p\beta_1 - \beta_2 + k_i)s^2 + (k_p\beta_2 + k_i\beta_1)s + k_i\beta_2}$$ （5-91）

当输入信号分别为相位阶跃、频率阶跃和频率斜坡时，位置估计误差分别为：

$$\begin{cases} \Delta\theta_{e1}^{TESOPLL}(s) = \dfrac{ms^2(\beta_1 + s)}{s^4 + (k_p + \beta_1)s^3 + (k_p\beta_1 - \beta_2 + k_i)s^2 + (k_p\beta_2 + k_i\beta_1)s + k_i\beta_2} \\[4mm] \Delta\theta_{e2}^{TESOPLL}(s) = \dfrac{ns(\beta_1 + s)}{s^4 + (k_p + \beta_1)s^3 + (k_p\beta_1 - \beta_2 + k_i)s^2 + (k_p\beta_2 + k_i\beta_1)s + k_i\beta_2} \\[4mm] \Delta\theta_{e3}^{TESOPLL}(s) = \dfrac{h(\beta_1 + s)}{s^4 + (k_p + \beta_1)s^3 + (k_p\beta_1 - \beta_2 + k_i)s^2 + (k_p\beta_2 + k_i\beta_1)s + k_i\beta_2} \end{cases}$$ （5-92）

由终值定理可得：

$$\begin{cases} \Delta\theta_{ess1}^{TESOPLL}(s) = \lim_{s \to 0} \dfrac{ms^3(\beta_1 + s)}{s^4 + (k_p + \beta_1)s^3 + (k_p\beta_1 - \beta_2 + k_i)s^2 + (k_p\beta_2 + k_i\beta_1)s + k_i\beta_2} = 0 \\[4mm] \Delta\theta_{ess2}^{TESOPLL}(s) = \lim_{s \to 0} \dfrac{ns^2(\beta_1 + s)}{s^4 + (k_p + \beta_1)s^3 + (k_p\beta_1 - \beta_2 + k_i)s^2 + (k_p\beta_2 + k_i\beta_1)s + k_i\beta_2} = 0 \\[4mm] \Delta\theta_{ess3}^{TESOPLL}(s) = \lim_{s \to 0} \dfrac{hs(\beta_1 + s)}{s^4 + (k_p + \beta_1)s^3 + (k_p\beta_1 - \beta_2 + k_i)s^2 + (k_p\beta_2 + k_i\beta_1)s + k_i\beta_2} = 0 \end{cases}$$ （5-93）

由式（5-93）可知：基于 3 型扩展状态观测器锁相环的估计方案能够实现升降速工况时的准确估计。

5.4.3　带有估计误差补偿的扩展状态观测器锁相环

图 5-27 为带有估计误差补偿的基于扩展状态观测器锁相环的估计方案。如图所示，该方案在基于扩展状态观测器锁相环的估计方案的基础上，引入前馈回路得到一个补偿分量 θ_{ff}，用于减小升降速工况时的估计误差。

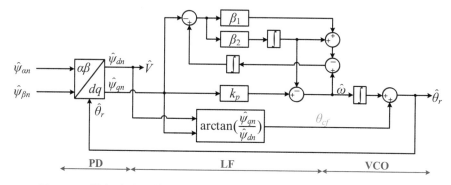

图 5-27　带有估计误差补偿的基于扩展状态观测器锁相环的估计方案

根据图 5-27，可得：

$$\theta_{cf} = \arctan\left(\frac{\hat{\psi}_{qn}}{\hat{\psi}_{dn}}\right) = \arctan\left[\frac{\sin(\theta_r - \hat{\theta}_r)}{\cos(\theta_r - \hat{\theta}_r)}\right] = (\theta_r - \hat{\theta}_r) \quad (5\text{-}94)$$

根据图 5-27 和式（5-94），可得带有估计误差补偿的基于扩展状态观测器锁相环的估计方案的小信号模型，如图 5-28 所示。

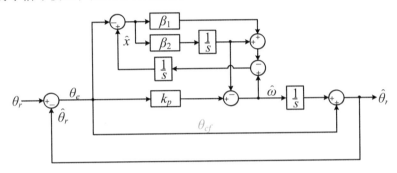

图 5-28　带有估计误差补偿的基于扩展状态观测器锁相环的估计方案的小信号模型

根据图 5-28 可得，位置估计的开环传递函数为：

$$G_{ol}^{CESOPLL}(s) = \frac{k_p s^3 + (k_p\beta_1 - \beta_2 + k_i)s^2 + s(k_p\beta_2 + k_i\beta_1) + k_i\beta_2}{s^3(\beta_1 + s)} \quad (5\text{-}95)$$

由式（5-95）可知：该方案的开环传递函数与式（5-90）类似。这表明，带有估计误差补偿的基于扩展状态观测器锁相环的估计方案同样能够保证升降速工况时的性能。

5.5　基于有限位置集锁相环的估计方案

有限集模型预测控制策略通过找到满足代价函数目标的开关矢量，并输入变流器中，从而实现最优控制目标[21-24]。基于此，本节借鉴了有限集模型预测控制的原理，研究一种基于有限位置集锁相环的估计方案，实现良好估计性能的同时，还能有效降低参数调谐负担。

5.5.1　具体实现

对于有限位置集锁相环，设计代价函数为：

$$J_i = \left|-\psi_\alpha\sin(\hat{\theta}_r) + \psi_\beta\cos(\hat{\theta}_r)\right|$$
$$= \left\||\psi|\sin(\theta_r - \hat{\theta}_r)\right\| \approx \left\||\psi|(\theta_r - \hat{\theta}_r)\right\| \quad (5\text{-}96)$$

式（5-96）中：J_i 为成本函数，其与位置估计误差成正比；$|\psi|$ 为磁链幅值。

值得注意的是，位置信息是在 $0 \sim 2\pi$ 范围内连续变化的。将连续的位置信息代入式（5-96）中进行计算，使得代价函数最小，这种方法在实际中实现难度较大。因此，采用迭代的方法，将整个圆周分割为多个离散的位置值。在整个迭代过程中，遍历间隔均匀和数量固定的位置，从而求取最优值的近似值。

以初始的迭代位置 θ_{base1} 为第一次迭代的基准值，将整个圆周分为 8 等份，得到第一个迭代周期的 8 个位置值。依次代入式（5-96）后进行比较，选取结果最小的位置作为第二次迭代的基准值 θ_{base2}。在第二次迭代过程中，将位置间隔更新为上次迭代时位置间隔的一半，即有：

$$\begin{cases} \theta_{i,j} = \theta_{basei} + \Delta\theta_i(j-4) \\ \Delta\theta_i = \dfrac{\pi}{4} \cdot 2^{1-i} \end{cases} \tag{5-97}$$

式（5-97）中：$\Delta\theta_i$ 和 j（$i = 1$，2，3，$\cdots$，8；$j = 1$，2，3，$\cdots$，8）分别为每次迭代过程中的位置和迭代次数。

进一步，以基准值 θ_{base2} 为中心，间隔相同的位置，依次再取 8 个位置值。重复上一轮的过程，依次代入式（5-96）后进行比较，选取结果最小的位置作为第三次迭代的基准值 θ_{base3}，如图 5-29 所示。

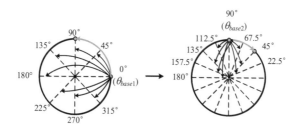

图 5-29　有限位置集锁相环的迭代过程示意图

进一步，可得有限位置集锁相环的算法流程如图 5-30 所示。

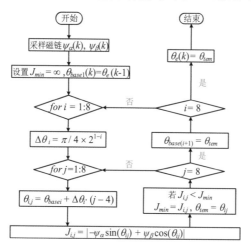

图 5-30　有限位置集锁相环算法流程

5.5.2　性能分析

如图 5-29 和图 5-30 所示，有限位置集锁相环避免了复杂的参数调谐，同时还能提升动态性能。然而，这种方法存在计算负担较重、对数字信号处理器性能要求较高等问题。此外，注意到正弦型代价函数［见式（5-96）］在（-π，π]范围内，存在 2 个零点 0° 和 180°（见图 5-31）。当迭代初始值选择不恰当时，易出现迭代错误，从而影响估计性能。

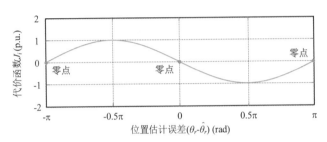

图 5-31　正弦型代价函数与位置估计误差的关系

为规避代价函数存在多个零点的问题，依据三角函数特性，重新设计余弦型代价函数为：

$$
\begin{aligned}
J_i &= \left| \psi_\alpha \cos(\hat{\theta}_r) + \psi_\beta \sin(\hat{\theta}_r) - \sqrt{\psi_\alpha^2 + \psi_\beta^2} \right| \\
&= \left\| \psi[\cos(\theta_r - \hat{\theta}_r) - 1] \right\| \approx \left\| \psi |\theta_r - \hat{\theta}_r| \right\|
\end{aligned}
\tag{5-98}
$$

根据式（5-98），绘制余弦型代价函数与位置估计误差的关系图，如图 5-32 所示。由图可知，在（-π，π]范围内，余弦型代价函数仅存在一个零点，有效保证有限位置集锁相环的性能。

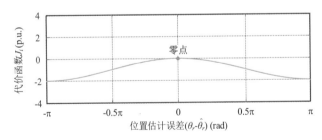

图 5-32　余弦型代价函数与位置估计误差的关系

同样，依据三角函数关系，构建正切型代价函数为：

$$
\begin{aligned}
J_i &= \frac{-\psi_\alpha \sin(\hat{\theta}_r) + \psi_\beta \cos(\hat{\theta}_r)}{\sqrt{\psi_\alpha^2 + \psi_\beta^2} + \psi_\alpha \cos(\hat{\theta}_r) + \psi_\beta \sin(\hat{\theta}_r)} \\
&= \frac{\sin(\theta_r - \hat{\theta}_r)}{1 + \cos(\theta_r - \hat{\theta}_r)} = \tan\left(\frac{\theta_r - \hat{\theta}_r}{2}\right) \approx \left(\frac{\theta_r - \hat{\theta}_r}{2}\right)
\end{aligned}
\tag{5-99}
$$

由式（5-99）可得正切型代价函数与位置估计误差的关系，如图 5-33 所示。由图可知，在（−π，π]范围内，正切型代价函数单调递增，且仅存在一个零点。因此，该函数同样可以保证有限位置集锁相环的性能，但计算负担有所增加。

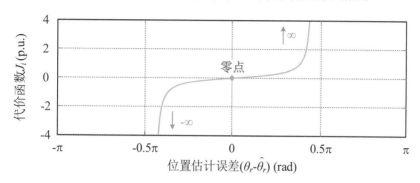

图 5-33　正切型代价函数与位置估计误差的关系

对于有限位置集锁相环，其本质是构建与位置估计误差相关的代价函数，并对其进行求解，从而实现位置估计。为降低该方案的计算负担，可采用高性能数值分析方法（如：逐步搜索法、二分法）对其进行优化，具体实现本节就不再赘述。

5.6　基于新型锁相环的估计方案实现

基于新型锁相环（如：3 型锁相环、双环锁相环、改进型扩展状态观测器锁相环、有限位置集锁相环）的估计方案能够改善升降速工况时的估计性能。然而，新型锁相环在系统扰动（谐波、直流偏置、参数变化等）出现时，同样面临估计性能下降的问题。因此，在基于新型锁相环的估计方案中，需要进一步设计扰动抑制方案以保证估计性能。

5.6.1　高性能磁链观测器

考虑到锁相环的输入信号通常为磁链（或者反电动势），因此可以采用高性能磁链观测器实现扰动的有效抑制。本节以滑模闭环磁链观测器和基于广义积分器的磁链观测器为例，对其进行介绍。

1. 滑模闭环磁链观测器

如图 5-34 所示，滑模闭环磁链观测器在闭环磁链观测器（见图 4-17）的基础上，引入滑模控制，对磁链估计进行补偿，消除直流偏置和参数变化等扰动的影响。与闭环磁链观测器相比，该观测器能够进一步提升鲁棒性和动态性能，但代价是增加了系统复杂性[1]。此外，滑模闭环磁链观测器的性能分析与闭环磁链观测器类似，具体可见本书 4.2.3 章节，此处不再赘述。

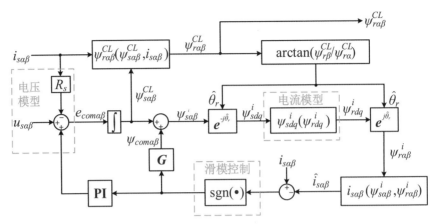

图 5-34　滑模闭环磁链观测器

2. 基于广义积分器的磁链观测器

此外，利用基于二阶广义积分器的正交信号发生器（Second-Order Generalized Integrator-based Quadrature Signal Generator，SOGI-QSG）实现磁链（反电动势）估计。图 5-35 为基于二阶广义积分器的磁链观测器，其中，$\varepsilon_{e\alpha\beta}$、$\varepsilon_{f\alpha\beta}$、$\hat{\psi}_{\alpha\beta e}$、$q\hat{\psi}_{\alpha\beta e}$、$k$ 和 $\hat{\omega}$ 分别为同步误差、估计误差、输入信号估计、输入信号估计的正交信号、磁链观测器增益和速度估计。

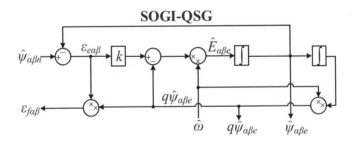

图 5-35　基于二阶广义积分器的磁链观测器

由图 5-35 可知，系统传递函数为：

$$D(s) = \frac{\hat{\psi}_{\alpha\beta e}(s)}{\hat{\psi}_{\alpha\beta n}(s)} = \frac{k\hat{\omega}s}{s^2 + k\hat{\omega}s + \hat{\omega}^2} \tag{5-100}$$

$$Q(s) = \frac{q\hat{\psi}_{\alpha\beta e}(s)}{\hat{\psi}_{\alpha\beta n}(s)} = \frac{k\hat{\omega}^2}{s^2 + k\hat{\omega}s + \hat{\omega}^2} \tag{5-101}$$

由式（5-100）和式（5-101）可得：$\hat{\psi}_{\alpha\beta e}$ 可认为是对输入信号 $\hat{\psi}_{\alpha\beta n}$ 进行带通滤波得到的，而 $q\hat{\psi}_{\alpha\beta e}$ 则是对输入信号 $\hat{\psi}_{\alpha\beta n}$ 进行低通滤波得到的。

进一步，$D（s）$ 和 $Q（s）$ 的幅频特性可计算为：

$$|D(\mathrm{j}\omega)| = \left|\frac{k\hat{\omega}\omega}{\sqrt{(\hat{\omega}^2 - \omega^2)^2 + (k\hat{\omega}\omega)^2}}\right| \qquad (5\text{-}102)$$

$$|Q(\mathrm{j}\omega)| = \left|\frac{k\hat{\omega}^2}{\sqrt{(\hat{\omega}^2 - \omega^2)^2 + (k\hat{\omega}\omega)^2}}\right| \qquad (5\text{-}103)$$

当直流偏置进入输入信号后，扰动频率为 0，即 $\omega = 0$。基于此，则有：

$$|D(\mathrm{j}\omega)| = \left|\frac{k\hat{\omega}\omega}{\sqrt{(\hat{\omega}^2 - \omega^2)^2 + (k\hat{\omega}\omega)^2}}\right| = 0 \qquad (5\text{-}104)$$

$$|Q(\mathrm{j}\omega)| = \left|\frac{k\hat{\omega}^2}{\sqrt{(\hat{\omega}^2 - \omega^2)^2 + (k\hat{\omega}\omega)^2}}\right| = k \qquad (5\text{-}105)$$

根据式（5-104）和式（5-105）可知，$\hat{\psi}_{\alpha\beta e}$ 虽然可以消除直流偏置的影响，但 $q\hat{\psi}_{\alpha\beta e}$ 则会受到直流偏置的显著影响，且 $q\hat{\psi}_{\alpha\beta e}$ 要反馈到基于二阶广义积分器的磁链观测器中，因此，直流偏置会影响磁链估计性能（见图 5-36）。

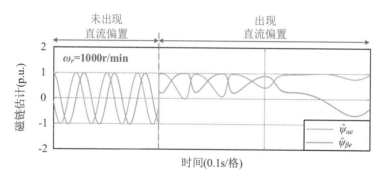

图 5-36　直流偏置影响下基于二阶广义积分器的磁链观测器性能

针对传统基于二阶广义积分器的磁链观测器无法消除直流偏置影响的问题，在基于二阶广义积分器的磁链观测器的基础上，进一步设计基于四阶广义积分器的磁链观测器，保证磁链估计性能。

考虑到 $D(s)$ 能够有效滤除直流偏置 [见式（5-104）]，基于此，设计一种基于四阶广义积分器的磁链观测器，如图 5-37 所示。由图可知，基于四阶广义积分器的磁链观测器由两部分组成，即直流偏置滤除单元和磁链估计单元。其中，直流偏置滤除单元对反电动势信号中的直流偏置进行滤除。然后，将处理过的反电动势信号输入磁链估计单元中，实现磁链的准确估计。

进一步，对基于四阶广义积分器的磁链观测器性能进行测试，测试结果如图 5-38 所示。根据测试结果可知，在直流偏置滤除单元的帮助下，基于四阶广义积分器的磁链观测器能够有效消除直流偏置的影响，从而保证磁链估计性能。

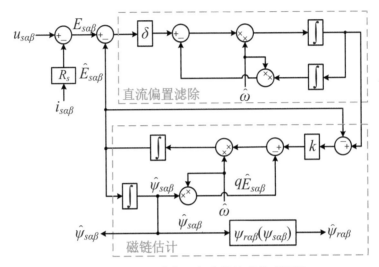

图 5-37　基于四阶广义积分器的磁链观测器

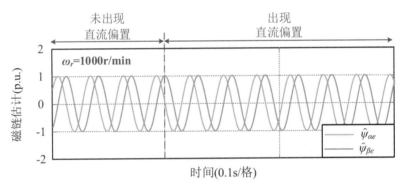

图 5-38　直流偏置影响下基于四阶广义积分器的磁链观测器性能

5.6.2　自适应滤波器

由于逆变器的非理想特性，电机三相电流存在幅值不同、频率各异的谐波分量，而在谐波分量的作用下，速度估计和位置估计会出现明显脉动[25-30]。对此，通常采用自适应滤波器进行谐波滤除，从而保证估计性能。本节以前置滤波器和基于多重二阶广义积分器的自适应滤波器为例，对其进行介绍。

1. 前置滤波器

如图 5-39 所示，前置滤波器由一组滤波单元组成，而每个滤波单元可以提取一个特定的谐波分量。注意到，由于采用级联的结构，前置滤波器能够同时提取不同的谐波分量，然后从输入信号中减去所提取的谐波分量，从而实现谐波的有效滤除，具体分析如下。

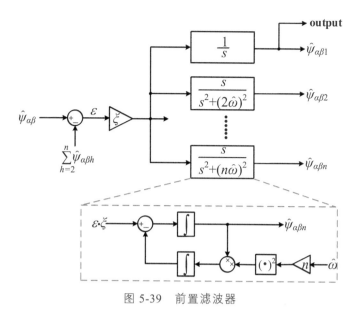

图 5-39　前置滤波器

如图 5-39 所示，每个滤波单元可表示为：

$$H_k(s) = \frac{s}{s^2 + (h\hat{\omega})^2}　　　　　（5-106）$$

式（5-106）中：h 为谐波次数，且有 $h = 2$，3，$\cdots$，n。

进一步，可得滤波单元的幅频特性为：

$$|H_k(\mathrm{j}n\hat{\omega})| = \left| \frac{\mathrm{j}n\hat{\omega}}{(n\hat{\omega})^2 - (n\hat{\omega})^2} \right| = \infty　　　　　（5-107）$$

由式（5-107）可知，前置滤波器的每个滤波单元可视为一个带通滤波器，能够有效提取输入信号中的特定谐波分量。

为探究前置滤波器的性能，对其进行测试，测试结果如图 5-40 所示。由测试结果可知：未采用前置滤波器时，在谐波作用下，磁链估计出现明显脉动；而在采用前置滤波器后，谐波分量得到抑制，磁链估计的正弦度得到明显提升，从而保证了估计性能。

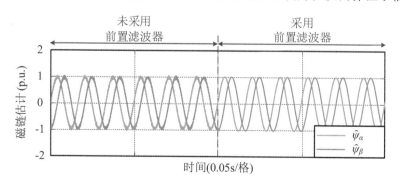

图 5-40　未采用和采用前置滤波器的磁链估计性能对比

2. 基于多重二阶广义积分器的自适应滤波器

注意到，在基于二阶广义积分器的正交信号发生器中，$D(s)$ 可视为一个带通滤波器，即有：

$$|D(\mathrm{j}\hat{\omega})| = \left| \frac{k\hat{\omega}\hat{\omega}}{\sqrt{(\hat{\omega}^2 - \hat{\omega}^2)^2 + (k\hat{\omega}\hat{\omega})^2}} \right| = 1 \qquad (5\text{-}108)$$

由式（5-108）可知，当输入信号频率与估计频率相同时，输入信号幅值不会衰减（见图 5-41）。基于此，可利用二阶广义积分器进行特定谐波分量提取。进一步，采用多个二阶广义积分器能够实现多个特定谐波分量的同时提取。如此，便可得到基于多重二阶广义积分器的自适应滤波器，如图 5-42 所示。

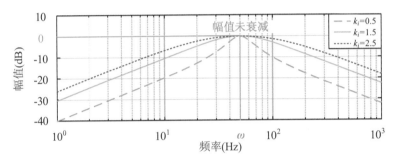

图 5-41　不同参数下 $D(s)$ 的伯德图

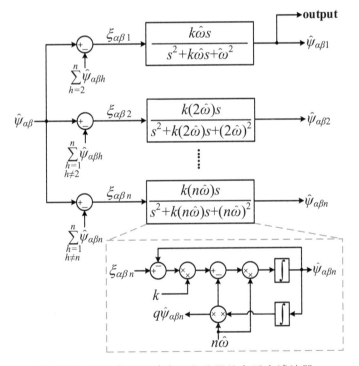

图 5-42　基于多重二阶广义积分器的自适应滤波器

需要说明的是，仍有许多自适应滤波器尚未得到介绍，如：基于递归最小二乘的自适应滤波器、自适应线性神经网络滤波器、复矢量滤波器等，但这些自适应滤波器可视为上述自适应滤波器的变形或扩展，本书就不再赘述。

5.6.3　估计方案实现

对于基于新型锁相环的估计方案而言，电机参数变化也会降低估计性能，甚至会威胁系统稳定运行。并且，每个电机参数变化对估计方案的影响也不尽相同。为降低电机参数变化对估计性能的影响，最有效的方式是采用电机参数在线辨识。常见的电机参数在线辨识方法有模型参考自适应算法、仿射投影算法、高斯赛德尔迭代等，已有诸多文献进行介绍，本书就不再赘述。

综上分析，可得基于新型锁相环的估计方案具体实现如图 5-43 所示，整个估计方案由四部分组成，即高性能磁链观测器、自适应滤波器、电机参数在线辨识和新型锁相环。其中，高性能磁链观测器提供磁链（反电动势）估计，作为估计方案的输入信号；电机参数在线辨识的目的是避免电机参数变化对磁链（反电动势）估计的不利影响；自适应滤波器用于消除磁链（反电动势）估计信号中的谐波分量；最后，利用新型锁相环得到速度估计和位置估计。

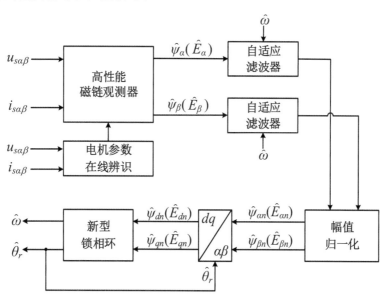

图 5-43　基于新型锁相环的估计方案具体实现

5.7　性能分析

基于新型锁相环的估计方案虽能保证升降速工况时的性能，但这类方案通常是采用增加系统阶数实现的，而这将会带来诸如稳定裕度下降、动态性能恶化等问题。为此，本节对基于新型锁相环的估计方案性能作进一步分析。

由上述分析可知，基于新型锁相环的估计方案的开环传递函数可用一个通式表示，即有：

$$G_{ol}^{NPLL}(s) = \frac{as^2 + bs + c}{s^3} \tag{5-109}$$

式（5-109）中：a、b 和 c 为环路滤波器的增益。

进一步，重写（5-109）可得：

$$G_{ol}^{NPLL}(s) = l\frac{(s+\omega_1)(s+\omega_2)}{s^3} \tag{5-110}$$

式（5-110）中：l、ω_1 和 ω_2 为环路滤波器的增益，且有：

$$a = l \qquad \omega_{1,2} = \frac{1}{2}\left[\frac{b}{a} \pm \sqrt{\left(\frac{b}{a}\right)^2 - 4\frac{c}{a}}\right] \tag{5-111}$$

为便于分析，不妨令 $\omega_1 = \omega_2 = \omega_q$，则有：

$$G_{ol}^{NPLL}(s) = l\frac{(s+\omega_q)^2}{s^3} \tag{5-112}$$

式（5-112）中：ω_q 为中间变量。

根据式（5-112），可得幅频特性和相频特性分别为：

$$\left|A(j\omega)\right| = \left|G_{ol}^{NPLL}(j\omega)\right| = l\frac{\omega^2 + \omega_q^2}{\omega^3} \tag{5-113}$$

$$\phi = \angle G_{ol}^{NPLL}(j\omega) = 2\arctan\left(\frac{\omega}{\omega_q}\right) - \frac{3}{2}\pi \tag{5-114}$$

由式（5-113）和式（5-114）可得，基于新型锁相环的估计方案的相位裕度（Phase Margin，PM）和增益裕度（Gain Margin，GM）可表示为：

$$PM = \angle G_{ol}^{NPLL}(j\omega_h) - (-\pi) = 2\left[\arctan\left(\frac{\omega_h}{\omega_q}\right)\right] - \frac{1}{2}\pi \tag{5-115}$$

$$GM = 20\lg\left[\frac{1}{|G_{ol}^{NPLL}(j\omega_g)|}\right] = 20\lg\left(\frac{\omega_g}{2l}\right) \tag{5-116}$$

式（5-115）和式（5-116）中：ω_h 和 ω_g 分别为幅值穿越频率和相位穿越频率。

根据幅值穿越频率和相位穿越频率的定义，则有：

$$\left|G_{ol}^{NPLL}(j\omega_h)\right| = 1 \tag{5-117}$$

$$\angle G_{ol}^{NPLL}(j\omega_g) = -\pi \tag{5-118}$$

由式（5-117）和式（5-118）可得：

$$l\frac{\omega_h^2 + \omega_q^2}{\omega_h^3} = 1 \tag{5-119}$$

$$2\arctan\left(\frac{\omega_g}{\omega_q}\right) - \frac{3}{2}\pi = -\pi \tag{5-120}$$

联立式（5-115）、式（5-116）、式（5-119）和式（5-120）可得：

$$\frac{\omega_q}{\omega_h} = \frac{1}{\tan(PM) + \sec(PM)} \tag{5-121}$$

进一步，可得：

$$\frac{\omega_h}{l} = \frac{1}{(\sin\phi_q)^2} = \frac{2}{\sin(PM) + 1} \tag{5-122}$$

根据式（5-120）可得：

$$\omega_g = \omega_q \tag{5-123}$$

将式（5-123）代入式（5-116），则有：

$$GM = 20\lg\left[\frac{1}{|G_{ol}^{NPLL}(j\omega_g)|}\right] = 20\lg\left(\frac{\omega_q}{2l}\right) \tag{5-124}$$

进一步，可得：

$$\frac{\omega_q}{2l} = \frac{\omega_q}{\omega_c} \times \frac{\omega_c}{2l} = \frac{\cos(PM)}{[1 + \sin(PM)]^2} \tag{5-125}$$

将式（5-125）代入式（5-124），则有：

$$GM = 20\lg\left(\frac{\omega_q}{2l}\right) = 20\lg\left\{\frac{\cos(PM)}{[1 + \sin(PM)]^2}\right\} \tag{5-126}$$

由式（5-126）可知：新型锁相环的增益裕度与相位裕度紧密相关。通常，相位裕度的取值范围为[40°，50°]。在此范围内，系统的增益裕度为负（见图 5-44），而负增益裕度可能会带来稳定性问题。并且，新型锁相环增加了系统阶数，会对系统动态性能产生不利影响。

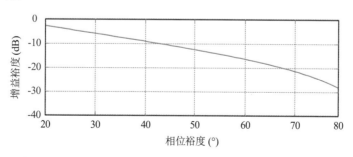

图 5-44　相位裕度与增益裕度关系图

5.8　实验测试

为验证基于新型锁相环的估计方案性能，以永磁同步电机为例，分别对基于高阶锁相环的估计方案、基于改进型扩展状态观测器的估计方案、基于有限位置集锁相环的估计方案进行实验测试。永磁同步电机驱动系统参数见表 5-1。

表 5-1　永磁同步电机驱动系统参数

参数	数值	参数	数值
额定功率/kW	3	额定电压/V	380
额定电流/A	6.5	额定速度/（r/min）	1 500
定子电阻 R_s/Ω	1.8	永磁体磁链 ψ_f/Wb	0.715
d 轴电感 L_d/mH	142	q 轴电感 L_q/mH	38

5.8.1　基于高阶锁相环的估计方案实验测试

首先，对基于高阶锁相环的估计方案在速度指令变化工况时的性能进行测试，并与传统基于锁相环的估计方案进行对比，测试结果分别如图 5-45 和图 5-46 所示。在该测试中，速度指令开始设置为 200 r/min，随后变化至 600 r/min，最后变化至 300 r/min，负载设置为 2 N·m。如图 5-45 所示，基于高阶锁相环的估计方案运行在速度指令变化工况时性能良好，且估计误差限制在较小的范围内。相比之下，传统基于锁相环的估计方案在升降速工况时存在明显的估计误差（见图 5-46）。此外，由测试结果可知，两种估计方案在速度指令变化工况下，定子电流运行良好，未出现控制失稳现象。

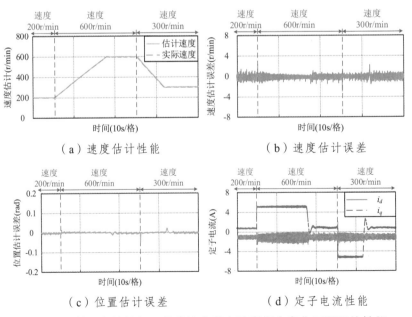

（a）速度估计性能　　　　　　　（b）速度估计误差

（c）位置估计误差　　　　　　　（d）定子电流性能

图 5-45　基于高阶锁相环的估计方案在速度指令变化工况下的性能

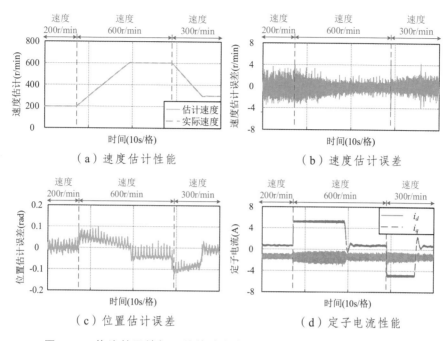

图 5-46　传统基于锁相环的估计方案在速度指令变化工况下的性能

进一步，对基于高阶锁相环的估计方案和传统基于锁相环的估计方案在负载变化工况时的性能进行测试，测试结果分别如图 5-47 和图 5-48 所示。在此测试中，速度指令设置为 400 r/min，负载开始设置为 0 N·m，随后增加至 5 N·m，最后减少至 0 N·m。由测试结果可知，相较于传统基于锁相环的估计方案，基于高阶锁相环的估计方案运行在此工况下估计误差更小，这意味着基于高阶锁相环的估计方案能够提供更好的估计性能。

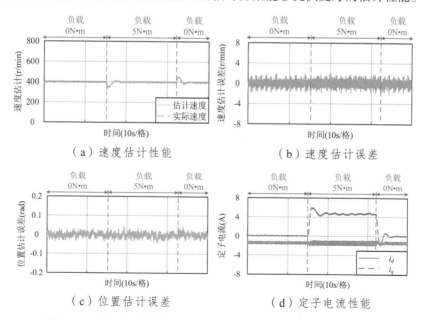

图 5-47　基于高阶锁相环的估计方案在负载变化工况下的性能

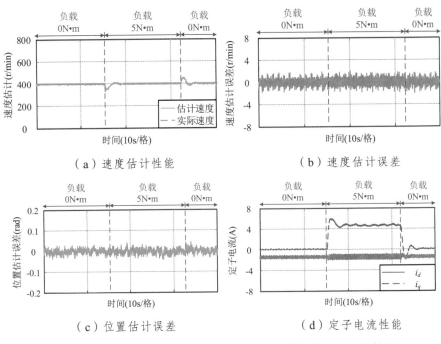

图 5-48　传统基于锁相环的估计方案在负载变化工况下的性能

5.8.2　基于改进型扩展状态观测器锁相环的估计方案实验测试

进一步,利用实验对基于改进型扩展状态观测器锁相环的估计方案性能进行测试,并与传统基于扩展状态观测器锁相环的估计方案性能进行对比,测试结果分别如图5-49、图5-50和图5-51所示。在该测试中,速度指令开始设置为200 r/min,再变化至600 r/min,最后变化至200 r/min,负载设置为2 N·m。根据测试结果可知,当永磁同步电机运行在升降速工况时,传统基于扩展状态观测器锁相环的估计方案提供的速度估计和位置估计出现了明显偏差(见图5-49)。相较之下,基于改进型扩展状态观测器锁相环的估计方案则能提供优良的估计性能,且估计误差限制在较小范围内(见图5-50和图5-51)。

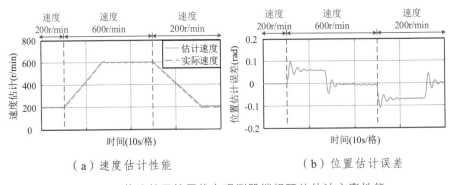

图 5-49　传统基于扩展状态观测器锁相环的估计方案性能

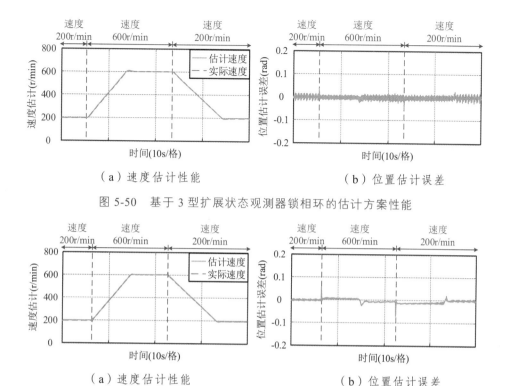

（a）速度估计性能 （b）位置估计误差

图 5-50 基于 3 型扩展状态观测器锁相环的估计方案性能

（a）速度估计性能 （b）位置估计误差

图 5-51 带有估计误差补偿的基于扩展状态观测器锁相环的估计方案性能

5.8.3 基于有限位置集锁相环的估计方案实验测试

最后，对基于有限位置集锁相环的估计方案性能进行实验验证。图 5-52 给出了基于有限位置集锁相环的估计方案在速度指令变化工况下的测试结果。在此测试中，速度指令开始设置为 200 r/min，再变化至 600 r/min，最后变化至 200 r/min，负载设置为 2 N·m。根据测试结果可知，基于有限位置集锁相环的估计方案能够提供良好的估计性能，且估计误差较小。此外，得益于模型预测控制的优点，基于有限位置集锁相环的估计方案无需额外的参数调谐，可移植性较强。

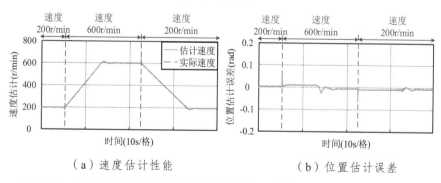

（a）速度估计性能 （b）位置估计误差

图 5-52 基于有限位置集锁相环的估计方案在速度指令变化工况下的性能

图 5-53 给出了基于有限位置集锁相环的估计方案在负载变化工况下的测试结果。在此测试中，速度指令设置为 400 r/min，负载开始设置为 0 N·m，随后增加至 5 N·m，最后减少至 0 N·m。由测试结果可知，基于有限位置集锁相环的估计方案运行良好，估计误差限制在较小的范围内。

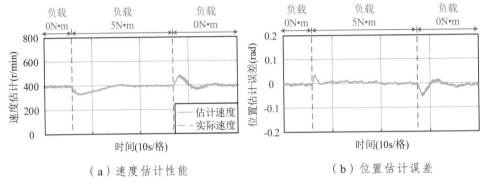

（a）速度估计性能　　　　　　　　　　　　（b）位置估计误差

图 5-53　基于有限位置集锁相环的估计方案在负载变化工况下的性能

本章参考文献

[1] Wang G，Yang R，Xu D. DSP-based control of sensorless IPMSM drives for wide-speed-range operation[J]. IEEE Transactions on Industrial Electronics，2013，60（2）：720-727.

[2] 王高林，李卓敏，詹瀚林，李铁链，李刚，徐殿国. 考虑逆变器非线性的内置式永磁同步电机转子位置锁相环观测器[J]. 电工技术学报，2014，29（3）：172-179.

[3] 张国强，王高林，倪荣刚，徐进，曲立志，徐殿国. 基于自适应线性神经元滤波的内置式永磁电机转子位置观测器[J]. 电工技术学报，2016，31（6）：47-54.

[4] Wang G，Li Z，Zhang G，Yu Y，Xu D. Quadrature PLL-based high-order sliding-mode observer for IPMSM sensorless control with online MTPA control strategy[J]. IEEE Transactions on Energy Conversion，2013，28（1）：214-224.

[5] Zhang G，Wang G，Xu D，Ni R，Jia C. Multiple-AVF cross-feedback-network-based position error harmonic fluctuation elimination for sensorless IPMSM drives[J]. IEEE Transactions on Industrial Electronics，2016，63（2）：821-831.

[6] Zhang G，Wang G，Xu D，Zhao N. ADALINE-network-based PLL for position sensorless interior permanent magnet synchronous motor drives[J]. IEEE Transactions on Power Electronics，2016，31（2）：1450-1460.

[7] Wang H，Ge X. Type-3 PLL based speed estimation scheme for sensorless linear induction motor drives[C]. IEEE ICPE 2019-ECCE Asia，2019：1303-1308.

[8]　Nguyen H X，Tran T N C，Park J W，Jeon J W. An adaptive linear-neuron-based third-order PLL to improve the accuracy of absolute magnetic encoders[J]. IEEE Transactions on Industrial Electronics, 2019, 66（6）: 4639-4649.

[9]　Karimi-Ghartemani M，Ooi B T，Bakhshai A. Application of enhanced phase-locked loop system to the computation of synchrophasors[J]. IEEE Transactions on Power Delivery，2011，26（1）: 22-32.

[10]　Bifaretti S，Zanchetta P，Lavopa E. Comparison of two three-phase PLL systems for more electric aircraft converters[J]. IEEE Transactions on Power Electronics，2014，29（12）: 6810-6820.

[11]　Golestan S，Guerrero J M，Vasquez J C. Steady-state linear Kalman filter-based PLLs for power applications：A second look[J]. IEEE Transactions on Industrial Electronics，2018，65（12）: 9795-9800.

[12]　Wang H，Yang Y，Ge X，Li S，Zuo Y. Speed-sensorless control of linear induction motor based on the SSLKF-PLL speed estimation scheme[J]. IEEE Transactions on Industry Applications，2020，56（5）: 4986-5002.

[13]　吴翔，陈硕，李佳，张甲哲，张晓. 基于改进正交锁相环的永磁同步电机无位置传感器控制[J]. 电工技术学报，2024，39（2）: 475-486.

[14]　左运，葛兴来，李松涛，王惠民，闫培雷. 基于改进型 q-PLL 的牵引电机无速度传感器控制[J]. 中国电机工程学报，2021，41（1）: 383-392.

[15]　Liu G，Zhang H，Song X. Position-estimation deviation-suppression technology of PMSM combining phase self-compensation SMO and feed-forward PLL[J]. IEEE Journal of Emerging and Selected Topics in Power Electronics，2021，9（1）: 335-344.

[16]　Wang H，Ge X，Yue Y，Liu Y C. Dual phase-locked loop-based speed estimation scheme for sensorless vector control of linear induction motor drives[J]. IEEE Transactions on Industrial Electronics，2020，67（7）: 5900-5912.

[17]　Chen Z，Zhang X，Zhang H，Liu C，Luo G. Adaptive sliding mode observer-based sensorless control for SPMSM employing a dual-PLL[J]. IEEE Transactions on Transportation Electrification，2022，8（1）: 1267-1277.

[18]　Chen Z，Zhang X，Chen S，Zhang H，Luo G. Position estimation accuracy improvement for SPMSM sensorless drives by adaptive complex-coefficient filter and DPLL[J]. IEEE Transactions on Industry Applications，2023，59（1）: 857-865.

[19]　王明辉，徐永向，邹继斌. 基于 ESO-PLL 的永磁同步电机无位置传感器控制[J]. 中国电机工程学报，2022，42（20）: 7599-7608.

[20]　Jiang F，Sun S，Liu A，Xu Y，Li Z，Liu X，Yang K. Robustness improvement of model-based sensorless SPMSM drivers based on an adaptive extended state observer

and an enhanced quadrature PLL[J]. IEEE Transactions on Power Electronics，2021，36（4）：4802-4814.

[21] Abdelrahem M，Hackl C M，Kennel R. Finite position set-phase locked loop for sensorless control of direct-driven permanent-magnet synchronous generators[J]. IEEE Transactions on Power Electronics，2018，33（4）：3097-3105.

[22] Sun X，Hu C，Lei G，Yang Z，Guo Y，Zhu J. Speed sensorless control of SPMSM drives for EVs with a binary search algorithm-based phase-locked loop[J]. IEEE Transactions on Vehicular Technology，2020，69（5）：4968-4978.

[23] Abdelrahem M，Hackl C M，Kennel R，Rodriguez J. Computationally efficient finite-position-set-phase-locked loop for sensorless control of PMSGs in wind turbine applications[J]. IEEE Transactions on Power Electronics，2021，36（3）：3007-3016.

[24] Chen S，Ding W，Wu X，Hu R，Shi S. Finite position set-phase-locked loop with low computational burden for sensorless control of PMSM drives[J]. IEEE Transactions on Industrial Electronics，2023，70（9）：9672-9676.

[25] Golestan S，Ebrahimzadeh E，Guerrero J M，Vasquez J C. An adaptive resonant regulator for single-phase grid-tied VSCs[J]. IEEE Transactions on Power Electronics，2018，33（3）：1867-1873.

[26] Guo X，Wu W，Chen Z. Multiple-complex coefficient-filter-based phase-locked loop and synchronization technique for three-phase grid-interfaced converters in distributed utility networks[J]. IEEE Transactions on Industrial Electronics，2011，58（4）：1194-1204.

[27] 张国强，王高林，徐殿国，付炎，倪荣刚. 基于自适应陷波滤波器的内置式永磁电机转子位置观测方法[J]. 中国电机工程学报，2016，36（9）：2521-2527.

[28] 葛扬，宋卫章，杨洋. 基于扩张式主从自适应陷波滤波器与动态频率跟踪的永磁同步电机无传感器控制[J]. 电工技术学报，2023，38（14）：3824-3835.

[29] Li W，Ruan X，Bao C，Pan D，Wang X. Grid synchronization systems of three-phase grid-connected power converters：A complex-vector-filter perspective[J]. IEEE Transactions on Industrial Electronics，2014，61（4）：1855-1870.

[30] Wang G，Ding L，Li Z，Xu J，Zhang G，Zhan H，Ni R，Xu D. Enhanced position observer using second-order generalized integrator for sensorless interior permanent magnet synchronous motor drives[J]. IEEE Transactions on Energy Conversion，2014，29（2）：486-495.

第6章 基于新型锁频环的交流电机无传感器控制技术

基于新型锁相环的估计方案虽可实现升降速工况时的准确估计，但会带来稳定裕度下降和动态性能恶化等问题[1]。对此，本章研究基于新型锁频环的估计方案，在保证估计性能的同时，避免对系统产生不利影响。首先，介绍传统的基于锁频环的估计方案，并对其进行详细的性能分析。在此基础上，研究基于增强型锁频环的估计方案。然而，通过分析可知，基于增强锁频环的估计方案虽能提升在升降速工况时的性能，但同样面临稳定裕度下降和动态响应恶化的问题。进一步，研究基于新型锁频环的估计方案，其中包括基于微分锁频环的估计方案、基于自适应锁频环的估计方案、基于非线性锁频环的估计方案和基于延时锁频环的估计方案，实现估计性能提升的同时，还能降低对系统稳定裕度和动态性能的不利影响。

6.1 传统的基于锁频环的无传感器控制技术

本节首先介绍传统的基于锁频环的估计方案，主要包括基于二阶广义积分器-锁频环（Second-Order Generalized Integrator-Frequecny-Locked Loop，SOGI-FLL）的估计方案[2-5]和基于降阶广义积分器-锁频环（Reduced-Order Generalized Integrator-Frequecny-Locked Loop，ROGI-FLL）的估计方案[6-8]，并对其性能进行详细分析。

6.1.1 二阶广义积分器-锁频环

基于锁频环的估计方案如图 6-1 所示，该方案由三部分组成，即磁链（反电动势）观测器、幅值归一化以及锁频环。与基于锁相环的估计方案（见 5-1）不同的是，在该方案中，速度估计和位置估计均是通过锁频环实现的。

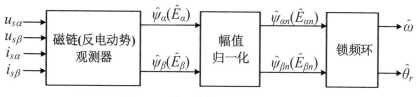

图 6-1　基于锁频环的估计方案

基于二阶广义积分器-锁频环的估计方案如图 6-2 所示，该方案由三部分组成，即两个基于二阶广义积分器的正交信号发生器（Second-Order Generalized Integrator-based Quadrature-Signal Generator，SOGI-QSG）、增益归一化和锁频环。其中，$\hat{\psi}_{\alpha\beta n}$、$\hat{\psi}_{\alpha\beta e}$、$q\hat{\psi}_{\alpha\beta e}$、$\hat{E}_{\alpha\beta e}$、$\varepsilon_{e\alpha\beta}$、$\varepsilon_{f\alpha\beta}$、$k$ 和 Γ 分别为磁链（输入信号）、输入信号估计、输入信号估计的正交项、反电动势估计、同步误差、估计误差和锁频环增益。值得注意的是，与锁相环最大的不同在于，锁频环工作在静止坐标系（即 $\alpha\beta$ 坐标系），因此取消了 Park 变换。

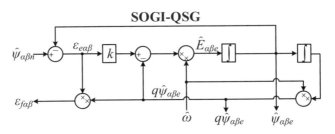

（a）基于二阶广义积分器的正交信号发生器

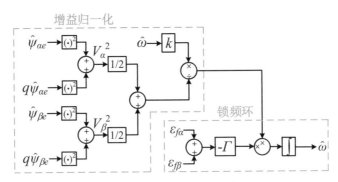

（b）带有增益归一化的锁频环

图 6-2　基于二阶广义积分器-锁频环的估计方案

由图 6-2 可得：

$$\begin{cases} \hat{E}_{\alpha\beta} = k\hat{\omega}\varepsilon_{e\alpha\beta} - \hat{\omega}(q\hat{\psi}_{\alpha\beta e}) \\ \dfrac{\mathrm{d}\hat{\omega}}{\mathrm{d}t} = \dfrac{-2\Gamma k\hat{\omega}\varepsilon_{f\alpha\beta}}{(V_\alpha)^2 + (V_\beta)^2} \\ \varepsilon_{e\alpha\beta} = \hat{\psi}_{\alpha\beta n} - \hat{\psi}_{\alpha\beta e} \\ \varepsilon_{f\alpha\beta} = (q\hat{\psi}_{\alpha\beta e})\varepsilon_{e\alpha\beta} \end{cases} \quad (6\text{-}1)$$

进一步，则有：

$$\begin{cases} \varepsilon_{e\alpha} = \dfrac{1}{k\hat{\omega}}[\hat{E}_\alpha + \hat{\omega}(q\hat{\psi}_{\alpha e})] \\ \varepsilon_{e\beta} = \dfrac{1}{k\hat{\omega}}[\hat{E}_\beta + \hat{\omega}(q\hat{\psi}_{\beta e})] \end{cases} \quad (6\text{-}2)$$

$$\begin{cases} \varepsilon_{f\alpha} = \hat{\omega}(q\hat{\psi}_{\alpha e})\varepsilon_{e\alpha} \\ \varepsilon_{f\beta} = \hat{\omega}(q\hat{\psi}_{\beta e})\varepsilon_{e\beta} \end{cases} \qquad (6\text{-}3)$$

此外，还有：

$$\varepsilon_{f\alpha} + \varepsilon_{f\beta} = \frac{(q\hat{\psi}_{\alpha e})^2 + (q\hat{\psi}_{\beta e})^2}{k\hat{\omega}^2}(\hat{\omega}^2 - \omega^2) \qquad (6\text{-}4)$$

不妨令，输入信号为幅值为 1 的纯正弦信号，即有：

$$\begin{cases} \hat{\psi}_{\alpha n} = \cos(\omega t) \\ \hat{\psi}_{\beta n} = \sin(\omega t) \end{cases} \qquad (6\text{-}5)$$

由式（6-5）可得，输入信号估计可表示为：

$$\begin{cases} \hat{\psi}_{\alpha e} = \cos(\hat{\omega} t) \\ \hat{\psi}_{\beta e} = \sin(\hat{\omega} t) \end{cases} \qquad (6\text{-}6)$$

进一步，则有：

$$\begin{cases} q\hat{\psi}_{\alpha e} = -\sin(\hat{\omega} t) \\ q\hat{\psi}_{\beta e} = \cos(\hat{\omega} t) \end{cases} \qquad (6\text{-}7)$$

将式（6-7）代入式（6-4），可得：

$$\varepsilon_{f\alpha} + \varepsilon_{f\beta} = \frac{(\hat{\omega}^2 - \omega^2)}{k\hat{\omega}^2} \qquad (6\text{-}8)$$

将式（6-8）代入式（6-1），则有：

$$\frac{\mathrm{d}\hat{\omega}}{\mathrm{d}t} = \frac{-2\Gamma k\hat{\omega}\varepsilon_{f\alpha\beta}}{(V_\alpha)^2 + (V_\beta)^2} = -\frac{\Gamma}{\hat{\omega}}(\hat{\omega}^2 - \omega^2) \qquad (6\text{-}9)$$

考虑估计速度趋近于实际速度，即有：

$$\hat{\omega} \approx \omega \qquad (6\text{-}10)$$

将式（6-10）代入式（6-9），可得二阶广义积分器-锁频环的速度估计特性为：

$$\frac{\mathrm{d}\hat{\omega}}{\mathrm{d}t} = -\frac{\Gamma}{\hat{\omega}}(\hat{\omega}^2 - \omega^2) = 2\Gamma(\omega - \hat{\omega}) \qquad (6\text{-}11)$$

进一步，可得基于二阶广义积分器-锁频环的估计方案的简化模型如图 6-3 所示。

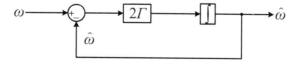

图 6-3　基于二阶广义积分器-锁频环的估计方案的简化模型

由图 6-3 可得，速度估计的开环传递函数为：

$$G_{ol}^{SOGI}(s) = \frac{\hat{\omega}}{\omega - \hat{\omega}} = \frac{2\Gamma}{s} \tag{6-12}$$

进一步可得，速度估计误差的传递函数为：

$$G_e^{SOGI}(s) = \frac{1}{1 + G_{ol}^{SOGI}(s)} = \frac{s}{s + 2\Gamma} \tag{6-13}$$

当输入信号分别为相位阶跃变化、频率阶跃变化和频率斜坡变化时，速度估计误差分别为：

$$\begin{cases} \Delta\omega_{e1}^{SOGI}(s) = m G_e^{SOGI}(s) = \dfrac{ms}{s + 2\Gamma} \\[2mm] \Delta\omega_{e2}^{SOGI}(s) = \dfrac{n}{s} G_e^{SOGI}(s) = \dfrac{n}{s + 2\Gamma} \\[2mm] \Delta\omega_{e3}^{SOGI}(s) = \dfrac{h}{s^2} G_e^{SOGI}(s) = \dfrac{1}{s}\dfrac{h}{s + 2\Gamma} \end{cases} \tag{6-14}$$

利用终值定理，可得：

$$\begin{cases} \Delta\omega_{ess1}^{SOGI} = \lim_{s \to 0} s\Delta\omega_{e1}^{SOGI}(s) = \lim_{s \to 0} s\dfrac{ms}{s + 2\Gamma} = 0 \\[2mm] \Delta\omega_{ess2}^{SOGI} = \lim_{s \to 0} s\Delta\omega_{e2}^{SOGI}(s) = \lim_{s \to 0} s\dfrac{n}{s + 2\Gamma} = 0 \\[2mm] \Delta\omega_{ess3}^{SOGI} = \lim_{s \to 0} s\Delta\omega_{e3}^{SOGI}(s) = \lim_{s \to 0} \dfrac{h}{s + 2\Gamma} = \dfrac{h}{2\Gamma} \end{cases} \tag{6-15}$$

由式（6-15）可得：当输入信号为频率斜坡时，二阶广义积分器-锁频环难以实现准确追踪（见图 6-4）。这意味着，基于二阶广义积分器-锁频环的估计方案运行在升降速工况时会出现明显误差。

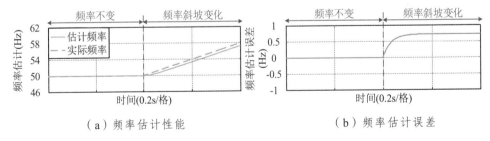

（a）频率估计性能　　　　　　　　　　（b）频率估计误差

图 6-4　输入信号为频率斜坡时二阶广义积分器-锁频环的估计性能

6.1.2　降阶广义积分器-锁频环

基于降阶广义积分器-锁频环的估计方案如图 6-5 所示，该方案由降阶广义积分器

（Reduced-Order Generalized Integrator，ROGI）、锁频环和极坐标变换三部分组成。其中，降阶广义积分器用于提供输入信号的估计，锁频环则是根据估计信号实现速度估计，而极坐标变换则是根据估计信号得到幅值估计和位置估计。

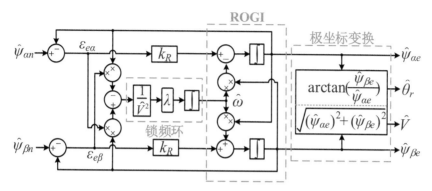

图 6-5　基于降阶广义积分器-锁频环的估计方案

由图 6-5 可得：

$$\frac{\mathrm{d}\hat{\theta}_r}{\mathrm{d}t} = \frac{\mathrm{d}}{\mathrm{d}t}\left[\arctan\left(\frac{\hat{\psi}_{\beta e}}{\hat{\psi}_{\alpha e}}\right)\right] = \frac{\frac{\mathrm{d}\hat{\psi}_{\beta e}}{\mathrm{d}t}\hat{\psi}_{\alpha e} - \frac{\mathrm{d}\hat{\psi}_{\alpha e}}{\mathrm{d}t}\hat{\psi}_{\beta e}}{\hat{V}^2} \tag{6-16}$$

$$\frac{\mathrm{d}\hat{\omega}}{\mathrm{d}t} = \lambda\frac{(\varepsilon_{e\beta}\hat{\psi}_{\alpha e} - \varepsilon_{e\alpha}\hat{\psi}_{\beta e})}{\hat{V}^2} = \lambda\frac{\hat{\psi}_{\beta n}\hat{\psi}_{\alpha e} - \hat{\psi}_{\alpha n}\hat{\psi}_{\beta e}}{\hat{V}^2} \tag{6-17}$$

式（6-17）中：λ 为估计方案的增益。

进一步，可得：

$$\begin{cases} \dfrac{\mathrm{d}\hat{\psi}_{\alpha e}}{\mathrm{d}t} = k_R\varepsilon_{e\alpha} - \hat{\omega}\hat{\psi}_{\beta e} \\ \dfrac{\mathrm{d}\hat{\psi}_{\beta e}}{\mathrm{d}t} = k_R\varepsilon_{e\beta} + \hat{\omega}\hat{\psi}_{\alpha e} \end{cases} \tag{6-18}$$

式（6-18）中：k_R 为估计方案的增益。

将式（6-18）代入式（6-16）中，则有：

$$\frac{\mathrm{d}\hat{\theta}_r}{\mathrm{d}t} = \frac{k_R\varepsilon_{e\beta}\hat{\psi}_{\alpha e} - k_R\varepsilon_{e\alpha}\hat{\psi}_{\beta e}}{\hat{V}^2} + \hat{\omega}\frac{\hat{\psi}_{\alpha e}^2 + \hat{\psi}_{\beta e}^2}{\hat{V}^2} = \frac{k_R}{\lambda}\frac{\mathrm{d}\hat{\omega}}{\mathrm{d}t} + \hat{\omega} \tag{6-19}$$

进一步，将式（6-5）和式（6-6）代入式（6-17）可得：

$$\frac{\mathrm{d}\hat{\omega}}{\mathrm{d}t} = \lambda\frac{\hat{\psi}_{\beta n}\hat{\psi}_{\alpha e} - \hat{\psi}_{\alpha n}\hat{\psi}_{\beta e}}{\hat{V}^2} = \lambda\sin(\theta_r - \hat{\theta}_r) \tag{6-20}$$

若估计位置与输入信号位置的偏差很小，即有：

$$\hat{\theta}_r \approx \theta_r \tag{6-21}$$

将式（6-21）代入式（6-20），可得：

$$\frac{d\hat{\omega}}{dt} = \lambda \sin(\theta_r - \hat{\theta}_r) \approx \lambda(\theta_r - \hat{\theta}_r) \tag{6-22}$$

由式（6-19）和式（6-22）可得，基于降阶广义积分器-锁频环的估计方案的简化模型如图 6-6 所示。

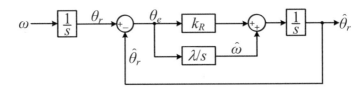

图 6-6　基于降阶广义积分器-锁频环的估计方案的简化模型

由图 6-6 可得：

$$\begin{cases} (\theta_r - \hat{\theta}_r)\dfrac{k_R s + \lambda}{s^2} = \hat{\theta}_r \\ (\theta_r - \hat{\theta}_r)\dfrac{\lambda}{s} = \hat{\omega} \end{cases} \tag{6-23}$$

根据式（6-23），速度估计的开环传递函数和位置估计的开环传递函数分别为：

$$G_{ol\omega}^{ROGI}(s) = \frac{\hat{\omega}(s)}{\omega(s) - \hat{\omega}(s)} = \frac{\lambda}{s(s + k_R)} \tag{6-24}$$

$$G_{ol\theta}^{ROGI}(s) = \frac{\hat{\theta}_r(s)}{\theta_r(s) - \hat{\theta}_r(s)} = \frac{k_R s + \lambda}{s^2} \tag{6-25}$$

由式（6-24）和式（6-25）可得，速度估计误差的传递函数和位置估计误差的传递函数分别为：

$$G_{e\omega}^{ROGI}(s) = \frac{1}{1 + G_{ol\omega}^{ROGI}(s)} = \frac{s(s + k_R)}{s^2 + k_R s + \lambda} \tag{6-26}$$

$$G_{e\theta}^{ROGI}(s) = \frac{1}{1 + G_{ol\theta}^{ROGI}(s)} = \frac{s^2}{s^2 + k_R s + \lambda} \tag{6-27}$$

当输入信号分别为相位阶跃变化、频率阶跃变化和频率斜坡变化时，速度估计误差和位置估计误差分别为：

$$\begin{cases} \Delta\omega_{e1}^{ROGI}(s) = m G_{e\omega}^{ROGI}(s) = \dfrac{ms(s + k_R)}{s^2 + k_R s + \lambda} \\[3mm] \Delta\omega_{e2}^{ROGI}(s) = \dfrac{n}{s} G_{e\omega}^{ROGI}(s) = \dfrac{n(s + k_R)}{s^2 + k_R s + \lambda} \\[3mm] \Delta\omega_{e3}^{ROGI}(s) = \dfrac{h}{s^2} G_{e\omega}^{ROGI}(s) = \dfrac{1}{s}\dfrac{h(s + k_R)}{s^2 + k_R s + \lambda} \end{cases} \tag{6-28}$$

$$\begin{cases} \Delta\theta_{e1}^{ROGI}(s) = \dfrac{m}{s} G_{e\theta}^{ROGI}(s) = \dfrac{ms}{s^2+k_R s+\lambda} \\[3mm] \Delta\theta_{e2}^{ROGI}(s) = \dfrac{n}{s^2} G_{e\theta}^{ROGI}(s) = \dfrac{n}{s^2+k_R s+\lambda} \\[3mm] \Delta\theta_{e3}^{ROGI}(s) = \dfrac{h}{s^3} G_{e\theta}^{ROGI}(s) = \dfrac{1}{s}\dfrac{h}{s^2+k_R s+\lambda} \end{cases} \tag{6-29}$$

根据终值定理，可得：

$$\begin{cases} \Delta\omega_{ess1}^{ROGI}(s) = \lim_{s\to 0} s\Delta\omega_{e1}^{ROGI}(s) = \lim_{s\to 0}\dfrac{ms(s+k_R)}{s^2+k_R s+\lambda} = 0 \\[3mm] \Delta\omega_{ess2}^{ROGI}(s) = \lim_{s\to 0} s\Delta\omega_{e2}^{ROGI}(s) = \lim_{s\to 0}\dfrac{n(s+k_R)}{s^2+k_R s+\lambda} = 0 \\[3mm] \Delta\omega_{ess3}^{ROGI}(s) = \lim_{s\to 0} s\Delta\omega_{e3}^{ROGI}(s) = \lim_{s\to 0}\dfrac{h(s+k_R)}{s^2+k_R s+\lambda} = \dfrac{hk_R}{\lambda} \end{cases} \tag{6-30}$$

$$\begin{cases} \Delta\theta_{ess1}^{ROGI}(s) = \lim_{s\to 0} s\Delta\theta_{e1}^{ROGI}(s) = \lim_{s\to 0} s\dfrac{ms}{s^2+k_R s+\lambda} = 0 \\[3mm] \Delta\theta_{ess2}^{ROGI}(s) = \lim_{s\to 0} s\Delta\theta_{e2}^{ROGI}(s) = \lim_{s\to 0} s\dfrac{n}{s^2+k_R s+\lambda} = 0 \\[3mm] \Delta\theta_{ess3}^{ROGI}(s) = \lim_{s\to 0} s\Delta\theta_{e3}^{ROGI}(s) = \lim_{s\to 0} s\dfrac{h}{s^2+k_R s+\lambda} = \dfrac{h}{\lambda} \end{cases} \tag{6-31}$$

由式（6-30）和式（6-31）可知：降阶广义积分器-锁频环难以准确追踪频率斜坡信号（见图6-7）。这意味着，基于降阶广义积分器-锁频环的估计方案运行在升降速工况时同样会出现明显误差。

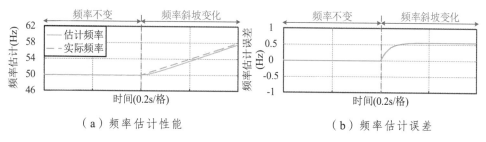

（a）频率估计性能　　　　　　　　　（b）频率估计误差

图 6-7　输入信号为频率斜坡时降阶广义积分器-锁频环的估计性能

6.2　基于增强型锁频环的无传感器控制技术

针对传统基于锁频环的估计方案运行在升降速工况时会出现估计误差的问题，本节在传统基于锁频环的估计方案的基础上，研究基于增强型二阶广义积分器-锁频环的估计方案和基于增强型降阶广义积分器-锁频环的估计方案，保证升降速工况时的估计性能。

6.2.1 增强型二阶广义积分器-锁频环

如前分析，在传统基于二阶广义积分器-锁频环的估计方案中，由于锁频环估计能力不足，导致该方案在升降速工况时未能实现准确估计。基于此，研究基于增强型二阶广义积分器-锁频环的估计方案，其中包括改进型二阶广义积分器-锁频环、前馈二阶广义积分器-锁频环和改进型前馈二阶广义积分器-锁频环，提升估计精度。

1. 改进型二阶广义积分器-锁频环

基于改进型二阶广义积分器-锁频环的估计方案如图 6-8 所示。由图可知，该方案在传统基于二阶广义积分器-锁频环的估计方案的基础上，引入一个积分环路对估计误差进行补偿，从而实现估计性能提升。

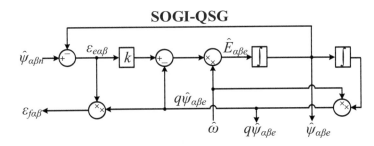

（a）基于二阶广义积分器的正交信号发生器

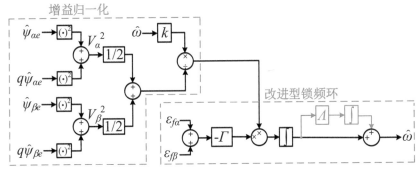

（b）带有增益归一化的改进型锁频环

图 6-8　基于改进型二阶广义积分器-锁频环的估计方案

进一步可得，基于改进型二阶广义积分器-锁频环的估计方案的简化模型如图 6-9 所示。

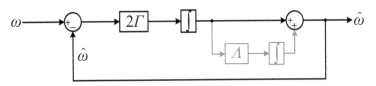

图 6-9　基于改进型二阶广义积分器-锁频环的估计方案的简化模型

根据图 6-9 可得，速度估计的开环传递函数为：

$$G_{ol}^{ISOGI}(s) = \frac{\hat{\omega}(s)}{\omega(s) - \hat{\omega}(s)} = \frac{2\Gamma s + 2\Gamma\Lambda}{s^2} \tag{6-32}$$

式（6-32）中：Γ 和 Λ 均为估计方案的增益。

根据式（6-32）可得，速度估计误差的传递函数为：

$$G_e^{ISOGI}(s) = \frac{1}{1 + G_{ol}^{ISOGI}(s)} = \frac{s^2}{s^2 + 2\Gamma s + 2\Gamma\Lambda} \tag{6-33}$$

当输入信号分别为相位阶跃变化、频率阶跃变化和频率斜坡变化时，速度估计误差分别为：

$$\begin{cases} \Delta\omega_{e1}^{ISOGI}(s) = mG_{e\omega}^{ISOGI}(s) = \dfrac{ms^2}{s^2 + 2\Gamma s + 2\Gamma\Lambda} \\[2mm] \Delta\omega_{e2}^{ISOGI}(s) = \dfrac{n}{s}G_{e\omega}^{ISOGI}(s) = \dfrac{ns}{s^2 + 2\Gamma s + 2\Gamma\Lambda} \\[2mm] \Delta\omega_{e3}^{ISOGI}(s) = \dfrac{h}{s^2}G_{e\omega}^{ISOGI}(s) = \dfrac{h}{s^2 + 2\Gamma s + 2\Gamma\Lambda} \end{cases} \tag{6-34}$$

进一步，利用终值定理可得：

$$\begin{cases} \Delta\omega_{ess1}^{ISOGI}(s) = \lim_{s\to0} s\Delta\omega_{e1}^{ISOGI}(s) = \lim_{s\to0} s\dfrac{ms^2}{s^2 + 2\Gamma s + 2\Gamma\Lambda} = 0 \\[2mm] \Delta\omega_{ess2}^{ISOGI}(s) = \lim_{s\to0} s\Delta\omega_{e2}^{ISOGI}(s) = \lim_{s\to0} s\dfrac{ns}{s^2 + 2\Gamma s + 2\Gamma\Lambda} = 0 \\[2mm] \Delta\omega_{ess3}^{ISOGI}(s) = \lim_{s\to0} s\Delta\omega_{e3}^{ISOGI}(s) = \lim_{s\to0} s\dfrac{h}{s^2 + 2\Gamma s + 2\Gamma\Lambda} = 0 \end{cases} \tag{6-35}$$

由式（6-35）可知：改进型二阶广义积分器-锁频环能够有效追踪频率斜坡信号（见图 6-10）。这表明，基于改进型二阶广义积分器-锁频环的估计方案能够实现升降速工况时的准确估计。

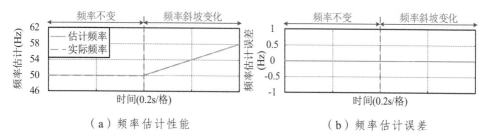

（a）频率估计性能　　　　　　　（b）频率估计误差

图 6-10　输入信号为频率斜坡时改进型二阶广义积分器-锁频环的估计性能

2. 前馈二阶广义积分器-锁频环

进一步，设计基于前馈二阶广义积分器-锁频环的估计方案如图 6-11 所示。在该方案中，引入前馈回路提供一个前馈频率 ω_{ff}，并与锁频环输出的估计频率 ω_c 相加，最终得到估计速度。

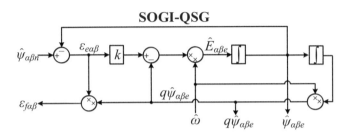

（a）基于二阶广义积分器的正交信号发生器

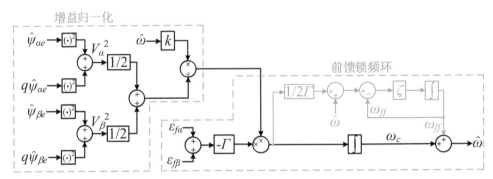

（b）带有增益归一化的前馈锁频环

图 6-11　基于前馈二阶广义积分器-锁频环的估计方案

根据图 6-11，可得基于前馈二阶广义积分器-锁频环的估计方案的简化模型如图 6-12 所示。

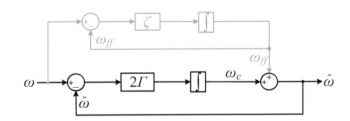

图 6-12　基于前馈二阶广义积分器-锁频环的估计方案的简化模型

由图 6-12 可得：

$$\begin{cases} (\omega - \hat{\omega})\dfrac{2\Gamma}{s} + \omega_{ff} = \hat{\omega} \\[2mm] (\omega - \omega_{ff})\dfrac{\zeta}{s} = \omega_{ff} \end{cases} \tag{6-36}$$

式（6-36）中：ζ 和 ω_{ff} 分别为前馈锁频环增益和前馈频率。

根据式（6-36）可得：

$$G_{ol}^{FSOGI}(s) = \frac{\hat{\omega}(s)}{\omega(s) - \hat{\omega}(s)} = \frac{(2\Gamma + \zeta)s + 2\Gamma\zeta}{s^2} \tag{6-37}$$

进一步可得，速度估计误差的传递函数为：

$$G_e^{FSOGI}(s) = \frac{1}{1 + G_{ol}^{FSOGI}(s)} = \frac{s^2}{s^2 + (2\Gamma + \zeta)s + 2\Gamma\zeta} \tag{6-38}$$

由式（6-38）可知，基于前馈二阶广义积分器-锁频环的估计方案在升降速工况时能够实现准确估计。

3. 改进型前馈二阶广义积分器-锁频环

基于前馈二阶广义积分器-锁频环的估计方案虽能保证升降速工况时的估计性能，但可能会面临动态性能下降的问题。为此，进一步设计基于改进型前馈二阶广义积分器-锁频环的估计方案，如图 6-13 所示。

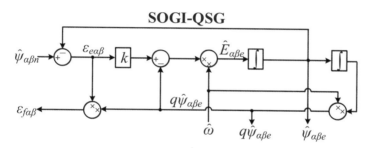

（a）基于二阶广义积分器的正交信号发生器

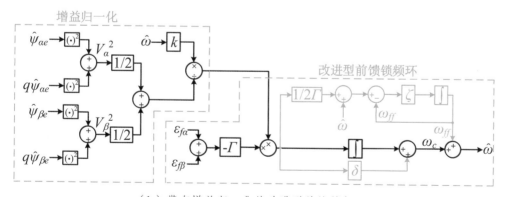

（b）带有增益归一化的改进型前馈锁频环

图 6-13　基于改进型前馈二阶广义积分器-锁频环的估计方案

如图 6-13 所示，该方案在基于前馈二阶广义积分器-锁频环的估计方案的基础上，再增加一个前馈环路，保证估计性能的同时，还能提升系统的动态响应。进一步可得，基于改进型前馈二阶广义积分器-锁频环的估计方案的简化模型如图 6-14 所示。

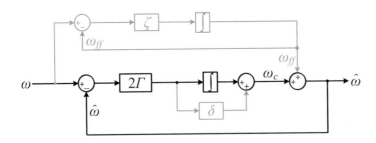

图 6-14　基于改进型前馈二阶广义积分器-锁频环的估计方案的简化模型

由图 6-14 可得：

$$\begin{cases} (\omega - \hat{\omega}) \left[2\Gamma \left(\dfrac{1}{s} + \delta \right) \right] + \omega_{ff} = \hat{\omega} \\ (\omega - \omega_{ff}) \dfrac{\zeta}{s} = \omega_{ff} \end{cases} \quad (6\text{-}39)$$

式（6-39）中：δ 为估计方案的增益。

根据式（6-39），速度估计的开环传递函数可表示为：

$$G_{ol}^{IFSOGI}(s) = \frac{\hat{\omega}(s)}{\omega(s) - \hat{\omega}(s)} = \frac{2\delta\Gamma s^2 + (2\Gamma + 2\zeta\delta\Gamma + \zeta)s + 2\Gamma\zeta}{s^2} \quad (6\text{-}40)$$

由式（6-40）可得，速度估计误差的传递函数为：

$$G_e^{IFSOGI}(s) = \frac{1}{1 + G_{ol}^{IFSOGI}(s)} = \frac{s^2}{(1 + 2\delta\Gamma)s^2 + (2\Gamma + 2\zeta\delta\Gamma + \zeta)s + 2\Gamma\zeta} \quad (6\text{-}41)$$

当输入信号分别为相位阶跃变化、频率阶跃变化和频率斜坡变化时，速度估计误差分别为：

$$\begin{cases} \Delta\omega_{e1}^{IFSOGI}(s) = mG_{e\omega}^{IFSOGI}(s) = \dfrac{ms^2}{(1 + 2\delta\Gamma)s^2 + (2\Gamma + 2\zeta\delta\Gamma + \zeta)s + 2\Gamma\zeta} \\ \Delta\omega_{e2}^{IFSOGI}(s) = \dfrac{n}{s} G_{e\omega}^{IFSOGI}(s) = \dfrac{ns}{(1 + 2\delta\Gamma)s^2 + (2\Gamma + 2\zeta\delta\Gamma + \zeta)s + 2\Gamma\zeta} \\ \Delta\omega_{e3}^{IFSOGI}(s) = \dfrac{h}{s^2} G_{e\omega}^{IFSOGI}(s) = \dfrac{h}{(1 + 2\delta\Gamma)s^2 + (2\Gamma + 2\zeta\delta\Gamma + \zeta)s + 2\Gamma\zeta} \end{cases} \quad (6\text{-}42)$$

利用终值定理，可得：

$$\begin{cases} \Delta\omega_{ess1}^{IFSOGI}(s) = \lim_{s \to 0} s\Delta\omega_{e1}^{IFSOGI}(s) = \lim_{s \to 0} s \dfrac{ms^2}{(1 + 2\delta\Gamma)s^2 + (2\Gamma + 2\zeta\delta\Gamma + \zeta)s + 2\Gamma\zeta} = 0 \\ \Delta\omega_{ess2}^{IFSOGI}(s) = \lim_{s \to 0} s\Delta\omega_{e2}^{IFSOGI}(s) = \lim_{s \to 0} s \dfrac{ns}{(1 + 2\delta\Gamma)s^2 + (2\Gamma + 2\zeta\delta\Gamma + \zeta)s + 2\Gamma\zeta} = 0 \quad (6\text{-}43) \\ \Delta\omega_{ess3}^{IFSOGI}(s) = \lim_{s \to 0} s\Delta\omega_{e3}^{IFSOGI}(s) = \lim_{s \to 0} s \dfrac{h}{(1 + 2\delta\Gamma)s^2 + (2\Gamma + 2\zeta\delta\Gamma + \zeta)s + 2\Gamma\zeta} = 0 \end{cases}$$

由式（6-43）可知，基于改进型前馈二阶广义积分器-锁频环的估计方案同样能够实现升降速工况时的准确估计。

6.2.2　增强型降阶广义积分器-锁频环

针对传统基于降阶广义积分器-锁频环的估计方案在升降速工况时出现明显估计误差的问题，本节研究基于增强型降阶广义积分器-锁频环的估计方案，其中包括基于改进型降阶广义积分器-锁频环的估计方案和基于前馈降阶广义积分器-锁频环的估计方案，保证升降速工况时的估计性能。

1. 改进型降阶广义积分器-锁频环

基于改进型降阶广义积分器-锁频环的估计方案如图 6-15 所示，该方案在传统基于降阶广义积分器-锁频环的估计方案的基础上，增加一个积分环节以保证估计性能。

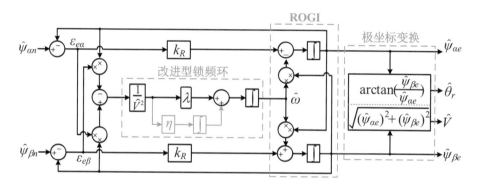

图 6-15　基于改进型降阶广义积分器-锁频环的估计方案

由图 6-15 可得：

$$\frac{\mathrm{d}\hat{\omega}}{\mathrm{d}t} = \lambda \frac{(\varepsilon_{e\beta}\hat{\psi}_{\alpha e} - \varepsilon_{e\alpha}\hat{\psi}_{\beta e})}{\hat{V}^2} + \eta \int \frac{(\varepsilon_{e\beta}\hat{\psi}_{\alpha e} - \varepsilon_{e\alpha}\hat{\psi}_{\beta e})}{\hat{V}^2} \mathrm{d}t \tag{6-44}$$

式（6-44）中：η 为估计方案的增益。

将式（6-20）代入式（6-44），则有：

$$\frac{\mathrm{d}\hat{\omega}}{\mathrm{d}t} \approx \lambda(\theta_r - \hat{\theta}_r) + \eta \int (\theta_r - \hat{\theta}_r)\mathrm{d}t \tag{6-45}$$

进一步，可得：

$$\frac{\mathrm{d}\hat{\theta}_r}{\mathrm{d}t} = \frac{\dfrac{\mathrm{d}\hat{\psi}_{\beta e}}{\mathrm{d}t}\hat{\psi}_{\alpha e} - \dfrac{\mathrm{d}\hat{\psi}_{\alpha e}}{\mathrm{d}t}\hat{\psi}_{\beta e}}{\hat{V}^2} \approx k_R(\theta_r - \hat{\theta}_r) + \hat{\omega} \tag{6-46}$$

综上可得，基于改进型降阶广义积分器-锁频环的估计方案的简化模型如图 6-16 所示。

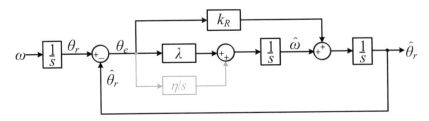

图 6-16 基于改进型降阶广义积分器-锁频环的估计方案的简化模型

由图 6-16 可得，速度估计的开环传递函数和位置估计的开环传递函数分别为：

$$G_{ol\omega}^{IROGI}(s) = \frac{\hat{\omega}(s)}{\omega(s) - \hat{\omega}(s)} = \frac{\lambda s + \eta}{s^2(s + k_R)} \tag{6-47}$$

$$G_{ol\theta}^{IROGI}(s) = \frac{\hat{\theta}_r(s)}{\theta_r(s) - \hat{\theta}_r(s)} = \frac{k_R s^2 + \lambda s + \eta}{s^3} \tag{6-48}$$

由式（6-47）和式（6-48）可得，速度估计误差的传递函数和位置估计误差的传递函数分别为：

$$G_{e\omega}^{IROGI}(s) = \frac{1}{1 + G_{ol\omega}^{IROGI}(s)} = \frac{s^2(s + k_R)}{s^3 + k_R s^2 + \lambda s + \eta} \tag{6-49}$$

$$G_{e\theta}^{IROGI}(s) = \frac{1}{1 + G_{ol\theta}^{IROGI}(s)} = \frac{s^3}{s^3 + k_R s^2 + \lambda s + \eta} \tag{6-50}$$

当输入信号分别为相位阶跃变化、频率阶跃变化和频率斜坡变化时，速度估计误差和位置估计误差分别为：

$$\begin{cases} \Delta\omega_{e1}^{IROGI}(s) = mG_{e\omega}^{IROGI}(s) = \dfrac{ms^2(s + k_R)}{s^3 + k_R s^2 + \lambda s + \eta} \\[3mm] \Delta\omega_{e2}^{IROGI}(s) = \dfrac{n}{s}G_{e\omega}^{IROGI}(s) = \dfrac{ns(s + k_R)}{s^3 + k_R s^2 + \lambda s + \eta} \\[3mm] \Delta\omega_{e3}^{IROGI}(s) = \dfrac{h}{s^2}G_{e\omega}^{IROGI}(s) = \dfrac{h(s + k_R)}{s^3 + k_R s^2 + \lambda s + \eta} \end{cases} \tag{6-51}$$

$$\begin{cases} \Delta\theta_{e1}^{IROGI}(s) = \dfrac{m}{s}G_{e\theta}^{IROGI}(s) = \dfrac{ms^2}{s^3 + k_R s^2 + \lambda s + \eta} \\[3mm] \Delta\theta_{e2}^{IROGI}(s) = \dfrac{n}{s^2}G_{e\theta}^{IROGI}(s) = \dfrac{ns}{s^3 + k_R s^2 + \lambda s + \eta} \\[3mm] \Delta\theta_{e3}^{IROGI}(s) = \dfrac{h}{s^3}G_{e\theta}^{ROGI}(s) = \dfrac{h}{s^3 + k_R s^2 + \lambda s + \eta} \end{cases} \tag{6-52}$$

根据终值定理，可得：

$$\begin{cases} \Delta\omega_{ess1}^{IROGI}(s) = \lim_{s\to 0} s\Delta\omega_{e1}^{IROGI}(s) = \lim_{s\to 0} s\dfrac{ms^2(s+k_R)}{s^3+k_Rs^2+\lambda s+\eta} = 0 \\[3mm] \Delta\omega_{ess2}^{IROGI}(s) = \lim_{s\to 0} s\Delta\omega_{e2}^{IROGI}(s) = \lim_{s\to 0} s\dfrac{ns(s+k_R)}{s^3+k_Rs^2+\lambda s+\eta} = 0 \\[3mm] \Delta\omega_{ess3}^{IROGI}(s) = \lim_{s\to 0} s\Delta\omega_{e3}^{IROGI}(s) = \lim_{s\to 0} s\dfrac{h(s+k_R)}{s^3+k_Rs^2+\lambda s+\eta} = 0 \end{cases} \quad (6\text{-}53)$$

$$\begin{cases} \Delta\theta_{ess1}^{IROGI}(s) = \lim_{s\to 0} s\Delta\theta_{e1}^{IROGI}(s) = \lim_{s\to 0} s\dfrac{ms^2}{s^3+k_Rs^2+\lambda s+\eta} = 0 \\[3mm] \Delta\theta_{ess2}^{IROGI}(s) = \lim_{s\to 0} s\Delta\theta_{e2}^{IROGI}(s) = \lim_{s\to 0} s\dfrac{ns}{s^3+k_Rs^2+\lambda s+\eta} = 0 \\[3mm] \Delta\theta_{ess3}^{IROGI}(s) = \lim_{s\to 0} s\Delta\theta_{e3}^{IROGI}(s) = \lim_{s\to 0} s\dfrac{h}{s^3+k_Rs^2+\lambda s+\eta} = 0 \end{cases} \quad (6\text{-}54)$$

由式（6-53）和式（6-54）可得：基于改进型降阶广义积分器-锁频环的估计方案在升降速工况时能够实现准确估计（见图 6-17）。

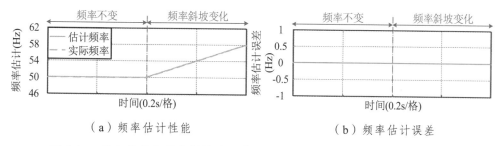

（a）频率估计性能　　　　　　　　　　（b）频率估计误差

图 6-17　输入信号为频率斜坡时改进型降阶广义积分器-锁频环的估计性能

2. 前馈降阶广义积分器-锁频环

基于前馈降阶广义积分器-锁频环的估计方案如图 6-18 所示，该方案在传统基于降阶广义积分器-锁频环的估计方案的基础上，引入前馈回路提供一个前馈频率 ω_{rf}，并与锁频环提供的估计频率 ω_{rc} 相加，最终得到估计速度。

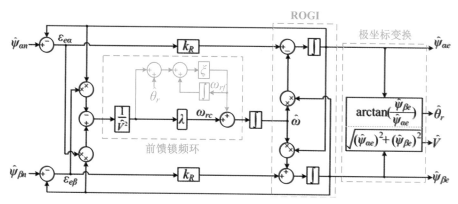

图 6-18　基于前馈降阶广义积分器-锁频环的估计方案

根据图 6-18 可得，基于前馈降阶广义积分器-锁频环的估计方案的简化模型如图 6-19 所示。

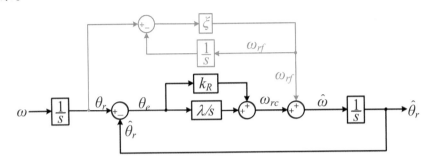

图 6-19　基于前馈降阶广义积分器-锁频环的估计方案的简化模型

由图 6-19 可得：

$$\begin{cases} (\theta_r - \hat{\theta}_r)\dfrac{k_R s + \lambda}{s} + \omega_{ff} = \hat{\omega} \\[2mm] \left(\theta_r - \omega_{ff}\dfrac{1}{s}\right)\xi = \omega_{ff} \\[2mm] \hat{\omega}\dfrac{1}{s} = \hat{\theta}_r \end{cases} \tag{6-55}$$

进一步，速度估计的开环传递函数和位置估计的开环传递函数分别为：

$$G_{ol\omega}^{FROGI}(s) = \frac{\hat{\omega}(s)}{\omega(s) - \hat{\omega}(s)} = \frac{(\xi + k_R)s^2 + (k_R\xi + \lambda)s + \lambda\xi}{s^3} \tag{6-56}$$

$$G_{ol\theta}^{FROGI}(s) = \frac{\hat{\theta}_r(s)}{\theta_r(s) - \hat{\theta}_r(s)} = \frac{(k_R + \xi)s^2 + (k_R\xi + \lambda)s + \lambda\xi}{s^3} \tag{6-57}$$

由式（6-56）和式（6-57）可得，速度估计误差的传递函数和位置估计误差的传递函数分别为：

$$G_{e\omega}^{FROGI}(s) = \frac{1}{1 + G_{ol\omega}^{FROGI}(s)} = \frac{s^3}{s^3 + (\xi + k_R)s^2 + (k_R\xi + \lambda)s + \lambda\xi} \tag{6-58}$$

$$G_{e\theta}^{FROGI}(s) = \frac{1}{1 + G_{ol\theta}^{FROGI}(s)} = \frac{s^3}{s^3 + (\xi + k_R)s^2 + (k_R\xi + \lambda)s + \lambda\xi} \tag{6-59}$$

根据式（6-56）和式（6-57）可知，基于前馈降阶广义积分器-锁频环的估计方案能够保证升降速工况时的估计性能。

综上可得，基于增强型锁频环的估计方案能够保证升降速工况时的性能。然而，这种方案增加了系统阶数，从而导致系统稳定裕度下降，并会对动态性能产生不利影响。为克服上述问题，进一步研究基于新型锁频环的估计方案，保证估计性能的同时，还能降低对系统的不利影响。

6.3　基于微分锁频环的无传感器控制技术

针对基于增强型锁频环的估计方案存在的问题，本节研究一种基于微分锁频环的估计方案，保证估计性能的同时，还可避免对系统的不利影响。

6.3.1　具体实现

在交流电机驱动系统中，速度估计可表示为[9]：

$$\hat{\omega} = \frac{\mathrm{d}\hat{\theta}_r}{\mathrm{d}t} = \frac{\mathrm{d}}{\mathrm{d}t}\left[\arctan\left(\frac{\hat{\psi}_\beta}{\hat{\psi}_\alpha}\right)\right] \tag{6-60}$$

根据式（6-60）可得：

$$\hat{\omega} = \frac{\mathrm{d}}{\mathrm{d}t}\left[\arctan\left(\frac{\hat{\psi}_\beta}{\hat{\psi}_\alpha}\right)\right] = \frac{\dfrac{\mathrm{d}\hat{\psi}_\beta}{\mathrm{d}t}\hat{\psi}_\alpha - \dfrac{\mathrm{d}\hat{\psi}_\alpha}{\mathrm{d}t}\hat{\psi}_\beta}{\hat{V}^2} \tag{6-61}$$

对估计磁链采用幅值归一化，则有：

$$\hat{V} = 1 \tag{6-62}$$

将式（6-62）代入式（6-61）可得：

$$\hat{\omega} = \frac{\mathrm{d}\hat{\psi}_\beta}{\mathrm{d}t}\hat{\psi}_\alpha - \frac{\mathrm{d}\hat{\psi}_\alpha}{\mathrm{d}t}\hat{\psi}_\beta = \hat{E}_\beta\hat{\psi}_\alpha - \hat{E}_\alpha\hat{\psi}_\beta \tag{6-63}$$

综上可得，基于微分锁频环的估计方案如图 6-20 所示。在该方案中，对输入信号直接微分，得到输入信号的微分信号，然后利用锁频环得到速度估计。

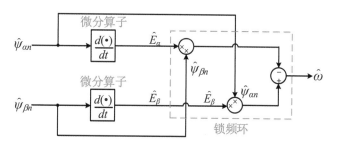

图 6-20　基于微分锁频环的估计方案

6.3.2　性能分析

基于微分锁频环的估计方案结构简单、易于实现，并且未增加系统阶数，因此，不会对稳定裕度和动态性能产生不利影响。但是，微分算子的使用导致系统噪声敏感性增加。并且，该方案对输入信号要求较高，当扰动进入输入信号后，估计性能会显著下降。本节以谐波分量为例，分析基于微分锁频环的估计方案在扰动影响下的性能。

当谐波分量进入输入信号后，则有：

$$\begin{cases} \hat{\psi}_{\alpha nh}(t) = \cos(\omega t + \varphi) + \sum_{h=2}^{\infty} \cos(h\omega t + \varphi_h) \\ \hat{\psi}_{\beta nh}(t) = \sin(\omega t + \varphi) + \sum_{h=2}^{\infty} \sin(h\omega t + \varphi_h) \end{cases} \tag{6-64}$$

式（6-64）中：h 和 φ_h 分别为谐波次数和谐波分量的初始相位。

对式（6-64）进行微分，可得：

$$\begin{cases} \hat{E}_{\alpha h}(t) = -\omega \sin(\omega t + \varphi) - \sum_{h=2}^{\infty} (h\omega)\sin(h\omega t + \varphi_h) \\ \hat{E}_{\beta h}(t) = \omega \cos(\omega t + \varphi) + \sum_{h=2}^{\infty} (h\omega)\cos(h\omega t + \varphi_h) \end{cases} \tag{6-65}$$

由式（6-63）可得，谐波影响下速度估计可计算为：

$$\begin{aligned} \hat{\omega}_h &= \hat{E}_{\beta h}\hat{\psi}_{\alpha nh} - \hat{E}_{\alpha h}\hat{\psi}_{\beta nh} \\ &= \left[\omega\cos(\omega t + \varphi) + \sum_{h=2}^{\infty}(h\omega)\cos(h\omega t + \varphi_h) \right]\left[\cos(\omega t + \varphi) + \sum_{h=2}^{\infty}\cos(h\omega t + \varphi_h) \right] + \\ &\quad \left[\omega\sin(\omega t + \varphi) + \sum_{h=2}^{\infty}(h\omega)\sin(h\omega t + \varphi_h) \right]\left[\sin(\omega t + \varphi) + \sum_{h=2}^{\infty}\sin(h\omega t + \varphi_h) \right] \\ &= \omega + H_d \end{aligned} \tag{6-66}$$

式（6-66）中：H_d 为谐波带来的扰动分量，且有：

$$\begin{aligned} H_d &= [\omega\cos(\omega t + \varphi)]\sum_{h=2}^{\infty}\cos(h\omega t + \varphi_h) + [\cos(\omega t + \varphi)]\sum_{h=2}^{\infty}(h\omega)\cos(h\omega t + \varphi_h) + \\ &\quad [\omega\sin(\omega t + \varphi)]\sum_{h=2}^{\infty}\cos(h\omega t + \varphi_h) + [\sin(\omega t + \varphi)]\sum_{h=2}^{\infty}(h\omega)\sin(h\omega t + \varphi_h) \end{aligned} \tag{6-67}$$

由式（6-66）可知，在谐波分量的作用下，输入信号会出现畸变，导致基于微分锁频环的估计方案性能明显下降（见图 6-21）。

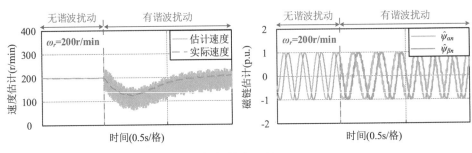

（a）低速工况

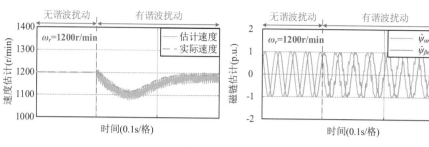

（ b ）高速工况

图 6-21　谐波影响下基于微分锁频环的估计方案性能

6.4　基于自适应锁频环的无传感器控制技术

在基于微分锁频环的估计方案中，微分算子的存在导致估计方案面临噪声敏感性提升和抗扰能力下降等问题。对此，本节利用二阶广义积分器-锁频环和降阶广义积分器-锁频环的特性，设计基于自适应锁频环的估计方案，进一步提升估计性能。

6.4.1　自适应二阶广义积分器-锁频环

根据图 6-2（a），可得：

$$\begin{cases} \hat{E}_{\alpha e} = \int \hat{\omega}[k(\hat{\psi}_{\alpha n} - \hat{\psi}_{\alpha e}) - (q\hat{\psi}_{\alpha e})]\mathrm{d}t \\ \hat{E}_{\beta e} = \int \hat{\omega}[k(\hat{\psi}_{\beta n} - \hat{\psi}_{\beta e}) - (q\hat{\psi}_{\beta e})]\mathrm{d}t \end{cases} \tag{6-68}$$

由式（6-68）可知，在二阶广义积分器-锁频环中，反电动势是通过积分环节得到的。如此，可利用正交信号发生器实现反电动势估计[10]。

结合式（6-60）、式（6-68）和图 6-2，得到基于自适应二阶广义积分器-锁频环的估计方案，如图 6-22 所示。由图可知，该方案由基于二阶广义积分器的正交信号发生器和自适应锁频环两部分组成。其中，利用基于二阶广义积分器的正交信号发生器得到输入估计信号及其微分信号；随后，自适应锁频环则是根据所得到的估计信号实现速度估计。与传统基于二阶广义积分器-锁频环的估计方案相比，该方案采用自适应锁频环实现速度估计，取消了微分算子且未增加系统阶数。因此，估计性能、稳定裕度和抗扰能力均得到有力保障。

6.4.2　自适应降阶广义积分器-锁频环

在基于降阶广义积分器-锁频环的估计方案（见图 6-5）中，反电动势可表示为：

$$\begin{cases} \hat{E}_{\alpha e} = k_R(\hat{\psi}_{\alpha n} - \hat{\psi}_{\alpha e}) - \hat{\omega}\hat{\psi}_{\beta e} \\ \hat{E}_{\beta e} = k_R(\hat{\psi}_{\beta n} - \hat{\psi}_{\beta e}) + \hat{\omega}\hat{\psi}_{\alpha e} \end{cases} \tag{6-69}$$

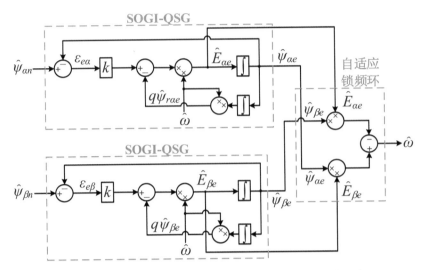

图 6-22　基于自适应二阶广义积分器-锁频环的估计方案

结合式（6-60）、式（6-69）和图 6-5，得到基于自适应降阶广义积分器-锁频环的估计方案，如图 6-23 所示。由图可知，该方案同样由降阶广义积分器和自适应锁频环组成。其中，降阶广义积分器用于提供输入信号估计及其微分信号；在此基础上，自适应锁频环根据估计信号实现速度估计。

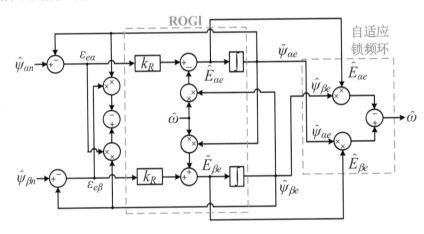

图 6-23　基于自适应降阶广义积分器-锁频环的估计方案

基于自适应锁频环的估计方案（即，基于自适应二阶广义积分器-锁频环的估计方案和基于自适应降阶广义积分器-锁频环的估计方案），通过重新设计锁频环，实现升降速工况时的准确估计，而不是增加系统阶数或者引入额外的补偿单元。如此，降低对稳定裕度、抗扰能力以及参数调谐的不利影响。

然而，在基于自适应锁频环的估计方案中，估计速度需要反馈到系统中，用于提供磁链估计和反电动势估计（见图 6-22 和图 6-23），而这会带来新的问题。当估计速度出现偏差后，正交信号发生器会受到明显影响，导致估计性能恶化。此外，速度估计为整个方案的最后一步，采用速度反馈不可避免会受到诸如噪声、延时等干扰的影响，造成估计方案出现性能下降。

6.5　基于非线性锁频环的无传感器控制技术

基于自适应锁频环的估计方案在估计性能、稳定裕度以及抗扰能力等方面均有明显提升，但在基于自适应锁频环的估计方案中，速度反馈会带来新的挑战。对此，进一步研究基于非线性锁频环的估计方案，其中包括基于超螺旋算法-锁频环的估计方案和基于跟踪微分器-锁频环的估计方案。这些估计方案通过非线性控制器取消了速度反馈环节，如此，进一步提升了估计性能。

6.5.1　超螺旋算法-锁频环

作为一种二阶滑模控制算法，超螺旋算法能够降低传统滑模控制算法带来的抖振现象。通常，超螺旋算法可表示为：

$$\begin{cases} \dfrac{d\hat{x}_1}{dt} = f(\hat{x}_2) + \lambda \left| \hat{x}_1 - x_1 \right|^{\frac{1}{2}} \text{sgn}(\hat{x}_1 - x_1) \\ \dfrac{d\hat{x}_2}{dt} = \delta \, \text{sgn}(\hat{x}_1 - x_1) \end{cases} \quad (6\text{-}70)$$

为保证超螺旋算法在有限时间内的收敛性，超螺旋算法的增益需满足如下条件，即有：

$$\delta > L \qquad \frac{4L(\delta + L)}{\lambda^2(\delta - L)} < 1 \quad (6\text{-}71)$$

联立式（6-68）和式（6-70），得到基于超螺旋算法的正交信号发生器（Super-Twisting Algorithm-based Quadrature Signal Generator，STA-QSG）为[11]：

$$\begin{cases} \dfrac{d\hat{\psi}_{\alpha\beta e}}{dt} = \varsigma_{\alpha\beta} + \lambda \left| \hat{\psi}_{\alpha\beta n} - \hat{\psi}_{\alpha\beta e} \right|^{0.5} \text{sgn}(\hat{\psi}_{\alpha\beta n} - \hat{\psi}_{\alpha\beta e}) \\ \dfrac{d\varsigma_{\alpha\beta}}{dt} = \delta \, \text{sgn}(\hat{\psi}_{\alpha\beta n} - \hat{\psi}_{\alpha\beta e}) \end{cases} \quad (6\text{-}72)$$

式（6-72）中：$\varsigma_{\alpha\beta}$ 为中间变量。

图 6-24 给出基于超螺旋算法的正交信号发生器框图。由图可知，在超螺旋算法的帮助下，估计速度未出现在正交发生器中，从而消除速度反馈带来的不利影响。

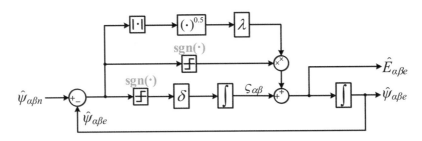

图 6-24　基于超螺旋算法的正交信号发生器

进一步，对基于超螺旋算法的正交信号发生器的稳定性进行探究。定义李雅普诺夫函数稳定性函数为：

$$V = \frac{1}{2}[(\hat{\psi}_{\alpha e} - \hat{\psi}_{\alpha n})^2 + (\hat{\psi}_{\beta e} - \hat{\psi}_{\beta n})^2] = \frac{1}{2}(\zeta_\alpha^2 + \zeta_\beta^2) \quad （6-73）$$

式（6-73）中：ζ_α 和 ζ_β 均为磁链估计误差。

对式（6-73）求导可得：

$$\frac{\mathrm{d}V}{\mathrm{d}t} = \left(\zeta_\alpha \frac{\mathrm{d}\hat{\psi}_{\alpha e}}{\mathrm{d}t} + \zeta_\beta \frac{\mathrm{d}\hat{\psi}_{\beta e}}{\mathrm{d}t}\right) - \left(\zeta_\alpha \frac{\mathrm{d}\hat{\psi}_{\alpha n}}{\mathrm{d}t} + \zeta_\beta \frac{\mathrm{d}\hat{\psi}_{\beta n}}{\mathrm{d}t}\right) \quad （6-74）$$

不妨令：

$$\begin{cases} V_1 = \zeta_\alpha \dfrac{\mathrm{d}\hat{\psi}_{\alpha e}}{\mathrm{d}t} + \zeta_\beta \dfrac{\mathrm{d}\hat{\psi}_{\beta e}}{\mathrm{d}t} \\[3mm] V_2 = \zeta_\alpha \dfrac{\mathrm{d}\hat{\psi}_{\alpha n}}{\mathrm{d}t} + \zeta_\beta \dfrac{\mathrm{d}\hat{\psi}_{\beta n}}{\mathrm{d}t} \end{cases} \quad （6-75）$$

式（6-75）中：V_1 和 V_2 为中间变量。

对于 V_1，将式（6-72）代入式（6-75），则有：

$$\begin{aligned} V_1 &= \zeta_\alpha \frac{\mathrm{d}\hat{\psi}_{\alpha e}}{\mathrm{d}t} + \zeta_\beta \frac{\mathrm{d}\hat{\psi}_{\beta e}}{\mathrm{d}t} \\ &= \zeta_\alpha[\int \delta\, \mathrm{sgn}(-\zeta_\alpha)\mathrm{d}t + \lambda\left|-\zeta_\alpha\right|^{0.5} \mathrm{sgn}(-\zeta_\alpha)] + \\ &\quad \zeta_\beta[\int \delta\, \mathrm{sgn}(-\zeta_\beta)\mathrm{d}t + \lambda\left|-\zeta_\beta\right|^{0.5} \mathrm{sgn}(-\zeta_\beta)] \end{aligned} \quad （6-76）$$

由符号函数定义知：

$$\mathrm{sgn}(-\zeta_\alpha) = \begin{cases} 1 & \zeta_\alpha < 0 \\ -1 & \zeta_\alpha > 0 \end{cases} \quad （6-77）$$

当 $\zeta_\alpha > 0$ 时，将式（6-77）代入式（6-76）可得：

$$\zeta_\alpha[\int \delta\, \mathrm{sgn}(-\zeta_\alpha)\mathrm{d}t + \lambda\left|-\zeta_\alpha\right|^{0.5} \mathrm{sgn}(-\zeta_\alpha)] = -\zeta_\alpha(\int \delta \mathrm{d}t + \lambda\left|-\zeta_\alpha\right|^{0.5}) \quad （6-78）$$

由于 λ 和 δ 为正实数，则有：

$$\zeta_\alpha[\int \delta \, \mathrm{sgn}(-\zeta_\alpha)\mathrm{d}t + \lambda|-\zeta_\alpha|^{0.5} \, \mathrm{sgn}(-\zeta_\alpha)] = -\zeta_\alpha(\int \delta \mathrm{d}t + \lambda|-\zeta_\alpha|^{0.5}) < 0 \qquad （6\text{-}79）$$

当 $\zeta_\alpha < 0$ 时，将式（6-77）代入式（6-76）则有：

$$\zeta_\alpha[\int \delta \, \mathrm{sgn}(-\zeta_\alpha)\mathrm{d}t + \lambda|-\zeta_\alpha|^{0.5} \, \mathrm{sgn}(-\zeta_\alpha)] = \zeta_\alpha(\int \delta \mathrm{d}t + \lambda|-\zeta_\alpha|^{0.5}) < 0 \qquad （6\text{-}80）$$

结合式（6-79）和式（6-80）可知，当 ζ_α 为任意值时，有：

$$\zeta_\alpha[\int \delta \, \mathrm{sgn}(-\zeta_\alpha)\mathrm{d}t + \lambda|-\zeta_\alpha|^{0.5} \, \mathrm{sgn}(-\zeta_\alpha)] \leqslant 0 \qquad （6\text{-}81）$$

同理，可得：

$$\zeta_\beta[\int \delta \, \mathrm{sgn}(-\zeta_\beta)\mathrm{d}t + \lambda|-\zeta_\beta|^{0.5} \, \mathrm{sgn}(-\zeta_\beta)] \leqslant 0 \qquad （6\text{-}82）$$

联立式（6-76）、式（6-81）和式（6-82），则有：

$$V_1 = \zeta_\alpha \frac{\mathrm{d}\hat{\psi}_{\alpha e}}{\mathrm{d}t} + \zeta_\beta \frac{\mathrm{d}\hat{\psi}_{\beta e}}{\mathrm{d}t} \leqslant 0 \qquad （6\text{-}83）$$

对于 V_2，则有：

$$V_2 = (\hat{\psi}_{\alpha e} - \hat{\psi}_{\alpha n})\hat{E}_{\alpha e} + (\hat{\psi}_{\beta e} - \hat{\psi}_{\beta n})\hat{E}_{\beta e} \qquad （6\text{-}84）$$

不妨令：

$$\begin{cases} \hat{\psi}_{\alpha n} = \cos(\theta_r) \\ \hat{\psi}_{\beta n} = \sin(\theta_r) \end{cases} \qquad （6\text{-}85）$$

进一步，则有：

$$\begin{cases} E_\alpha = \dfrac{\mathrm{d}\hat{\psi}_{\alpha n}}{\mathrm{d}t} = -\omega\sin(\theta_r) \\ E_\beta = \dfrac{\mathrm{d}\hat{\psi}_{\beta n}}{\mathrm{d}t} = \omega\cos(\theta_r) \end{cases} \qquad （6\text{-}86）$$

$$\begin{cases} \hat{\psi}_{\alpha e} = \cos(\hat{\theta}_r) \\ \hat{\psi}_{\beta e} = \sin(\hat{\theta}_r) \end{cases} \qquad （6\text{-}87）$$

将式（6-85）、式（6-86）和式（6-87）代入式（6-75），可得：

$$V_2 = (\hat{\psi}_{\alpha e} - \hat{\psi}_{\alpha n})E_\alpha + (\hat{\psi}_{\beta e} - \hat{\psi}_{\beta n})E_\beta = \omega\sin(\hat{\theta}_r - \theta_r) \qquad （6\text{-}88）$$

考虑到估计位置趋近于实际位置，即有：

$$\hat{\theta}_r \approx \theta_r \qquad （6\text{-}89）$$

将式（6-89）代入式（6-88），可得：

$$V_2 = (\hat{\psi}_{\alpha e} - \hat{\psi}_{\alpha n})E_\alpha + (\hat{\psi}_{\beta e} - \hat{\psi}_{\beta n})E_\beta \approx 0 \tag{6-90}$$

结合式（6-83）和式（6-90）可得：

$$\frac{\mathrm{d}V}{\mathrm{d}t} = \zeta_\alpha \frac{\mathrm{d}\zeta_\alpha}{\mathrm{d}t} + \zeta_\beta \frac{\mathrm{d}\zeta_\beta}{\mathrm{d}t} = V_1 - V_2 \leqslant 0 \tag{6-91}$$

根据式（6-91），基于超螺旋算法的正交信号发生器的稳定性得证。

综上，得到基于超螺旋算法-锁频环的估计方案如图 6-25 所示。在基于超螺旋算法-锁频环的估计方案中，首先利用基于超螺旋算法的正交信号发生器获取输入信号估计及其微分信号；进一步，利用自适应锁频环得到速度估计。注意到，在该估计方案中，未出现速度反馈环节，从而避免速度反馈带来的不利影响。

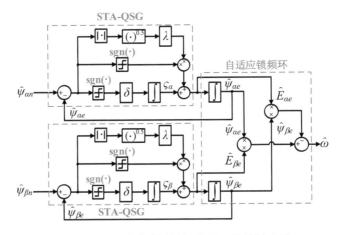

图 6-25　基于超螺旋算法-锁频环的估计方案

进一步，对基于超螺旋算法-锁频环的估计方案运行在升降速工况时的性能进行测试，测试结果如图 6-26 所示。在此测试中，速度指令开始设置为 1 000 r/min，随后变化至 1 430 r/min，最后变化至 1 000 r/min，负载设置为 5 N·m。由测试结果可知，基于超螺旋算法-锁频环的估计方案运行在升降速工况时能够提供优良的估计性能。此外，基于超螺旋算法的正交信号发生器表现良好，反电动势估计和磁链估计的正弦度较高，未出现明显畸变（见图 6-26）。

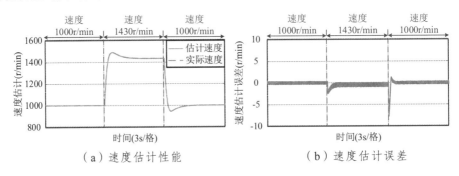

（a）速度估计性能　　　　　（b）速度估计误差

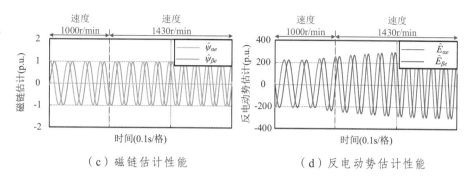

（c）磁链估计性能　　　　　　　　（d）反电动势估计性能

图 6-26　升降速工况下基于超螺旋算法-锁频环的估计方案性能

6.5.2　跟踪微分器-锁频环

在基于超螺旋算法-锁频环的估计方案的启发下，研究一种基于跟踪微分器-锁频环的估计方案。在该方案中，利用跟踪微分器得到输入信号估计及其微分信号。如此，取消了速度反馈环节，从而降低速度反馈带来的不利影响。

跟踪微分器（Tracking Differentiator，TD）是自抗扰控制器的重要组成部分，跟踪微分器的作用在于准确提取微分信号的同时，避免引入系统噪声。一般，跟踪微分器可以表示为[12-13]：

$$\begin{cases} \dfrac{\mathrm{d}v_1}{\mathrm{d}t} = v_2 \\ \dfrac{\mathrm{d}v_2}{\mathrm{d}t} = -\gamma\,\mathrm{sgn}\left(v_1 - v_r + \dfrac{v_2\left|v_2\right|}{2\gamma}\right) \end{cases} \tag{6-92}$$

式（6-92）中：v_r、v_1、v_2 和 γ 分别为输入信号、输入信号估计、输入信号估计的微分信号和跟踪微分器增益，且 γ 为有界正实数。

联立式（6-68）和式（6-92），可得基于跟踪微分器的正交信号发生器为：

$$\begin{cases} \dfrac{\mathrm{d}\hat{\psi}_{\alpha\beta e}}{\mathrm{d}t} = \hat{E}_{\alpha\beta e} \\ \dfrac{\mathrm{d}\hat{E}_{\alpha\beta e}}{\mathrm{d}t} = -\gamma\,\mathrm{sgn}\left(\hat{\psi}_{\alpha\beta n} - \hat{\psi}_{\alpha\beta e} + \dfrac{\hat{E}_{\alpha\beta e}\left|\hat{E}_{\alpha\beta e}\right|}{2\gamma}\right) \end{cases} \tag{6-93}$$

由式（6-93）可得，基于跟踪微分器的正交信号发生器如图 6-27 所示。与基于超螺旋算法的正交信号发生器类似，基于跟踪微分器的正交信号发生器取消了速度反馈环节，从而避免估计速度反馈带来的问题。

进一步，对基于跟踪微分器的正交信号发生器的稳定性进行分析。定义李雅普诺夫稳定性函数为：

$$V = \frac{1}{2}\left[(\hat{\psi}_{\alpha e} - \hat{\psi}_{\alpha n})^2 + (\hat{\psi}_{\beta e} - \hat{\psi}_{\beta n})^2\right] = \frac{1}{2}(\zeta_\alpha^2 + \zeta_\beta^2) \tag{6-94}$$

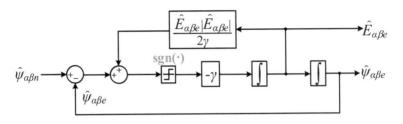

图 6-27　基于跟踪微分器的正交信号发生器

根据李雅普诺夫稳定性理论，对式（6-94）进行求导：

$$\frac{\mathrm{d}V}{\mathrm{d}t}=\left(\zeta_\alpha\frac{\mathrm{d}\hat\psi_{\alpha e}}{\mathrm{d}t}+\zeta_\beta\frac{\mathrm{d}\hat\psi_{\beta e}}{\mathrm{d}t}\right)-\left(\zeta_\alpha\frac{\mathrm{d}\hat\psi_{\alpha n}}{\mathrm{d}t}+\zeta_\beta\frac{\mathrm{d}\hat\psi_{\beta n}}{\mathrm{d}t}\right)=W_1-W_2 \tag{6-95}$$

式（6-95）中：W_1 和 W_2 为中间变量。

对于 W_1，可得：

$$W_1=\zeta_\alpha\int\left[-\gamma\,\mathrm{sgn}\left(\zeta_\alpha+\frac{\hat E_{\alpha e}\left|\hat E_{\alpha e}\right|}{2\gamma}\right)\right]\mathrm{d}t+\zeta_\beta\int\left[-\gamma\,\mathrm{sgn}\left(\zeta_\beta+\frac{\hat E_{\beta e}\left|\hat E_{\beta e}\right|}{2\gamma}\right)\right]\mathrm{d}t \tag{6-96}$$

根据式（6-86），可得：

$$\hat E_{\alpha e}\left|\hat E_{\alpha e}\right|=-\omega\sin(\hat\theta_r)\left|-\omega\sin(\hat\theta_r)\right|\leqslant|\omega|^2\left|\sin(\hat\theta_r)\right|^2\leqslant|\omega|^2 \tag{6-97}$$

同理，可得：

$$\hat E_{\beta e}\left|\hat E_{\beta e}\right|=\omega\cos(\hat\theta_r)\left|\omega\cos(\hat\theta_r)\right|\leqslant|\omega|^2\left|\cos(\hat\theta_r)\right|^2\leqslant|\omega|^2 \tag{6-98}$$

当跟踪微分器的增益γ足够大时，可得：

$$\gamma\gg|\omega|^2 \tag{6-99}$$

如此，则有：

$$\begin{cases}\dfrac{\hat E_{\alpha e}\left|\hat E_{\alpha e}\right|}{2\gamma}\leqslant\dfrac{|\omega|^2}{2\gamma}\to0\\[3mm]\dfrac{\hat E_{\beta e}\left|\hat E_{\beta e}\right|}{2\gamma}\leqslant\dfrac{|\omega|^2}{2\gamma}\to0\end{cases} \tag{6-100}$$

将式（6-100）代入式（6-96），可得：

$$W_1=\zeta_\alpha\int[-\gamma\,\mathrm{sgn}(\zeta_\alpha)]\mathrm{d}t+\zeta_\beta\int[-\gamma\,\mathrm{sgn}(\zeta_\beta)]\mathrm{d}t \tag{6-101}$$

当$\zeta_\alpha>0$时，将式（6-77）代入式（6-101），则有：

$$\zeta_\alpha\int[-\gamma\,\mathrm{sgn}(\zeta_\alpha)]\mathrm{d}t=\zeta_\alpha\int(-\gamma)\mathrm{d}t<0 \tag{6-102}$$

当 $\zeta_\alpha < 0$ 时，可得：

$$\zeta_\alpha \int [-\gamma \, \mathrm{sgn}(\zeta_\alpha)] \mathrm{d}t = \zeta_\alpha \int \gamma \mathrm{d}t < 0 \tag{6-103}$$

由式（6-99）和式（6-100）可知，当 ζ_α 为任意值时，有：

$$\zeta_\alpha \int [-\gamma \, \mathrm{sgn}(\zeta_\alpha)] \mathrm{d}t \leqslant 0 \tag{6-104}$$

同理，可得：

$$\zeta_\beta \int [-\gamma \, \mathrm{sgn}(\zeta_\beta)] \mathrm{d}t \leqslant 0 \tag{6-105}$$

联立式（6-104）和式（6-105），则有：

$$W_1 = \zeta_\alpha \frac{\mathrm{d}\hat{\psi}_{\alpha e}}{\mathrm{d}t} + \zeta_\beta \frac{\mathrm{d}\hat{\psi}_{\beta e}}{\mathrm{d}t} \leqslant 0 \tag{6-106}$$

联立式（6-90）和式（6-106），可得：

$$\frac{\mathrm{d}V}{\mathrm{d}t} = W_1 - W_2 \leqslant 0 \tag{6-107}$$

如此，基于跟踪微分器的正交信号发生器的稳定性得证。

结合基于跟踪微分器的正交信号发生器（见图 6-27）和自适应锁频环，可得基于跟踪微分器-锁频环的估计方案，如图 6-28 所示。

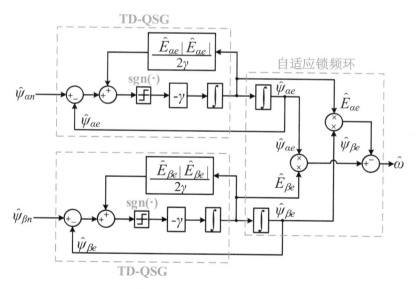

图 6-28　基于跟踪微分器-锁频环的估计方案

为验证基于跟踪微分器-锁频环的估计方案在升降速工况时的性能，对其进行测试，测试结果如图 6-29 所示。在此测试中，速度指令开始设置为 800 r/min，随后增加至 1 200 r/min，最后减少至 800 r/min，负载设置为 5 N·m。根据测试结果可以看出，在整个速度变化范围内，基于跟踪微分器-锁频环的估计方案表现良好，估计速度能够较好地追踪到实际速度，估计误差限制在较小的范围内。并且，基于跟踪微分器的正交信号发生器运行良好，所提供的磁链估计和反电动势估计性能优良，有效保障了估计方案性能。

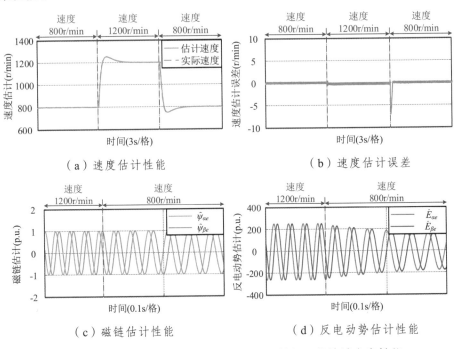

图 6-29　升降速工况下基于跟踪微分器-锁频环的估计方案性能

在基于非线性锁频环的估计方案中，利用非线性控制器（如：超螺旋控制器、跟踪微分器）取消了速度反馈，从而避免了速度反馈的不利影响。然而，符号函数的使用会带来系统抖振和参数调谐复杂等问题，需要进一步得到解决。

6.6　基于延时锁频环的无传感器控制技术

基于非线性锁频环的估计方案会带来诸如系统抖振、参数调谐困难等问题。为此，进一步研究基于延时锁频环的估计方案，其中主要包括基于双连续采样-锁频环的估计方案、基于改进型双连续采样-锁频环的估计方案以及基于三连续采样-锁频环的估计方案。在基于延时锁频环的估计方案中，通过对输入信号进行延时处理，并依据三角函数公式实现速度和位置估计。

6.6.1　双连续采样-锁频环

若输入信号（以转子磁链为例）为幅值为 1 的纯正弦信号，则有：

$$\begin{cases} \hat{\psi}_{\alpha n}(t) = \cos(\omega t + \varphi) \\ \hat{\psi}_{\beta n}(t) = \sin(\omega t + \varphi) \end{cases} \tag{6-108}$$

式（6-108）中：φ 为输入信号的初始相位。

将式（6-108）写成离散形式，则有：

$$\begin{cases} \hat{\psi}_{\alpha n}(k) = \cos(k\omega T_s + \varphi) \\ \hat{\psi}_{\beta n}(k) = \sin(k\omega T_s + \varphi) \end{cases} \tag{6-109}$$

式（6-109）中：k 和 T_s 分别为采样时刻和采样周期。

对式（6-109）进行延时处理，则有：

$$\begin{cases} \hat{\psi}_{\alpha n}(k - \tau) = \cos[\omega(kT_s - \tau) + \varphi] \\ \hat{\psi}_{\beta n}(k - \tau) = \sin[\omega(kT_s - \tau) + \varphi] \end{cases} \tag{6-110}$$

式（6-110）中：τ 为延时时长。

将式（6-110）展开可得：

$$\begin{cases} \hat{\psi}_{\alpha n}(k - \tau) = \cos(k\omega T_s + \varphi)\cos(\omega\tau) + \sin(k\omega T_s + \varphi)\sin(\omega\tau) \\ \hat{\psi}_{\beta n}(k - \tau) = \sin(k\omega T_s + \varphi)\cos(\omega\tau) - \cos(k\omega T_s + \varphi)\sin(\omega\tau) \end{cases} \tag{6-111}$$

根据式（6-110）和式（6-111），可得：

$$\begin{aligned} &\hat{\psi}_{\alpha n}(k)\hat{\psi}_{\alpha n}(k - \tau) + \hat{\psi}_{\beta n}(k)\hat{\psi}_{\beta n}(k - \tau) \\ =\, &\cos(k\omega T_s + \varphi)[\cos(k\omega T_s + \varphi)\cos(\omega\tau) + \sin(k\omega T_s + \varphi)\sin(\omega\tau)] + \\ &\sin(k\omega T_s + \varphi)[\sin(k\omega T_s + \varphi)\cos(\omega\tau) - \cos(k\omega T_s + \varphi)\sin(\omega\tau)] \\ =\, &\cos(\omega\tau) \end{aligned} \tag{6-112}$$

由式（6-112）可得，估计速度可计算为：

$$\hat{\omega} = \frac{\arccos[\hat{\psi}_{\alpha n}(k)\hat{\psi}_{\alpha n}(k - \tau) + \hat{\psi}_{\beta n}(k)\hat{\psi}_{\beta n}(k - \tau)]}{\tau} \tag{6-113}$$

综上可得，基于双连续采样-锁频环的估计方案如图 6-30 所示。基于双连续采样-锁频环的估计方案通过对输入信号进行延时处理，取消了速度反馈环节，同时未使用非线性控制器。如此，该方案能够降低速度反馈的不利影响，并且避免非线性控制器带来的问题[14-15]。

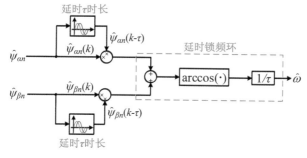

图 6-30　基于双连续采样-锁频环的估计方案

　　基于双连续采样-锁频环的估计方案虽然结构简单、易于实现，但当扰动进入输入信号后，其估计性能会受到显著影响，具体分析如下。

　　考虑扰动影响后，输入信号重写为：

$$\begin{cases} \hat{\psi}_{\alpha nd}(t) = \cos(\omega t + \varphi) + D_\alpha(t) \\ \hat{\psi}_{\beta nd}(t) = \sin(\omega t + \varphi) + D_\beta(t) \end{cases} \tag{6-114}$$

　　式（6-114）中：D_α 和 D_β 分别为扰动的 α 轴分量和 β 轴分量。

　　对输入信号进行离散化处理可得：

$$\begin{cases} \hat{\psi}_{\alpha nd}(k) = \cos(k\omega T_s + \varphi) + D_\alpha(k) \\ \hat{\psi}_{\beta nd}(k) = \sin(k\omega T_s + \varphi) + D_\beta(k) \end{cases} \tag{6-115}$$

　　进一步，对离散化后的输入信号进行延时处理，则有：

$$\begin{cases} \hat{\psi}_{\alpha nd}(k-\tau) = \cos[\omega(kT_s - \tau) + \varphi] + D_\alpha(k-\tau) \\ \hat{\psi}_{\beta nd}(k-\tau) = \sin[\omega(kT_s - \tau) + \varphi] + D_\beta(k-\tau) \end{cases} \tag{6-116}$$

　　联立式（6-115）和式（6-116）可得：

$$\begin{aligned} &\hat{\psi}_{\alpha nd}(k)\hat{\psi}_{\alpha nd}(k-\tau) + \hat{\psi}_{\beta nd}(k)\hat{\psi}_{\beta nd}(k-\tau) \\ &= [\cos(k\omega T_s + \varphi) + D_\alpha(k)][\cos(k\omega T_s + \varphi)\cos(\omega\tau) + \sin(k\omega T_s + \varphi)\sin(\omega\tau) + D_\alpha(k-\tau)] + \\ &\quad [\sin(k\omega T_s + \varphi) + D_\beta(k)][\sin(k\omega T_s + \varphi)\cos(\omega\tau) - \cos(k\omega T_s + \varphi)\sin(\omega\tau) + D_\beta(k-\tau)] \\ &= \cos(\omega\tau) + D_d(k) \end{aligned} \tag{6-117}$$

　　式（6-117）中：$D_d(k)$ 为扰动分量，且有：

$$\begin{aligned} D_d(k) &= \cos(k\omega T_s + \varphi)D_\alpha(k-\tau) + D_\alpha(k)D_\alpha(k-\tau) + \\ &\quad [\cos(k\omega T_s + \varphi)\cos(\omega\tau) + \sin(k\omega T_s + \varphi)\sin(\omega\tau)]D_\alpha(k) + \\ &\quad \sin(k\omega T_s + \varphi)D_\beta(k-\tau) + D_\beta(k)D_\beta(k-\tau) + \\ &\quad [\sin(k\omega T_s + \varphi)\cos(\omega\tau) - \cos(k\omega T_s + \varphi)\sin(\omega\tau)]D_\beta(k) \end{aligned} \tag{6-118}$$

　　进一步，考虑扰动影响后，速度估计可计算为：

$$\begin{aligned} \hat{\omega}_d &= \frac{\arccos[\hat{\psi}_{\alpha nd}(k)\hat{\psi}_{\alpha nd}(k-\tau) + \hat{\psi}_{\beta nd}(k)\hat{\psi}_{\beta nd}(k-\tau)]}{\tau} \\ &= \frac{\arccos[\cos(\omega\tau) + D_d(k)]}{\tau} \end{aligned} \tag{6-119}$$

　　由式（6-119）可得：当扰动分量进入输入信号后，由于基于双连续采样-锁频环的估计方案抗扰能力有限，导致估计性能出现明显下降（见图 6-31）。因此，需要进一步提升该方案的抗扰能力。

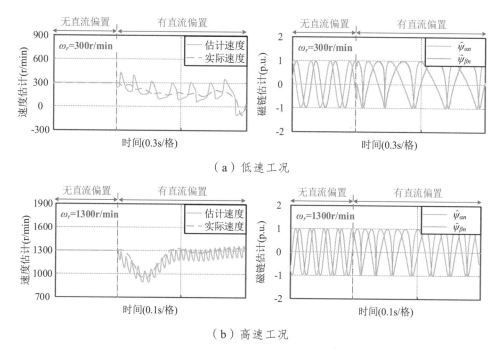

（a）低速工况

（b）高速工况

图 6-31　直流偏置影响下基于双连续采样-锁频环的估计方案性能

6.6.2　改进型双连续采样-锁频环

针对基于双连续采样-锁频环的估计方案抗扰能力欠佳的问题，本节研究一种基于改进型双连续采样-锁频环的估计方案。该方案是在基于双连续采样-锁频环的估计方案的基础上，引入鲁棒自适应律，降低扰动的不利影响。

系统模型可表示为：

$$v(t) = (\boldsymbol{G}^*)^{\mathrm{T}} \boldsymbol{\chi}(t) - \boldsymbol{\kappa}(t) \tag{6-120}$$

式（6-120）中：$v(t)$、$(\boldsymbol{G}^*)^{\mathrm{T}}$、$\boldsymbol{\chi}(t)$ 和 $\boldsymbol{\kappa}(t)$ 分别为系统可测变量、系统未知变量、系统已知变量和系统误差。

定义 $(\boldsymbol{G})^{\mathrm{T}}$ 为 $(\boldsymbol{G}^*)^{\mathrm{T}}$ 的估计值，且有：

$$\boldsymbol{\delta}(t) = (\boldsymbol{G})^{\mathrm{T}} \boldsymbol{\chi}(t) - (\boldsymbol{G}^*)^{\mathrm{T}} \boldsymbol{\chi}(t) \tag{6-121}$$

式（6-121）中：$\boldsymbol{\delta}(t)$ 为系统估计误差。

进一步，定义代价函数为：

$$J = \frac{[\boldsymbol{\delta}(t)]^2}{2m^2} \tag{6-122}$$

式（6-122）中：m 为系统增益，且与 $(\boldsymbol{G}^*)^{\mathrm{T}}$ 无关。

将式（6-121）代入式（6-122），则有：

$$J = \frac{[\delta(t)]^2}{2m^2} = \frac{\boldsymbol{E}^{\mathrm{T}} \boldsymbol{\chi}(t)[\boldsymbol{\chi}(t)]^{\mathrm{T}} \boldsymbol{E}}{2m^2} \quad （6-123）$$

式（6-123）中：$\boldsymbol{E}$ 为估计误差，且有：

$$\boldsymbol{E} = (\boldsymbol{G})^{\mathrm{T}} - (\boldsymbol{G}^*)^{\mathrm{T}} \quad （6-124）$$

根据梯度下降理论，可得：

$$\frac{\mathrm{d}[(\boldsymbol{G})^{\mathrm{T}}]}{\mathrm{d}t} = -\boldsymbol{Q} \frac{\mathrm{d}J}{\mathrm{d}\delta} \frac{\mathrm{d}\delta}{\mathrm{d}[(\boldsymbol{G})^{\mathrm{T}}]} = -\boldsymbol{Q} \frac{\delta}{m^2} \boldsymbol{\chi}(t) \quad （6-125）$$

式（6-125）中：$\boldsymbol{Q}$ 为增益矩阵，且有 $\boldsymbol{Q} = \boldsymbol{Q}^{\mathrm{T}}$。对于增益 m，则有：

$$m = \sqrt{\varepsilon + [\boldsymbol{\chi}(t)]^{\mathrm{T}} [\boldsymbol{\chi}(t)]} \quad （6-126）$$

式（6-126）中：ε 为系统控制参数。

利用式（6-125）即可实现系统参数估计，但该式未考虑系统误差的影响，因此需要对其进行修正以降低系统误差的不利影响。考虑系统误差的影响后，联立式（6-120）和式（6-121），重新定义估计误差为：

$$\boldsymbol{\zeta}(t) = \boldsymbol{E}\boldsymbol{\chi}(t) + \boldsymbol{\kappa}(t) \quad （6-127）$$

根据式（6-127），对式（6-120）进行修正，则有：

$$\frac{\mathrm{d}[(\boldsymbol{G})^{\mathrm{T}}]}{\mathrm{d}t} = -\boldsymbol{Q} \frac{\delta(t)}{m^2} \boldsymbol{\chi}(t) + \boldsymbol{f}(t) \quad （6-128）$$

式（6-128）中：$\boldsymbol{f}(t)$ 为系统修正矩阵，且有：

$$\boldsymbol{f}(t) = -\sigma[(\boldsymbol{G})^{\mathrm{T}}] \quad （6-129）$$

式（6-129）中：σ 为有界正实数。

将式（6-129）代入式（6-128），可得：

$$\frac{\mathrm{d}[(\boldsymbol{G})^{\mathrm{T}}]}{\mathrm{d}t} = -\boldsymbol{Q} \frac{\delta(t)}{m^2} \boldsymbol{\chi}(t) - \sigma[(\boldsymbol{G})^{\mathrm{T}}] \quad （6-130）$$

对式（6-130）进行离散化处理，则有：

$$[\boldsymbol{G}(k+1)]^{\mathrm{T}} - [\boldsymbol{G}(k)]^{\mathrm{T}} = -\boldsymbol{Q} \frac{\delta(k)}{m^2} \boldsymbol{\chi}(k) - \sigma[\boldsymbol{G}(k)]^{\mathrm{T}} \quad （6-131）$$

进一步，可得：

$$[\boldsymbol{G}(k+1)]^{\mathrm{T}} = [\boldsymbol{G}(k)]^{\mathrm{T}} - \boldsymbol{Q} \frac{\delta(k)}{m^2} \boldsymbol{\chi}(k) - \sigma[\boldsymbol{G}(k)]^{\mathrm{T}} \quad （6-132）$$

根据式（6-112），引入鲁棒自适应律以降低扰动的不利影响，则有[16]：

$$\hat{\gamma}(k+1) = \hat{\gamma}(k) - \frac{\lambda\rho(k)}{w^2} - \eta\hat{\gamma}(k) \quad （6-133）$$

式（6-133）中：$\rho(k)$ 为估计误差；λ、w 和 η 为估计方案的增益。

进一步，可得：

$$\hat{\omega} = \frac{\arccos[\hat{\gamma}(k)]}{\tau} \qquad （6-134）$$

综上可得，基于改进型双连续采样-锁频环的估计方案如图 6-32 所示。该方案在基于双连续采样-锁频环的估计方案的基础上，利用鲁棒自适应律用于提升估计方案的抗扰能力，从而保证估计性能。

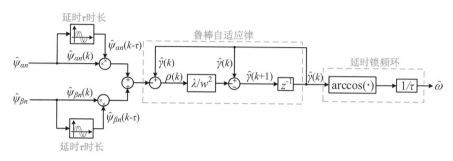

图 6-32　基于改进型双连续采样-锁频环的估计方案

为验证基于改进型双连续采样-锁频环的估计方案在扰动影响时的性能，对其进行测试，测试结果如图 6-33 所示。由测试结果可以看出，在引入鲁棒自适应律后，基于改进型双连续采样-锁频环的估计方案能够缓解扰动的不利影响，估计性能得到一定的提升。但是，扰动对该估计方案仍有影响，因此，在实际应用中，需要引入扰动抑制方案以保证估计性能。

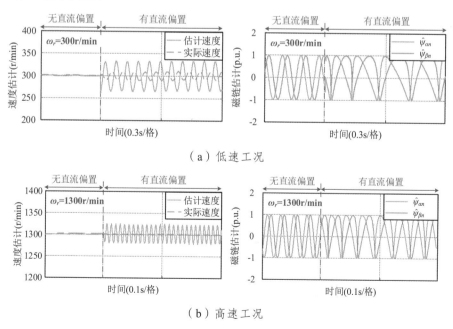

（a）低速工况

（b）高速工况

图 6-33　直流偏置影响下基于改进型双连续采样-锁频环的估计方案性能

6.6.3 三连续采样-锁频环

在基于双连续采样-锁频环的估计方案启发下，本节研究一种基于三连续采样-锁频环的估计方案。在该方案中，对输入信号进行延时处理，并结合三角函数公式，实现速度和位置估计。

若输入信号为幅值为 1 的纯正弦信号，即有：

$$\begin{cases} \hat{\psi}_{\alpha n}(t) = \cos(\omega t + \varphi) \\ \hat{\psi}_{\beta n}(t) = \sin(\omega t + \varphi) \end{cases} \tag{6-135}$$

对式（6-135）进行离散化处理，则有：

$$\begin{cases} \hat{\psi}_{\alpha n}(k) = \cos(k\omega T_s + \varphi) \\ \hat{\psi}_{\beta n}(k) = \sin(k\omega T_s + \varphi) \end{cases} \tag{6-136}$$

进一步，对式（6-136）进行延时处理，可得：

$$\begin{cases} \hat{\psi}_{\alpha n}(k - \tau) = \cos[\omega(kT_s - \tau) + \varphi] \\ \hat{\psi}_{\beta n}(k - \tau) = \sin[\omega(kT_s - \tau) + \varphi] \end{cases} \tag{6-137}$$

$$\begin{cases} \hat{\psi}_{\alpha n}(k - 2\tau) = \cos[\omega(kT_s - 2\tau) + \varphi] \\ \hat{\psi}_{\beta n}(k - 2\tau) = \sin[\omega(kT_s - 2\tau) + \varphi] \end{cases} \tag{6-138}$$

将式（6-137）和式（6-138）进行展开，可得：

$$\begin{cases} \hat{\psi}_{\alpha n}(k - \tau) = \cos(k\omega T_s + \varphi)\cos(\omega\tau) + \sin(k\omega T_s + \varphi)\sin(\omega\tau) \\ \hat{\psi}_{\beta n}(k - \tau) = \sin(k\omega T_s + \varphi)\cos(\omega\tau) - \cos(k\omega T_s + \varphi)\sin(\omega\tau) \end{cases} \tag{6-139}$$

$$\begin{cases} \hat{\psi}_{\alpha n}(k - 2\tau) = \cos(k\omega T_s + \varphi)\cos(2\omega\tau) + \sin(k\omega T_s + \varphi)\sin(2\omega\tau) \\ \hat{\psi}_{\beta n}(k - 2\tau) = \sin(k\omega T_s + \varphi)\cos(2\omega\tau) - \cos(k\omega T_s + \varphi)\sin(2\omega\tau) \end{cases} \tag{6-140}$$

根据三角函数公式，易知：

$$\begin{cases} \sin(2\omega\tau) = 2\sin(\omega\tau)\cos(2\omega\tau) \\ \cos(2\omega\tau) = 2[\cos(\omega\tau)]^2 - 1 \end{cases} \tag{6-141}$$

由式（6-136）和式（6-140），可得：

$$\hat{\psi}_{\alpha n}(k) + \hat{\psi}_{\alpha n}(k - 2\tau) = 2\cos(\omega\tau)\hat{\psi}_{\alpha n}(k - \tau) \tag{6-142}$$

同理，可得：

$$\hat{\psi}_{\beta n}(k) + \hat{\psi}_{\beta n}(k - 2\tau) = 2\cos(\omega\tau)\hat{\psi}_{\beta n}(k - \tau) \tag{6-143}$$

联立式（6-142）和式（6-143），则有：

$$\begin{aligned} & 2\cos(\omega\tau)[\hat{\psi}_{\alpha n}(k - \tau) + \hat{\psi}_{\beta n}(k - \tau)] \\ & = [\hat{\psi}_{\alpha n}(k) + \hat{\psi}_{\alpha n}(k - 2\tau)] + [\hat{\psi}_{\beta n}(k) + \hat{\psi}_{\beta n}(k - 2\tau)] \end{aligned} \tag{6-144}$$

进一步，可得：

$$\hat{\omega} = \frac{\arccos\left\{\dfrac{[\hat{\psi}_{\alpha n}(k) + \hat{\psi}_{\alpha n}(k-2\tau)] + [\hat{\psi}_{\beta n}(k) + \hat{\psi}_{\beta n}(k-2\tau)]}{2[\hat{\psi}_{\alpha n}(k-\tau) + \hat{\psi}_{\beta n}(k-\tau)]}\right\}}{\tau} \qquad (6\text{-}145)$$

综上可得，基于三连续采样-锁频环的估计方案如图 6-34 所示。与基于双连续采样-锁频环的估计方案相比，该方案需要对输入信号进行两次延时处理，系统复杂性和计算负担有所增加。但是，注意到基于三连续采样-锁频环的估计方案仅需要一相信号，即可实现速度估计。如此，该方案能够在一相电流传感器出现故障时实现速度估计[17]。

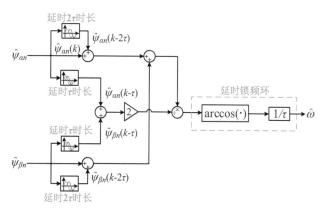

图 6-34　基于三连续采样-锁频环的估计方案

与基于双连续采样-锁频环的估计方案类似，基于三连续采样-锁频环的估计方案在扰动影响下同样会面临性能下降的问题。以直流偏置为例，对扰动影响下基于三连续采样-锁频环的估计方案性能进行分析。

当直流偏置出现在输入信号后时，则有：

$$\begin{cases} \hat{\psi}_{\alpha nx}(k) = \cos(k\omega T_s + \varphi) + V_{dc} \\ \hat{\psi}_{\beta nx}(k) = \sin(k\omega T_s + \varphi) + V_{dc} \end{cases} \qquad (6\text{-}146)$$

对式（6-146）进行延时处理后，可得：

$$\begin{cases} \hat{\psi}_{\alpha nx}(k-\tau) = \cos[(k\omega T_s + \varphi) - \omega\tau] + V_{dc} \\ \hat{\psi}_{\beta nx}(k-\tau) = \sin[(k\omega T_s + \varphi) - \omega\tau] + V_{dc} \end{cases} \qquad (6\text{-}147)$$

$$\begin{cases} \hat{\psi}_{\alpha nx}(k-2\tau) = \cos[(k\omega T_s + \varphi) - 2\omega\tau] + V_{dc} \\ \hat{\psi}_{\beta nx}(k-2\tau) = \sin[(k\omega T_s + \varphi) - 2\omega\tau] + V_{dc} \end{cases} \qquad (6\text{-}148)$$

进一步，考虑直流偏置影响后速度估计可计算为：

$$\hat{\omega}_x = \frac{\arccos\left\{\cos(\omega\tau) + \dfrac{4V_{dc} - 4V_{dc}\cos(\omega\tau)}{2[\hat{\psi}_{r\alpha n}(k-\tau) + \hat{\psi}_{r\beta n}(k-\tau) + 2V_{dc}]}\right\}}{\tau} \qquad (6\text{-}149)$$

由式（6-149）可知，当直流偏置出现在输入信号后时，基于三连续采样-锁频环的估计方案会出现性能下降甚至控制失稳现象（见图6-35）。因此，需要进一步设计高性能干扰抑制方案，保证扰动影响下的估计性能。

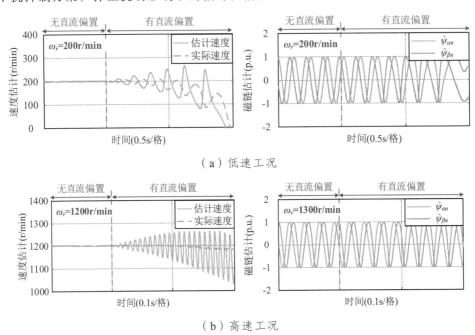

（a）低速工况

（b）高速工况

图 6-35　直流偏置影响下基于三连续采样-锁频环的估计方案性能

基于延时锁频环的估计方案对输入信号进行延时处理，并根据三角函数公式实现速度估计。相较于基于非线性锁频环的估计方案，基于延时锁频环的估计方案结构更为简单且参数调谐负担更小。然而，在这种方案中，估计精度和动态性能均与延时时长相关，因此，在设计延时时长时需要在估计精度和动态性能中做出合理权衡[18]。此外，基于延时锁频环的估计方案抗扰能力有限，需要引入高性能扰动抑制方案，保证扰动影响下的估计性能。

6.7　基于新型锁频环的估计方案实现

基于新型锁频环的估计方案抗扰能力有限，难以消除扰动对估计性能的影响。对此，在实际应用中，需要引入高性能扰动抑制方案，抑制系统扰动对估计性能的影响。基于新型锁频环的估计方案的具体实现如图6-36所示，在基于新型锁频环的估计方案中，利用高性能磁链（反电动势）观测器、自适应滤波器和电机参数在线辨识方案，降低系统不同扰动（如：直流偏置、电机参数变化、谐波分量）对磁链（反电动势）估计的不利影响。进一步，将处理过的磁链（反电动势）作为输入信号，利用新型锁频环得到速度估计和位置估计。

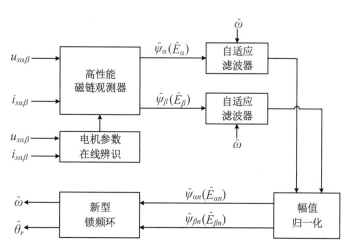

图 6-36　基于新型锁频环的估计方案的具体实现

对比图 5-43 和图 6-36 可知，相较于基于新型锁相环的估计方案，基于新型锁频环的估计方案取消了 Park 变换，这是因为大多数基于新型锁频环的估计方案工作在静止坐标系下（即 $\alpha\beta$ 坐标系），而基于新型锁相环的估计方案大多工作在旋转坐标系下（即 dq 坐标系）。此外，由于基于新型锁频环的估计方案工作在静止坐标系下，其精确的小信号模型难以构建，导致这类估计方案的参数调谐以及稳定边界分析面临着挑战。

最后对不同估计方案的性能进行总结，具体见表 6-1。

表 6-1　不同估计方案的性能对比

估计方案			优点	缺点	推荐指数（★★★★★）
新型锁相环	3 型锁相环	3 型同步坐标系锁相环	1. 易于实现；2. 结构简单	1. 稳定裕度低；2. 动态性能差；3. 参数调谐难	★★☆
		3 型增强型锁相环			
		3 型静态线性卡尔曼滤波器锁相环			
	双环锁相环	前馈锁相环			
		改进型前馈锁相环			
		双环锁相环			
		高阶锁相环			
	改进型扩展状态观测器锁相环	3 型扩展状态观测器锁相环			
		带有误差补偿的扩展状态观测器锁相环			
	有限位置集锁相环		1. 便于调谐；2. 不会影响稳定裕度	1. 计算负担重；2. 实现复杂	★★★

续表

估计方案			优点	缺点	推荐指数 （★★★★★）
新型 锁频环	增强型 锁频环	增强型二阶广义 积分器-锁频环	1. 易于实现； 2. 结构简单	1. 稳定裕度低； 2. 动态性能差； 3. 参数调谐难	★★☆
		增强型降阶广义 积分器-锁频环			
	微分锁频环		1. 易于实现； 2. 结构简单； 3. 不会影响稳定 裕度	1. 噪声影响大； 2. 抗扰能力弱	★★★☆
	自适应 锁频环	自适应二阶广义 积分器-锁频环	1. 易于实现； 2. 结构简单； 3. 不会影响稳定 裕度	1. 估计速度反馈； 2. 抗扰能力弱	★★★★☆
		自适应降阶广义 积分器-锁频环			
	非线性 锁频环	超螺旋算法-锁频环	1. 易于实现； 2. 结构简单； 3. 不会影响稳定 裕度	1. 系统抖振； 2. 参数调谐难	★★★★
		跟踪微分器-锁频环			
	延时锁频环	双连续采样-锁频环	1. 易于实现； 2. 结构简单； 3. 不会影响稳定 裕度	1. 动态性能差； 2. 抗扰能力弱	★★★★☆
		改进型双连续采样- 锁频环			
		三连续采样-锁频环			

6.8 实验测试

为验证基于新型锁频环的估计方案性能，以感应电机为例，分别对基于自适应锁频环的估计方案、基于超螺旋算法-锁频环的估计方案和基于改进型双连续采样-锁频环的估计方案进行实验测试。感应电机驱动系统参数见表 4-1。

6.8.1 基于自适应锁频环的估计方案实验测试

首先，利用实验测试验证基于自适应二阶广义积分器-锁频环的估计方案在速度指令变化工况时的性能，并与传统基于二阶广义积分器-锁频环的估计方案性能进行对比，测试结果如图 6-37 和图 6-38 所示。在此测试中，速度指令开始设置为 1 000 r/min，随后增加至 1 430 r/min，最后减小至 1 200 r/min，负载设置为 5 N·m。由测试结果可知，在整个速度变化范围内，基于自适应二阶广义积分器-锁频环的估计方案运行良好，估计误差控制在合理范围内［见图 6-37（b）］。相较之下，传统基于二阶广义积分器-锁频环的估计方案运行在升降速工况时，会出现明显的估计误差［见图 6-38（b）］。

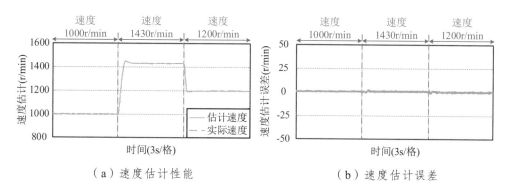

图 6-37 速度指令变化工况下基于自适应二阶广义积分器-锁频环的估计方案性能

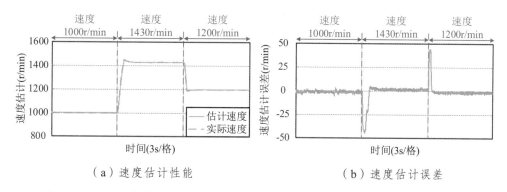

图 6-38 速度指令变化工况下传统基于二阶广义积分器-锁频环的估计方案性能

此外，对基于自适应降阶广义积分器-锁频环的估计方案在速度指令变化工况时的性能进行测试，并与传统基于降阶广义积分器-锁频环的估计方案性能进行对比，测试结果如图 6-39 和图 6-40 所示。在图 6-39 和图 6-40 中，测试工况与图 6-37 保持一致。根据测试结果可知，基于自适应降阶广义积分器-锁频环的估计方案表现良好，估计误差限制在合理范围内［见图 6-39（b）］。然而，传统基于降阶广义积分器-锁频环的估计方案在升降速工况时，会出现明显的估计误差［见图 6-40（b）］。

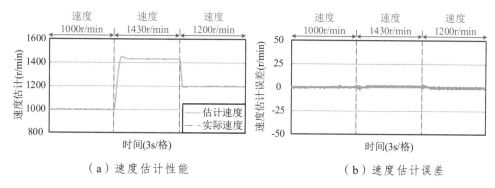

图 6-39 速度指令变化工况下基于自适应降阶广义积分器-锁频环的估计方案性能

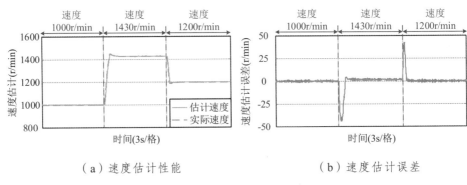

（a）速度估计性能　　　　　　　　　（b）速度估计误差

图 6-40　速度指令变化工况下传统基于降阶广义积分器-锁频环的估计方案性能

6.8.2　基于超螺旋算法-锁频环的估计方案实验测试

进一步，对基于超螺旋算法-锁频环的估计方案性能进行实验验证，并与传统基于二阶广义积分器-锁频环的估计方案性能进行对比，测试结果如图 6-41 所示。在此测试中，测试工况与图 6-37 保持一致。由测试结果可知，基于超螺旋算法-锁频环的估计方案在整个速度变化范围内能够提供良好的估计性能。然而，传统基于二阶广义积分器-锁频环的方案在升降速工况时估计能力不足，导致该方案出现较大的估计误差。

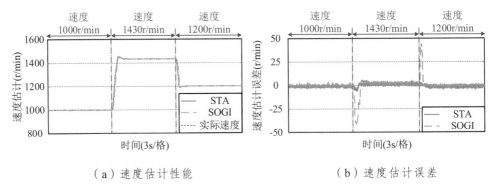

（a）速度估计性能　　　　　　　　　（b）速度估计误差

图 6-41　基于超螺旋算法-锁频环的估计方案和
传统的基于二阶广义积分器-锁频环的估计方案的性能对比

进一步，利用实验测试对基于超螺旋算法-锁频环的估计方案与基于自适应二阶广义积分器-锁频环的估计方案进行性能探究，测试结果如图 6-42 所示。根据图 6-42 可知，相较于基于自适应二阶广义积分器-锁频环的估计方案，基于超螺旋算法-锁频环的估计方案利用非线性控制器取消了估计速度反馈，从而提升了估计性能。

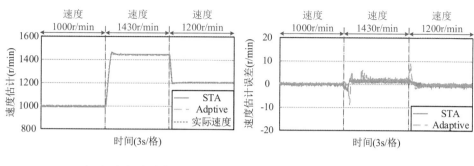

（a）速度估计性能　　　　　　　　（b）速度估计误差

图 6-42　基于超螺旋算法-锁频环的估计方案和
基于自适应二阶广义积分器-锁频环的估计方案的性能对比

6.8.3　基于改进型双连续采样-锁频环的估计方案实验测试

最后，利用实验测试对基于改进型双连续采样-锁频环的方案性能进行验证，并与传统基于二阶广义积分器-锁频环的方案的估计性能进行对比，测试结果如图 6-43 所示。在此测试中，速度指令开始设置为 1 000 r/min，随后增加至 1 300 r/min，最后减小至 1 100 r/min，负载设置为 5 N·m。由测试结果可知，相较于传统基于二阶广义积分器-锁频环的方案，基于改进型双连续采样-锁频环的估计方案显著改善了升降速工况时的性能，使得该方案在复杂运行工况下的适用性得到提升。

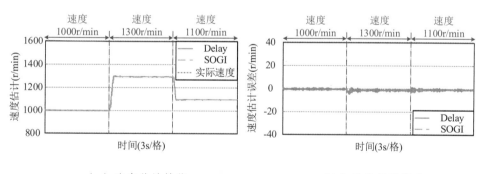

（a）速度估计性能　　　　　　　　（b）速度估计误差

图 6-43　基于改进型双连续采样-锁频环的估计方案和
传统的基于二阶广义积分器-锁频环的估计方案的性能对比

进一步，对基于改进型双连续采样-锁频环的估计方案性能进行实验验证，并与基于 3 型锁相环的估计方案性能进行对比，测试结果如图 6-44 所示。由测试结果可知，与基于 3 型锁相环的估计方案相比，基于改进型双连续采样-锁频环的估计方案能够提供更好的性能。这是由于基于 3 型锁相环的估计方案增加了系统阶数，导致估计速度在暂态过程中出现明显偏差［见图 6-44（b）］。

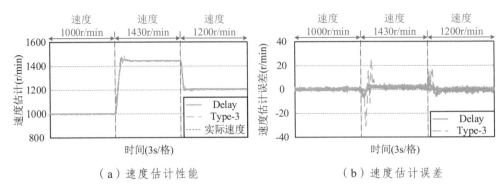

（a）速度估计性能　　　　　　　　　　（b）速度估计误差

图 6-44　基于改进型双连续采样-锁频环的估计方案和基于 3 型锁相环的估计方案的性能对比

本章参考文献

[1]　Wang H，Yang Y，Ge X，Zuo Y，Yue Y，Li S. PLL- and FLL-based speed estimation schemes for speed-sensorless control of induction motor drives：Review and new attempts[J]. IEEE Transactions on Power Electronics，2022，37（3）：3334-3356.

[2]　Xin Z，Zhao R，Blaabjerg F，Zhang L，Loh P C. An improved flux observer for field-oriented control of induction motors based on dual second-order generalized integrator frequency-locked loop[J]. IEEE Journal of Emerging and Selected Topics in Power Electronics，2017，5（1）：513-525.

[3]　Zhao R，Xin Z，Loh P C，Blaabjerg F. A novel flux estimator based on multiple second-order generalized integrators and frequency-locked loop for induction motor drives[J]. IEEE Transactions on Power Electronics，2017，32（8）：6286-6296.

[4]　辛振，赵仁德，陈晨，郭宝玲. 基于双二阶广义积分器-锁频环的异步电机同步角频率估计方法[J]. 中国电机工程学报，2014，34（27）：4676-4682.

[5]　辛振，赵仁德，郭宝玲，马帅. 基于二阶广义积分器-锁频环的异步电机同步角频率估计方法[J]. 电工技术学报，2014，29（1）：116-122.

[6]　Busada C A，Jorge S G，Leon A E，Solsona J A. Current controller based on reduced order generalized integrators for distributed generation systems[J]. IEEE Transactions on Industrial Electronics，2012，59（7）：2898-2909.

[7]　Golestan S，Guerrero J M，Vasquez J C，Abusorrah A M，Turki Y A. A study on three-phase FLLs[J]. IEEE Transactions on Power Electronics，2019，34（1）：213-224.

[8]　He X，Geng H，Yang G. A generalized design framework of notch filter based frequency-locked loop for three-phase grid voltage[J]. IEEE Transactions on

Industrial Electronics，2018，65（9）：7072-7084.

[9] 岳岩，王惠民，葛兴来. 基于锁频环的内置式永磁同步电机无传感器控制[J]. 中国电机工程学报，2019，39（10）：3075-3085.

[10] Wang H，Yang Y，Zuo Y，Li S，Hu X，Ge X. A speed estimation scheme based on an improved SOGI-FLL for speed-sensorless control of induction motor drives[C]. IEEE IECON 2020，2020：852-857.

[11] Wang H，Yang Y，Ge X，Zuo Y，Feng X，Chen D，Liu Y C. Speed-sensorless control of induction motor drives with a STA-FLL speed estimation scheme[J]. IEEE Transactions on Industrial Electronics，2023，70（12）：12168-12180.

[12] Zuo Y，Ge X，Zheng Y，Chen Y，Wang H，Woldegiorgis A T. An adaptive active disturbance rejection control strategy for speed-sensorless induction motor drives[J]. IEEE Transactions on Transportation Electrification，2022，8（3）：3336-3348.

[13] 王建渊，王海啸，尹忠刚，李英杰，景航辉. 基于一阶线性自抗扰控制器的同步磁阻电机无速度传感器控制研究[J]. 电工技术学报，2023.

[14] Wang H，Yang Y，Chen D，Ge X，Li S，Zuo Y. Speed-sensorless control of induction motors with an open-loop synchronization method[J]. IEEE Journal of Emerging and Selected Topics in Power Electronics，2022，10（2）：1963-1977.

[15] Golestan S，Guerrero J M，Vasquez J C. An open-loop grid synchronization approach for single-phase applications[J]. IEEE Transactions on Power Electronics，2018，33（7）：5548-5555.

[16] Dai Z，Fan M，Nie H，Zhang J，Li J. A robust frequency estimation method for aircraft grids under distorted conditions[J]. IEEE Transactions on Industrial Electronics，2020，67（5）：4254-4258.

[17] Wang H，Zuo Y，Zheng Y，Lin C，Ge X，Feng X，Yang Y，Woldegiorgis A T，Chen D，Li S. A delay-based frequency estimation scheme for speed-sensorless control of induction motors[J]. IEEE Transactions on Industry Applications，2022，58（2）：2107-2121.

[18] Mu J，Ge X，Chang Y，Liang G. Speed-sensorless control of induction motor drives with a FCS-based estimation scheme[J]. CPSS Transactions on Power Electronics and Applications，2023，8（3）：278-289.

第7章 电流传感器故障影响下交流电机无传感器控制技术

在交流电机无传感器控制系统中，电流传感器提供的电流信息至关重要。然而，在湿气、腐蚀、电热应力和机械应力的作用下，电流传感器极易出现故障（见图7-1），进而引起控制性能下降甚至会造成系统崩溃[1-3]。对此，亟需对电流传感器故障进行快速诊断和准确定位，并设计高性能容错控制方法，保证交流电机无传感器控制系统的安全可靠运行。

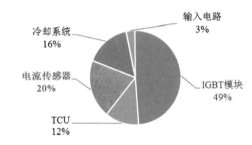

图 7-1　感应电机无速度传感器控制系统的故障分布

本章首先对电流传感器不同故障模式进行详细介绍，并对其进行数学建模，以此分析电流传感器不同故障模式对交流电机驱动系统性能的影响。在此基础上，研究一种基于坐标变换的电流传感器故障诊断方法，实现不同类型电流传感器故障的快速诊断和准确定位。随后，提出基于二阶广义积分器-锁频环的容错控制方法和基于单相增强型锁相环的容错控制方法，实现电流传感器故障影响下交流电机无传感器控制系统的可靠运行。

7.1　电流传感器故障模式及影响分析

本节以感应电机为例，对电流传感器不同故障模式进行详细介绍，并根据每种故障模式，建立相应的数学模型，分析不同故障模式对感应电机驱动系统性能的影响。

7.1.1　故障模式

在感应电机驱动系统中，电流传感器在高温、腐蚀、机械振动、电磁干扰的作用下会出现不同形式的故障[4-8]，常见故障类型及其原因如表7-1所示。

表 7-1　电流传感器故障类型及故障原因

故障类型	故障原因
偏差	电压或电流出现偏移
开路	传感器内部断线或接触不良
漂移	温漂和零漂
冲击	电源随机干扰、浪涌放电
短路	电路被污染腐蚀
周期性干扰	电源干扰
非线性死区故障	放大器饱和

根据电流传感器的输出特征，电流传感器故障可大致分为偏移故障、增益故障和开路故障三类[9-11]。当偏移故障发生后，电流传感器测量值为电流实际值与直流偏置的叠加。假设 t_0 时刻电流传感器发生偏移故障，电流传感器的测量值可表示为：

$$i_{skc} = \begin{cases} i_{sk}, & 0 \leqslant t \leqslant t_0 \\ i_{sk} + A, & t > t_0 \end{cases} \qquad (7\text{-}1)$$

式（7-1）中：i_{skc}（$k = a$，b）、i_{sk} 和 A 分别为电流传感器测量值、电流实际值和直流偏置（不为 0）。

当电流传感器发生增益故障时，电流传感器测量值为电流实际值和一个常数的乘积，即有：

$$i_{skg} = \begin{cases} i_{sk}, & 0 \leqslant t \leqslant t_0 \\ Bi_{sk}, & t > t_0 \end{cases} \qquad (7\text{-}2)$$

式（7-2）中：B 为不为零的增益。

当电流传感器出现开路故障后，电流传感器测量值将突变为 0，即有：

$$i_{sko} = \begin{cases} i_{sk}, & 0 \leqslant t \leqslant t_0 \\ 0, & t > t_0 \end{cases} \qquad (7\text{-}3)$$

7.1.2　故障影响

通常，感应电机驱动系统至少需要两个电流传感器，用于测量 a 相和 b 相定子电流，并将测量的定子电流进行 Clark 变换和 Park 变换，实现感应电机驱动系统的外环控制，即有：

$$\begin{bmatrix} i_{sd} \\ i_{sq} \end{bmatrix} = \begin{bmatrix} \cos(\theta_r) & \sin(\theta_r) \\ -\sin(\theta_r) & \cos(\theta_r) \end{bmatrix} \begin{bmatrix} \sqrt{\dfrac{3}{2}} & 0 \\ \dfrac{1}{\sqrt{2}} & \sqrt{2} \end{bmatrix} \begin{bmatrix} i_{sa} \\ i_{sb} \end{bmatrix} \qquad (7\text{-}4)$$

式（7-4）中：i_{sa}、i_{sb}、i_{sd}、i_{sq} 和 θ_r 分别为 a 相定子电流、b 相定子电流、定子电流的 d 轴分量、定子电流的 q 轴分量和磁场定向角。

在感应电机驱动系统中，至少需要两个电流传感器用于实现高性能控制。当两个电流传感器均出现故障后，系统只能采用开环控制或者停机，但这种故障模式在实际中较少出现。基于此，本节以 a 相电流传感器故障为例，分析一相电流传感器故障对感应电机控制性能的影响。

1. 电流传感器偏移故障的影响

当 a 相电流传感器出现偏移故障后，则有：

$$\begin{bmatrix} i_{sdc} \\ i_{sqc} \end{bmatrix} = \begin{bmatrix} \cos(\theta_r) & \sin(\theta_r) \\ -\sin(\theta_r) & \cos(\theta_r) \end{bmatrix} \begin{bmatrix} \sqrt{\dfrac{3}{2}} & 0 \\ \dfrac{1}{\sqrt{2}} & \sqrt{2} \end{bmatrix} \begin{bmatrix} i_{sac} \\ i_{sb} \end{bmatrix} \tag{7-5}$$

式（7-5）中：i_{sac}、i_{sdc} 和 i_{sqc} 分别为考虑偏移故障后的 a 相定子电流、考虑偏移故障后定子电流的 d 轴分量和考虑偏移故障后定子电流的 q 轴分量。

将式（7-1）代入式（7-5），可得：

$$i_{sdc} = \left[\sqrt{\frac{3}{2}} \cos(\theta_r) + \frac{1}{\sqrt{2}} \sin(\theta_r) \right] (i_{sa} + A) + \sqrt{2} \sin(\theta_r) i_{sb} \tag{7-6}$$

$$i_{sqc} = \left[-\sqrt{\frac{3}{2}} \sin(\theta_r) + \frac{1}{\sqrt{2}} \cos(\theta_r) \right] (i_{sa} + A) + \sqrt{2} \cos(\theta_r) i_{sb} \tag{7-7}$$

从式（7-6）中减去式（7-4），则有：

$$\Delta i_{sdc} = i_{sdc} - i_{sd} = \sqrt{2} \cos\left(\theta_r - \frac{\pi}{3} \right) A \tag{7-8}$$

同理，可得：

$$\Delta i_{sqc} = i_{sqc} - i_{sq} = \sqrt{2} \cos\left(\theta_r + \frac{\pi}{3} \right) A \tag{7-9}$$

由式（7-6）可得，偏移故障影响下转子磁链为：

$$\psi_{rc} = \psi_{rdc} = L_m i_{sdc} = L_m (i_{sd} + \Delta i_{sdc}) \tag{7-10}$$

式（7-10）中：ψ_{rc} 和 ψ_{rdc} 分别为考虑偏移故障影响后的转子磁链幅值和转子磁链的 d 轴分量。

进一步，可得：

$$\omega_{slc} = \frac{L_m}{T_r \psi_{rc}} i_{sqc} = \frac{1}{T_r} \frac{(i_{sq} + \Delta i_{sqc})}{(i_{sd} + \Delta i_{sdc})} \tag{7-11}$$

式（7-11）中：ω_{slc} 为考虑偏移故障影响后的转差频率。

根据式（7-11），则有：

$$\theta_{rc} = \frac{1}{s}(\omega_{slc} + \omega_r) \qquad (7\text{-}12)$$

式（7-12）中：θ_{rc} 为考虑偏移故障影响后的转子磁场定向角。

进一步，当电流传感器出现偏移故障后，磁场定向角偏差可计算为：

$$\Delta\theta_{rc} = \theta_{rc} - \theta_r = \frac{1}{s}\frac{1}{T_r}\frac{\Delta i_{sqc}i_{sd} - \Delta i_{sdc}i_{sq}}{(i_{sd} + \Delta i_{sdc})i_{sd}} \qquad (7\text{-}13)$$

此外，考虑偏移故障的影响后，电磁转矩可计算为：

$$T_{ec} = n_p \frac{L_m}{L_r} i_{sqc} \psi_{rc} = n_p \frac{L_m^2}{L_r}(i_{sq} + \Delta i_{sqc})(i_{sd} + \Delta i_{sdc}) \qquad (7\text{-}14)$$

式（7-14）中：T_{ec} 为考虑偏移故障影响的电磁转矩。

由式（7-14）可得，考虑偏移故障影响后的电磁转矩误差为：

$$\Delta T_{ec} = T_{ec} - T_e = n_p \frac{L_m^2}{L_r}(\Delta i_{sqc}i_{sd} + \Delta i_{sdc}i_{sq} + \Delta i_{sdc}\Delta i_{sqc}) \qquad (7\text{-}15)$$

由式（7-13）和式（7-15）可以看出，当电流传感器出现偏移故障后，定子电流的 d 轴分量和 q 轴分量均会出现明显脉动［见式（7-8）和式（7-9）］。在此作用下，转子磁场定向角和电磁转矩均会出现偏差，降低了感应电机驱动系统的性能。

利用仿真对电流传感器偏移故障的影响进行探究，测试结果如图 7-2 所示。由测试结果可知，当电流传感器出现偏移故障后，定子电流出现脉动分量［见图 7-2（a）和图 7-2（b）］，进而导致电机速度和电磁转矩出现波动［见图 7-2（c）和图 7-2（d）］。

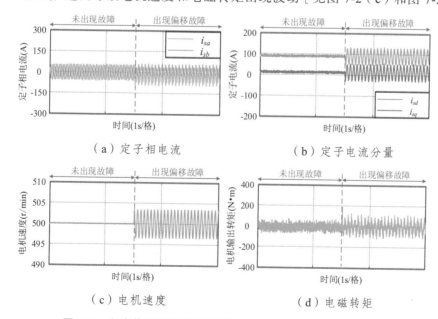

图 7-2　电流传感器偏移故障影响下感应电机驱动系统性能

2. 电流传感器增益故障的影响

当 a 相电流传感器出现增益故障后，则有：

$$\begin{bmatrix} i_{sdg} \\ i_{sqg} \end{bmatrix} = \begin{bmatrix} \cos(\theta_r) & \sin(\theta_r) \\ -\sin(\theta_r) & \cos(\theta_r) \end{bmatrix} \begin{bmatrix} \sqrt{\dfrac{3}{2}} & 0 \\ \dfrac{1}{\sqrt{2}} & \sqrt{2} \end{bmatrix} \begin{bmatrix} i_{sag} \\ i_{sb} \end{bmatrix} \tag{7-16}$$

式（7-16）中：i_{sag}、i_{sdg} 和 i_{sqg} 分别为考虑增益故障后的 a 相定子电流、考虑增益故障后定子电流的 d 轴分量和考虑增益故障后定子电流的 q 轴分量。

将式（7-16）代入式（7-5），可得：

$$i_{sdg} = \left[\sqrt{\frac{3}{2}} \cos(\theta_r) + \frac{1}{\sqrt{2}} \sin(\theta_r) \right] B i_{sa} + \sqrt{2} \sin(\theta_r) i_{sb} \tag{7-17}$$

$$i_{sqg} = \left[-\sqrt{\frac{3}{2}} \sin(\theta_r) + \frac{1}{\sqrt{2}} \cos(\theta_r) \right] B i_{sa} + \sqrt{2} \cos(\theta_r) i_{sb} \tag{7-18}$$

当电流传感器出现增益故障后，定子电流的 d 轴分量误差和定子电流的 q 轴分量误差分别为：

$$\Delta i_{sdg} = i_{sdg} - i_{sd} = \sqrt{2} \cos\left(\theta_r - \frac{\pi}{3} \right)(B-1)i_{sa} \tag{7-19}$$

$$\Delta i_{sqg} = i_{sqg} - i_{sq} = \sqrt{2} \cos\left(\theta_r + \frac{\pi}{3} \right)(B-1)i_{sa} \tag{7-20}$$

同理可得，当电流传感器出现增益故障后，转子磁场定向角偏差可计算为：

$$\Delta \theta_{rg} = \theta_{rg} - \theta_r = \frac{1}{s} \frac{1}{T_r} \frac{\Delta i_{sqg} i_{sd} - \Delta i_{sdg} i_{sq}}{(i_{sd} + \Delta i_{sdg})i_{sd}} \tag{7-21}$$

此外，考虑电流传感器增益故障的影响后，电磁转矩误差为：

$$\Delta T_{eg} = T_{eg} - T_e = n_p \frac{L_m^2}{L_r}(\Delta i_{sqg} i_{sd} + \Delta i_{sdg} i_{sq} + \Delta i_{sdg} \Delta i_{sqg}) \tag{7-22}$$

当电流传感器出现增益故障后，定子电流同样会出现明显脉动〔见式（7-19）和式（7-20）〕。并且，在电流脉动分量的作用下，磁场定向角和电磁转矩同样会受到显著影响。

进一步，利用仿真对电流传感器增益故障的影响进行测试，结果如图 7-3 所示。根据测试结果可知，当电流传感器出现增益故障后，定子电流会发生畸变。进一步，在畸变的定子电流作用下，电机速度和电磁转矩均受到影响。

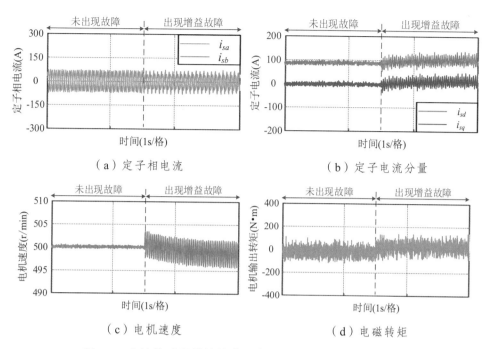

图 7-3　电流传感器增益故障影响下感应电机驱动系统性能

3. 电流传感器开路故障的影响

当 a 相电流传感器出现开路故障后，则有：

$$\begin{bmatrix} i_{sdo} \\ i_{sqo} \end{bmatrix} = \begin{bmatrix} \cos(\theta_r) & \sin(\theta_r) \\ -\sin(\theta_r) & \cos(\theta_r) \end{bmatrix} \begin{bmatrix} \sqrt{\dfrac{3}{2}} & 0 \\ \dfrac{1}{\sqrt{2}} & \sqrt{2} \end{bmatrix} \begin{bmatrix} i_{sao} \\ i_{sb} \end{bmatrix} \tag{7-23}$$

式（7-23）中：i_{sao}、i_{sdo} 和 i_{sqo} 分别为考虑开路故障后的 a 相定子电流、考虑开路故障后定子电流的 d 轴分量和考虑开路故障后定子电流的 q 轴分量。

将式（7-23）代入式（7-5），可得：

$$i_{sdo} = \left[\sqrt{\frac{3}{2}} \cos(\theta_r) + \frac{1}{\sqrt{2}} \sin(\theta_r) \right] i_{sao} + \sqrt{2} \sin(\theta_r) i_{sb} = \sqrt{2} \sin(\theta_r) i_{sb} \tag{7-24}$$

$$i_{sqo} = \left[-\sqrt{\frac{3}{2}} \sin(\theta_r) + \frac{1}{\sqrt{2}} \cos(\theta_r) \right] i_{sao} + \sqrt{2} \cos(\theta_r) i_{sb} = \sqrt{2} \cos(\theta_r) i_{sb} \tag{7-25}$$

当电流传感器出现开路故障后，定子电流的 d 轴分量误差和定子电流的 q 轴分量误差分别为：

$$\Delta i_{sdo} = i_{sdo} - i_{sd} = -\sqrt{2} \cos\left(\theta_r - \frac{\pi}{3} \right) i_{sa} \tag{7-26}$$

$$\Delta i_{sqo} = i_{sqo} - i_{sq} = -\sqrt{2} \cos\left(\theta_r + \frac{\pi}{3} \right) i_{sa} \tag{7-27}$$

进一步，转子磁场定向角偏差可计算为：

$$\Delta\theta_{ro} = \theta_{ro} - \theta_r = \frac{1}{s}\frac{1}{T_r}\frac{\Delta i_{sqo}i_{sd} - \Delta i_{sdo}i_{sq}}{(i_{sd} + \Delta i_{sdo})i_{sd}} \qquad (7\text{-}28)$$

此外，考虑电流传感器开路故障的影响后，电磁转矩误差可表示为：

$$\Delta T_{eo} = T_{eo} - T_e = n_p\frac{L_m^2}{L_r}(\Delta i_{sqo}i_{sd} + \Delta i_{sdo}i_{sq} + \Delta i_{sdo}\Delta i_{sqo}) \qquad (7\text{-}29)$$

综上可知，当电流传感器出现开路故障后，定子电流误差显著增加甚至会高于相电流[见式（7-26）和式（7-27）]。在此作用下，磁场定向角和电磁转矩性能急剧恶化，造成控制性能显著下降，甚至会出现控制系统崩溃现象。

同样，对电流传感器开路故障的影响进行测试，测试结果如图7-4所示。由图7-4可知，当电流传感器发生开路故障后，定子电流会迅速出现畸变，使得电机速度和电磁转矩出现极大的波动[见图7-4（c）和图7-4（d）]，导致控制性能急剧下降，甚至会造成感应电机驱动系统无法运行。相较于偏移故障和增益故障，开路故障影响更为显著，在实际中必须采取相应措施，降低其不利影响。

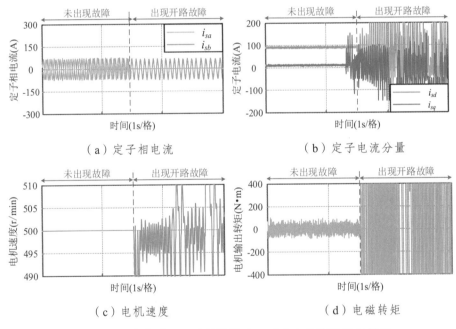

图7-4 电流传感器开路故障影响下感应电机驱动系统性能

7.2 基于坐标变换的电流传感器故障诊断策略

如前分析，电流传感器故障会显著降低控制性能，甚至会造成系统崩溃，严重威脉感应电机驱动系统的可靠运行。因此，亟需对电流传感器故障进行快速诊断和准确定位。为此，本节研究一种基于坐标变换的电流传感器故障诊断方法，实现不同类型电流传感器故障的快速诊断和准确定位。

7.2.1　诊断原理

在感应电机驱动系统中，电流传感器提供的定子电流信号需要从自然坐标系（即 abc 坐标系）变换到两相静止坐标系（即 $\alpha\beta$ 坐标系），再变换到两相旋转坐标系（即 dq 坐标系），即 Clark 变换和 Park 变换。当 α 轴与 a 相轴线重合时（见图 7-5），Clark 变换可表示为：

$$\begin{bmatrix} i_{s\alpha} \\ i_{s\beta} \end{bmatrix} = \begin{bmatrix} \sqrt{\dfrac{3}{2}} & 0 \\ \dfrac{1}{\sqrt{2}} & \sqrt{2} \end{bmatrix} \begin{bmatrix} i_{sa} \\ i_{sb} \end{bmatrix} \tag{7-30}$$

式（7-30）中：$i_{s\alpha}$ 和 $i_{s\beta}$ 分别为定子电流的 α 轴分量和 β 轴分量。

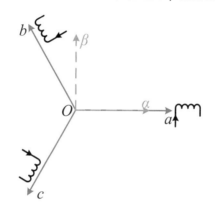

图 7-5　α 轴与 a 相重合时的 Clark 变换

由式（7-30）可以看出，定子电流的 α 轴分量只取决于 a 相电流测量值，而与 b 相电流测量值无关。这意味着，当 a 相电流传感器正常运行时，$i_{s\alpha}$ 表现正常；而当 a 相电流传感器发生故障后，$i_{s\alpha}$ 将会发生变化。因此，可以根据 $i_{s\alpha}$ 的行为特征，对 a 相电流传感器是否存在故障进行诊断。

此外，为提取 b 相电流传感器的故障特征，将静止坐标系逆时针旋转 120°，即让 α 轴和 b 相轴线重合（见图 7-6）。此时，Clark 变换可表示为：

$$\begin{bmatrix} i_{s\alpha}' \\ i_{s\beta}' \end{bmatrix} = \begin{bmatrix} 0 & \sqrt{\dfrac{3}{2}} \\ -\sqrt{2} & -\dfrac{1}{\sqrt{2}} \end{bmatrix} \begin{bmatrix} i_{sa} \\ i_{sb} \end{bmatrix} \tag{7-31}$$

式（7-31）中：$i'_{s\alpha}$ 和 $i'_{s\beta}$ 分别为定子电流的 α' 轴分量和 β' 轴分量。

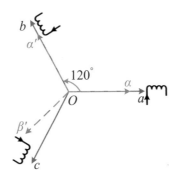

图 7-6　α' 轴与 b 相重合时的 Clark 变换

由式（7-31）可知，当 α' 轴与 b 相重合时，采用 Clark 变换后，定子电流的 α' 轴分量只取决于 b 相电流测量值，而与 a 相电流测量值无关。因此，可以根据 $i'_{s\alpha}$ 的行为特征，判断 b 相电流传感器是否发生故障。

为实现电流传感器故障的准确诊断，需要参考电流对定子电流分量的行为特征进行判断。为此，依据定子电流 d 轴分量的参考值 i^*_{sd} 和定子电流 q 轴分量的参考值 i^*_{sq}，利用 Park 反变换得到定子电流分量的参考值 $i^*_{s\alpha}$ 和 $i^*_{s\beta}$。当 α 轴与 a 相重合时，Park 反变换如图 7-7 所示。

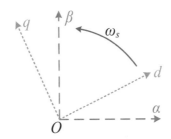

图 7-7　α 轴与 a 相重合时的 Park 反变换

根据图 7-7，Park 反变换可表示为：

$$\begin{bmatrix} i^*_{s\alpha} \\ i^*_{s\beta} \end{bmatrix} = \begin{bmatrix} \cos(\theta_r) & -\sin(\theta_r) \\ \sin(\theta_r) & \cos(\theta_r) \end{bmatrix} \begin{bmatrix} i^*_{sd} \\ i^*_{sq} \end{bmatrix} \tag{7-32}$$

式（7-32）中：$i^*_{s\alpha}$ 和 $i^*_{s\beta}$ 分别为定子电流参考值的 α 轴分量和 β 轴分量。

当 α 轴与 b 相轴线重合，Park 反变换如图 7-8 所示。

此时，Park 反变换可表示为：

$$\begin{bmatrix} i'^*_{s\alpha} \\ i'^*_{s\beta} \end{bmatrix} = \begin{bmatrix} \cos\left(\theta_r - \dfrac{2}{3}\pi\right) & -\sin\left(\theta_r - \dfrac{2}{3}\pi\right) \\ \sin\left(\theta_r - \dfrac{2}{3}\pi\right) & \cos\left(\theta_r - \dfrac{2}{3}\pi\right) \end{bmatrix} \begin{bmatrix} i'^*_{sd} \\ i'^*_{sq} \end{bmatrix} = \begin{bmatrix} \cos(\rho_r) & -\sin(\rho_r) \\ \sin(\rho_r) & \cos(\rho_r) \end{bmatrix} \begin{bmatrix} i'^*_{sd} \\ i'^*_{sq} \end{bmatrix} \tag{7-33}$$

式（7-33）中：$i_{s\alpha}'^*$ 和 $i_{s\beta}'^*$ 分别为定子电流参考值的 α' 轴分量和 β' 轴分量。

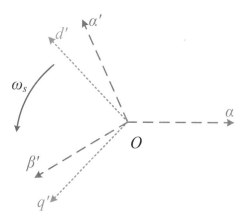

图 7-8　α' 轴与 b 相重合时的 Park 反变换

综上分析，当某一相电流传感器出现故障后，电流测量值 $i_{s\alpha}$ 和 $i_{s\alpha}'$ 会迅速发生变化，而电流参考值 $i_{s\alpha}^*$ 和 $i_{s\alpha}'^*$ 在短时间内保持不变，这是由于感应电机驱动系统为一个大惯性系统，其动态响应相对较慢。因此，设定合适的故障阈值后，利用电流测量值（即 $i_{s\alpha}$ 和 $i_{s\alpha}'$）和电流参考值（即 $i_{s\alpha}^*$ 和 $i_{s\alpha}'^*$）便可对电流传感器故障进行有效诊断。

7.2.2　具体实现

在实际中，通常利用电流残差（即电流测量值和电流参考值之差）与故障阈值进行比较，判断电流传感器是否发生故障。设置故障阈值为 ε_i，则 a 相和 b 相电流传感器故障标志位 Flag A 和 Flag B 可表示为：

$$\text{Flag A} = \begin{cases} 0, & \left| i_{s\alpha}^* - i_{s\alpha} \right| < \varepsilon_i \\ 1, & \left| i_{s\alpha}^* - i_{s\alpha} \right| \geqslant \varepsilon_i \end{cases} \tag{7-34}$$

$$\text{Flag B} = \begin{cases} 0, & \left| i_{s\alpha}'^* - i_{s\alpha}' \right| < \varepsilon_i \\ 1, & \left| i_{s\alpha}'^* - i_{s\alpha}' \right| \geqslant \varepsilon_i \end{cases} \tag{7-35}$$

如此，可得所提电流传感器故障诊断方法如图 7-9 所示。

依据图 7-9，对电流传感器故障的诊断过程进行介绍，具体如下：

（1）首先比较 $\left| i_{s\alpha}^* - i_{s\alpha} \right|$ 与 ε_i 的大小，若 $\left| i_{s\alpha}^* - i_{s\alpha} \right| < \varepsilon_i$，即 Flag A = 0，此时电流残差在正常范围内，这表明 a 相电流传感器正常运行；进一步，比较 $\left| i_{s\alpha}'^* - i_{s\alpha}' \right|$ 与 ε_i 的大小，若 $\left| i_{s\alpha}'^* - i_{s\alpha}' \right| < \varepsilon_i$，即 Flag B = 0，这表明两个电流传感器均未发生故障；若 $\left| i_{s\alpha}'^* - i_{s\alpha}' \right| \geqslant \varepsilon_i$ 时，即 Flag B = 1，这表明 b 相电流传感器发生了故障。

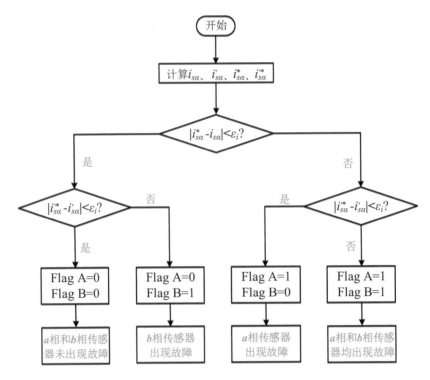

图 7-9　基于坐标变换的电流传感器故障诊断方法流程图

（2）若 $\left|i_{s\alpha}^{\prime*}-i_{s\alpha}^{\prime}\right|\geqslant\varepsilon_{i}$，即 Flag A = 1，这意味着 a 相电流传感器出现了故障；然后，比较 $\left|i_{s\alpha}^{\prime*}-i_{s\alpha}^{\prime}\right|$ 与 ε_{i} 的大小，若 $\left|i_{s\alpha}^{\prime*}-i_{s\alpha}^{\prime}\right|<\varepsilon_{i}$，即 Flag B = 0，这表明 b 相电流传感器未出现故障；而当 $\left|i_{s\alpha}^{\prime*}-i_{s\alpha}^{\prime}\right|\geqslant\varepsilon_{i}$ 时，即 Flag B = 1，这意味着两个电流传感器均发生了故障。

注意到，所提出的故障诊断方法无需速度信息，因此该故障诊断方法能够适用于带有速度传感器的感应电机控制系统和感应电机无速度传感器控制系统。

7.2.3　测试结果

为验证所提电流传感器故障诊断方法的可行性，对其进行仿真验证。首先，对所提故障诊断方法在电流传感器出现偏移故障时的性能进行测试，其测试结果如图 7-10 所示。在此测试中，a 相电流传感器的偏移故障和故障阈值分别设置为 50 A 和 40 A。由测试结果可知，当 a 相电流传感器出现偏移故障后，$i_{s\alpha}$ 迅速产生一个稳定偏移，而 $i_{s\alpha}^{*}$、$i_{s\alpha}^{\prime}$ 和 $i_{s\alpha}^{\prime*}$ 均保持不变。此外，当 a 相电流传感器出现偏移故障后，$\alpha^{\prime}$ 轴电流残差 $\varepsilon_{s\alpha}^{\prime}$ 向下偏移并超过故障阈值，故障标志位 Flag A 跳变为 1。如此，a 相电流传感器的偏移故障得到有效诊断［见图 7-10（d）］。

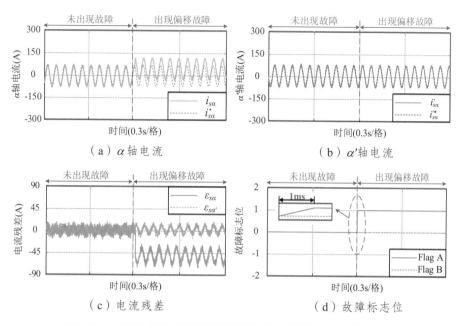

图 7-10　a 相电流传感器出现偏移故障时所提诊断方法的性能

进一步，对所提故障诊断方法在电流传感器出现增益故障时的性能进行测试，测试结果如图 7-11 所示。在此测试中，b 相电流传感器设置 1.5 倍的增益故障。根据测试结果可知，当 b 相电流传感器出现增益故障后，$i_{s\alpha}$ 仍然能够有效跟踪 $i_{s\alpha}^*$，且电流残差 $\varepsilon_{s\alpha}$ 在故障阈值范围内。此外，当 b 相电流传感器出现增益故障后，$i_{s\alpha}'$ 的幅值和电流残差 $\varepsilon_{s\alpha}'$ 均显著增加，且 $\varepsilon_{s\alpha}'$ 超出故障阈值，这表明所提方法能够有效诊断出 b 相电流传感器的增益故障。

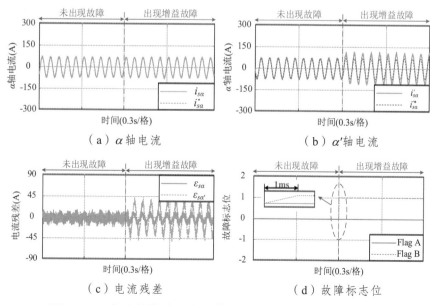

图 7-11　b 相电流传感器出现增益故障时所提诊断方法的性能

最后，利用仿真对所提方法在电流传感器出现开路故障时的性能进行测试，测试结果如图 7-12 所示。由图 7-12 可得，当 b 相电流传感器出现开路故障后，i'_{sa} 立刻变为 0，并且电流残差 ε'_{sa} 迅速增大，瞬间超出故障阈值，这意味着所提方法能够快速诊断出 b 相电流传感器的开路故障。

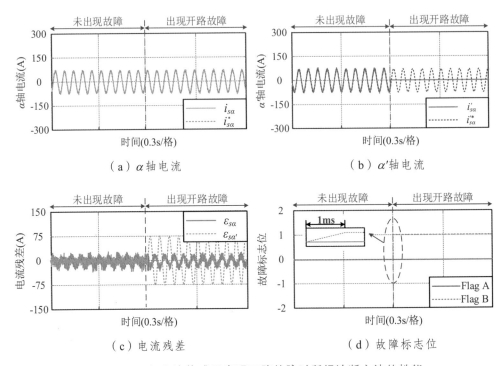

（a）α 轴电流　　　　　　　　　　（b）α' 轴电流

（c）电流残差　　　　　　　　　　（d）故障标志位

图 7-12　b 相电流传感器出现开路故障时所提诊断方法的性能

7.3　基于二阶广义积分器-锁频环的电流传感器故障容错控制方法

在诊断出电流传感器的故障后，必须立即采取有效的容错控制方法，保证感应电机无速度传感器控制系统的可靠运行[12-22]。为此，本节提出了一种基于二阶广义积分器-锁频环的电流传感器故障容错控制方法。该容错控制方法利用基于坐标变换的方法，提供准确的定子电流 α 轴分量。在此基础上，采用基于二阶广义积分器-锁频环的电流重构方案得到定子电流 β 轴分量。进一步，利用测量的 α 轴分量和重构的 β 轴分量作为滑模观测器的输入信号，实现电机速度和定子电流的准确估计，并将估计的电机速度和定子电流反馈到矢量系统中实现闭环控制。此外，考虑到直流偏置会影响基于二阶广义积分器-锁频环的电流重构方案性能，进一步提出一种基于改进型二阶广义积分器-锁频环的电流重构方案，有效解决直流偏置问题，从而保证容错控制性能。

7.3.1　具体实现

图 7-13 为带有电流传感器故障容错控制方法的感应电机无速度传感器控制系统。如图所示，整个系统是在感应电机矢量控制系统的基础上额外增加三个控制单元构建的，即速度估计单元、故障诊断单元以及容错控制单元。其中，$i_{s\beta\text{-}fed}$ 为输入滑模观测器的定子电流 β 轴分量，$i_{sd\text{-}fed}$ 和 $i_{sq\text{-}fed}$ 为反馈到矢量控制系统的定子电流 d 轴分量和 q 轴分量，$\theta_{r\text{-}fed}$ 为反馈到矢量控制系统的转子磁场定向角。依据图 7-13，对系统每个控制单元进行详细介绍，具体如下。

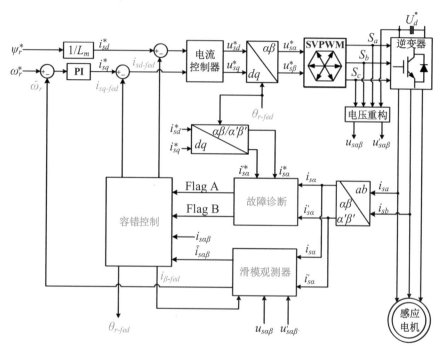

图 7-13　带有电流传感器故障容错控制方法的感应电机无速度传感器控制系统

1. 速度估计单元

在所提出的容错控制方法中，利用滑模观测器实现电机速度和定子电流的估计。如前分析，感应电机的滑模观测器可表示为：

$$\begin{bmatrix} \dfrac{\mathrm{d}\hat{\boldsymbol{i}}_s}{\mathrm{d}t} \\ \dfrac{\mathrm{d}\hat{\boldsymbol{\psi}}_r}{\mathrm{d}t} \end{bmatrix} = \begin{bmatrix} \boldsymbol{A}_{11} & \boldsymbol{A}_{12} \\ \boldsymbol{A}_{21} & \boldsymbol{A}_{22} \end{bmatrix} \begin{bmatrix} \hat{\boldsymbol{i}}_s \\ \hat{\boldsymbol{\psi}}_r \end{bmatrix} + \begin{bmatrix} \boldsymbol{B} \\ \boldsymbol{0} \end{bmatrix} \boldsymbol{u}_s + K \begin{bmatrix} \mathrm{sgn}(\hat{\boldsymbol{i}}_s - \boldsymbol{i}_s) \\ \boldsymbol{0} \end{bmatrix} \tag{7-36}$$

式（7-36）中：$\hat{\boldsymbol{i}}_s$、$\hat{\boldsymbol{\psi}}_r$、$\boldsymbol{u}_s$、$\boldsymbol{i}_s$ 分别为定子电流估计、转子磁链估计、定子电压、定子电流，$\boldsymbol{A}_{11}$、$\boldsymbol{A}_{12}$、$\boldsymbol{A}_{21}$、$\boldsymbol{A}_{22}$、$\boldsymbol{B}$ 分别为控制矩阵元素和输出矩阵元素，K 为滑模增益。

以感应电机的状态空间模型［式（2-22）］为参考模型，以滑模观测器[式（7-36）]作为可调模型，并利用波波夫超稳定性理论进行自适应律设计，构建模型参考自适应系统实现速度估计（详见本书 4.1 章节），即有：

$$\hat{\omega}_r = k_{\omega p}(e_{i\beta}\hat{\psi}_{r\alpha} - e_{i\alpha}\hat{\psi}_{r\beta}) + k_{\omega i}\int(e_{i\beta}\hat{\psi}_{r\alpha} - e_{i\alpha}\hat{\psi}_{r\beta})\mathrm{d}t \qquad （7-37）$$

式（7-37）中：$e_{i\alpha}$、$e_{i\beta}$、$k_{\omega p}$ 和 $k_{\omega i}$ 分别为定子电流估计误差和速度估计增益，且有：

$$\begin{cases} e_{i\alpha} = \hat{i}_{s\alpha} - i_{s\alpha} \\ e_{i\beta} = \hat{i}_{s\beta} - i_{s\beta} \end{cases} \qquad （7-38）$$

从式（7-36）和式（7-37）可以看出，基于滑模观测器的估计方案依赖于电流传感器提供的电流信息。当电流传感器发生故障后，输入的定子电流会带有故障信息，进而影响速度估计性能。

2. 容错控制单元

故障诊断单元通过电流参考值与电流测量值获取残差，并与故障阈值进行比较，判断电流传感器的运行状态，并输出到容错控制单元中（详见本书 7.2 节）。

根据 7.2 节分析可知，在适当的参考坐标系下，定子电流的 α 轴分量或 α' 分量由 a 相或 b 相电流传感器的测量值唯一确定。这意味着，在 a 相电流传感器正常运行时，可以得到准确的定子电流 α 轴分量 $i_{s\alpha}$；当 a 相电流传感器出现故障后，利用坐标变换方法，可以得到准确的定子电流 α' 轴分量 $i'_{s\alpha}$。进一步，利用 α 轴（α' 轴）分量重构出 β 轴（β' 轴）分量，并将测量的 α 轴（α' 轴）分量和重构的 β 轴（β' 轴）分量反馈到滑模观测器中，保证速度估计方案能够正常运行。

根据这一思想，本节提出一种基于二阶广义积分器-锁频环的电流传感器故障容错控制方法，如图 7-14 所示。

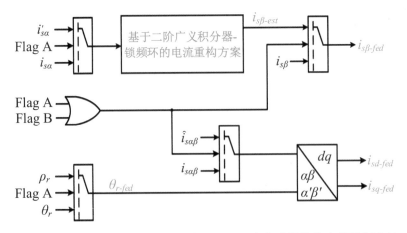

图 7-14　基于二阶广义积分器-锁频环的电流传感器故障容错控制方法

根据图 7-14，对所提出的电流传感器故障容错方法进行介绍，具体如下：

（1）若 Flag A = 0 且 Flag B = 0，表明 a、b 两相电流传感器均未出现故障，系统正常运行，将 i_{sa} 和 $i_{s\beta}$ 反馈到矢量控制系统，同时将 i_{sa} 和 $i_{s\beta}$ 作为滑模观测器的输入信号，实现速度估计。

（2）若 Flag A = 0 且 Flag B = 1，表明 b 相电流传感器出现故障。首先，依据 a 相电流传感器测量电流值 i_{sa}，利用 Clark 变换得到 i_{sa}；进一步，以 i_{sa} 作为电流重构方案的输入信号，得到重构的定子电流分量 $i_{s\beta\text{-}est}$；在此基础上，以 i_{sa} 和 $i_{s\beta\text{-}est}$ 作为滑模观测器的输入信号，进行速度估计和定子电流估计；最后，结合定子电流估计 $\hat{i}_{sa\beta}$，利用 Park 变换，得到定子电流的 d 轴分量 $i_{sd\text{-}fed}$ 和 q 轴分量 $i_{sq\text{-}fed}$，并反馈到矢量控制系统中，从而实现 b 相电流传感器故障的容错控制。

（3）若 Flag A = 1 且 Flag B = 0，表明 a 相电流传感器出现故障。此时，依据 b 相电流传感器测量电流值 i_{sb}，利用坐标变换方法，得到 i'_{sa}；进一步，以 i'_{sa} 作为电流重构方案的输入信号，得到重构的电流分量 $i_{s\beta\text{-}est}$；在此基础上，将 i'_{sa} 和 $i_{s\beta\text{-}est}$ 作为滑模观测器的输入信号，进行速度估计和定子电流估计；最后，根据定子电流估计 $\hat{i}_{sa\beta}$ 和磁场定向角 ρ_r，利用 Park 变换，得到定子电流的 d 轴分量 $i_{sd\text{-}fed}$ 和 q 轴分量 $i_{sq\text{-}fed}$，并反馈到矢量控制系统中，实现 a 相电流传感器的容错控制。

（4）若 Flag A = 1 且 Flag B = 1，表明两相电流传感器均发生了故障。此时，由于无速度传感器控制系统没有准确的反馈量，只能采用开环控制或者停机处理，本书对此不做讨论。

综上，利用所提出的容错控制方法，实现电流传感器故障影响下感应电机无速度传感器控制系统的可靠运行。注意到，在所提出的容错控制方法中，电流重构性能至关重要。因此，接下来将着重介绍电流重构方案。

7.3.2　电流重构方案

根据二阶广义积分器的特性，得到基于二阶广义积分器-锁频环的电流重构方案，如图 7-15 所示。该方案由基于二阶广义积分器的正交信号发生器和锁频环两部分组成。其中，基于二阶广义积分器的正交信号发生器用于重构电流信号；锁频环用于提供频率信息，使得正交信号发生器的频率与输入信号的频率保持一致，从而保证电流重构性能。此外，$i_{sa\text{-}est}$、$i_{s\beta\text{-}est}$、k 和 Γ 分别为重构的定子电流 α 轴分量、重构的定子电流 β 轴分量和二阶广义积分器-锁频环的增益。

根据图 7-15 可得，电流重构方案的传递函数为：

$$D(s) = \frac{i_{sa\text{-}est}(s)}{i_{sa}(s)} = \frac{k\hat{\omega}s}{s^2 + k\hat{\omega}s + \hat{\omega}^2} \qquad （7\text{-}39）$$

$$Q(s) = \frac{i_{s\beta\text{-}est}(s)}{i_{sa}(s)} = \frac{k\hat{\omega}^2}{s^2 + k\hat{\omega}s + \hat{\omega}^2} \qquad （7\text{-}40）$$

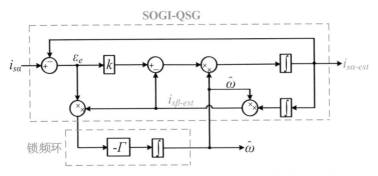

图 7-15　基于二阶广义积分器-锁频环的电流重构方案

根据式（7-39），$D(s)$ 的幅频特性和相频特性可计算为：

$$|D(\mathrm{j}\omega)| = \left| \frac{k\hat{\omega}\omega}{\sqrt{(\hat{\omega}^2 - \omega^2)^2 + (k\hat{\omega}\omega)^2}} \right| \qquad (7\text{-}41)$$

$$\angle D(\mathrm{j}\omega) = \frac{\pi}{2} - \arctan\left(\frac{k\omega\hat{\omega}}{\omega^2 - \hat{\omega}^2} \right) \qquad (7\text{-}42)$$

进一步，可得 $Q(s)$ 的幅频特性和相频特性为：

$$|Q(\mathrm{j}\omega)| = \left| \frac{k\hat{\omega}^2}{\sqrt{(\hat{\omega}^2 - \omega^2)^2 + (k\hat{\omega}\omega)^2}} \right| \qquad (7\text{-}43)$$

$$\angle Q(\mathrm{j}\omega) = -\arctan\left(\frac{k\omega\hat{\omega}}{\omega^2 - \hat{\omega}^2} \right) = \angle D(\mathrm{j}\omega) - \frac{\pi}{2} \qquad (7\text{-}44)$$

当二阶广义积分器-锁频环的估计频率和输入频率相等时，即有：

$$\hat{\omega} = \omega \qquad (7\text{-}45)$$

将式（7-45）代入式（7-42）和式（7-43）可得：

$$|D(\mathrm{j}\hat{\omega})| = \left| \frac{k\hat{\omega}^2}{\sqrt{(\hat{\omega}^2 - \hat{\omega}^2)^2 + (k\hat{\omega}^2)^2}} \right| = 1 \qquad (7\text{-}46)$$

$$\angle D(\mathrm{j}\hat{\omega}) = \frac{\pi}{2} - \arctan\left(\frac{k\hat{\omega}^2}{\hat{\omega}^2 - \hat{\omega}^2} \right) = 0 \qquad (7\text{-}47)$$

由式（7-46）和式（7-47）可得：重构的定子电流 α 轴分量 $i_{s\alpha\text{-}est}$ 与输入信号 $i_{s\alpha}$ 的幅值和相位均相同。

根据式（7-43）和式（7-44）可得：

$$|Q(\mathrm{j}\hat{\omega})| = \left| \frac{k\hat{\omega}^2}{\sqrt{(\hat{\omega}^2 - \hat{\omega}^2)^2 + (k\hat{\omega}^2)^2}} \right| = 1 \qquad (7\text{-}48)$$

$$\angle Q(\mathrm{j}\hat{\omega}) = -\arctan\left(\frac{k\hat{\omega}^2}{\hat{\omega}^2 - \hat{\omega}^2}\right) - \frac{\pi}{2} \qquad (7\text{-}49)$$

根据式（7-48）和式（7-49）可得：重构的定子电流 β 轴分量 $i_{s\beta\text{-}est}$ 与输入信号 $i_{s\alpha}$ 的幅值相同，但 $i_{s\beta\text{-}est}$ 的相位滞后输入信号的相位 $\pi/2$。

为验证基于二阶广义积分器-锁频环的电流重构方案性能，对其进行仿真测试，测试结果如图 7-16 所示。在此测试中，设置输入信号 $i_{s\alpha} = 50\sin(20\pi t)$ A。由测试结果可知，基于二阶广义积分器-锁频环的方案能够提供良好的电流重构性能。

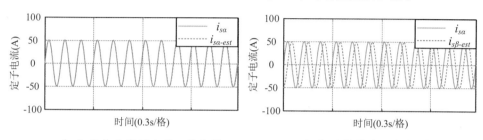

（a）重构的定子电流 α 轴分量　　　　（b）重构的定子电流 β 轴分量

图 7-16　基于二阶广义积分器-锁频环的电流重构方案性能

7.3.3　改进型电流重构方案

如前分析，直流偏置会降低二阶广义积分器-锁频环的性能（详见本书 5.6.1 节）。因此，当电流分量 $i_{s\alpha}$ 出现直流偏置后，同样会对基于二阶广义积分器-锁频环的电流重构方案产生显著影响，具体分析如下。

当考虑直流偏置影响后，输入信号可表示为：

$$i_{s\alpha d} = I_{\mathrm{m}}\cos(\omega t) + V_{dc} \qquad (7\text{-}50)$$

式（7-50）中：I_{m}、ω 和 V_{dc} 分别为定子电流的幅值、定子电流的频率和直流偏置。

因为 $D(s)$ 能够消除直流偏置的影响，而 $Q(s)$ 则会放大直流偏置的影响（见本书 5.6.1 节）。如此，可得：

$$i_{s\alpha\text{-}estd} = \hat{I}_{\mathrm{m}}\cos(\hat{\omega}t) \qquad (7\text{-}51)$$

$$i_{s\beta\text{-}estd} = \hat{I}_{\mathrm{m}}\sin(\hat{\omega}t) + kV_{dc} \qquad (7\text{-}52)$$

进一步，可得同步误差 ε_e 为：

$$\varepsilon_{ed} = i_{s\alpha d} - i_{s\alpha\text{-}estd} = I_{\mathrm{m}}\cos(\omega t) + V_{dc} - \hat{I}_{\mathrm{m}}\cos(\hat{\omega}t) \qquad (7\text{-}53)$$

根据式（7-52）和式（7-53），估计误差可计算为：

$$\varepsilon_{fd} = \varepsilon_{ed}i_{s\beta\text{-}estd} = [I_{\mathrm{m}}\cos(\omega t) + V_{dc} - \hat{I}_{\mathrm{m}}\cos(\hat{\omega}t)][\hat{I}_{\mathrm{m}}\sin(\hat{\omega}t) + kV_{dc}] \qquad (7\text{-}54)$$

进一步可得，考虑直流偏置影响后的频率估计为：

$$\hat{\omega}_d = \frac{-\Gamma}{s}\varepsilon_{fd} = \frac{-\Gamma}{s}[I_m\cos(\omega t) + V_{dc} - \hat{I}_m\cos(\hat{\omega}t)][\hat{I}_m\sin(\hat{\omega}t) + kV_{dc}] \qquad （7-55）$$

由式（7-55）可得，频率估计误差可计算为：

$$\begin{aligned}
\Delta\omega &= \hat{\omega}_d - \hat{\omega} = \frac{-\Gamma}{s}(\varepsilon_{fd} - \varepsilon_f) \\
&= \frac{-\Gamma}{s}[I_m\cos(\omega t) + V_{dc} - \hat{I}_m\cos(\hat{\omega}t)][\hat{I}_m\sin(\hat{\omega}t) + kV_{dc}] + \\
&\quad \frac{\Gamma}{s}[I_m\cos(\omega t) - \hat{I}_m\cos(\hat{\omega}t)]\hat{I}_m\sin(\hat{\omega}t) \\
&\approx \Gamma\left[\frac{\hat{I}_m V_{dc}\cos(\hat{\omega}t)}{\hat{\omega}} - kV_{dc}^2 t\right]
\end{aligned} \qquad （7-56）$$

由式（7-56）可得，当输入信号出现直流偏置后，频率估计误差将随时间逐渐增大。而当估计频率出现明显误差后，基于二阶广义积分器-锁频环的电流重构方案性能会显著下降。

进一步，对基于二阶广义积分器-锁频环的电流重构方案在直流偏置影响下的性能进行测试，测试结果如图 7-17 所示。在此测试中，输入信号和直流偏置分别设置为 $i_{sa} = 50\sin(20\pi t)$ A 和 10 A。根据测试结果可知，重构的定子电流 α 轴分量 $i_{sa\text{-}est}$ 能够有效消除直流偏置影响，而重构的定子电流 β 轴分量 $i_{s\beta\text{-}est}$ 则在直流偏置作用下，出现明显的性能下降［见图 7-17（b）］。

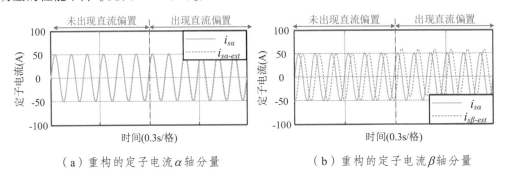

（a）重构的定子电流 α 轴分量　　　　　（b）重构的定子电流 β 轴分量

图 7-17　直流偏置影响下基于二阶广义积分器-锁频环的电流重构方案性能

为抑制直流偏置带来的不利影响，在基于二阶广义积分器-锁频环的电流重构方案的基础上，设计一种基于改进型二阶广义积分器-锁频环的方案进行电流重构。

考虑直流偏置的影响后，输入信号估计可表示为：

$$\hat{i}_{sa} = \hat{I}_m\cos(\hat{\omega}t) + \hat{V}_{dc} \qquad （7-57）$$

式（7-57）中：$\hat{I}_m$、$\hat{\omega}$ 和 $\hat{V}_{dc}$ 分别为电流估计的幅值、电流估计的频率和直流偏置估计。

定义代价函数为：

$$J = \frac{1}{2}(i_{s\alpha} - \hat{i}_{s\alpha})^2 = \frac{1}{2}[I_m\cos(\omega t) + V_{dc} - \hat{I}_m\cos(\hat{\omega}t) - \hat{V}_{dc}]^2 \tag{7-58}$$

利用梯度下降法，则有：

$$\frac{\mathrm{d}\hat{V}_{dc}}{\mathrm{d}t} = -\zeta\frac{\partial J}{\partial \hat{V}_{dc}} = -\zeta\frac{\partial J}{\partial e}\frac{\partial e}{\partial \hat{V}_{dc}} = \zeta e = \zeta(i_{s\alpha} - \hat{i}_{s\alpha}) \tag{7-59}$$

式（7-59）中：ζ 为梯度下降法的增益。

结合式（7-59）和图 7-15，可得基于改进型二阶广义积分器-锁频环的电流重构方案，如图 7-18 所示。该方案在基于二阶广义积分器-锁频环的电流重构方案的基础上，引入前馈回路进行直流偏置估计，并从输入信号减去估计的直流偏置，从而实现直流偏置的有效抑制。

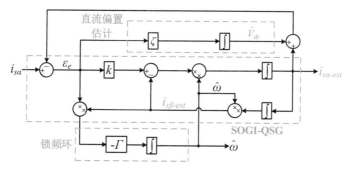

图 7-18　基于改进型二阶广义积分器-锁频环的电流重构方案

由图 7-18 可知：

$$\begin{cases} i_{s\alpha} - \left(\varepsilon_e\dfrac{\zeta}{s} + i_{s\alpha-est}\right) = \varepsilon_e \\[2mm] (k\varepsilon_e - i_{s\alpha-est})\dfrac{\hat{\omega}}{s} = i_{s\alpha-est} \\[2mm] i_{s\alpha-est}\dfrac{\hat{\omega}}{s} = i_{s\beta-est} \end{cases} \tag{7-60}$$

由式（7-60）可得，改进型电流重构方案的传递函数为：

$$D_i(s) = \frac{i_{s\alpha-est}(s)}{i_{s\alpha}(s)} = \frac{k\hat{\omega}s^2}{s^3 + (k\hat{\omega}+\zeta)s^2 + \hat{\omega}^2 s + \zeta\hat{\omega}^2} \tag{7-61}$$

$$Q_i(s) = \frac{i_{s\beta-est}(s)}{i_{s\alpha}(s)} = \frac{k\hat{\omega}^2 s}{s^3 + (k\hat{\omega}+\zeta)s^2 + \hat{\omega}^2 s + \zeta\hat{\omega}^2} \tag{7-62}$$

根据式（7-61），$D_i(s)$ 的幅频特性和相频特性可计算为：

$$|D_i(\mathrm{j}\omega)| = \left|\frac{-k\hat{\omega}\omega^2}{\sqrt{(-k\hat{\omega}\omega^2)^2 + (\omega\hat{\omega}^2 - \omega^3)^2}}\right| \tag{7-63}$$

$$\angle D_i(j\omega) = \arctan\left(\frac{\omega^2 - \hat{\omega}^2}{k\hat{\omega}\omega}\right) \tag{7-64}$$

进一步，可得：

$$|D_i(j\hat{\omega})| = \left|\frac{-k\hat{\omega}^3}{\sqrt{(-k\hat{\omega}^3)^2 + (\hat{\omega}^3 - \hat{\omega}^3)^2}}\right| = 1 \tag{7-65}$$

$$\angle D_i(j\hat{\omega}) = \arctan\left(\frac{\hat{\omega}^2 - \hat{\omega}^2}{k\hat{\omega}^2}\right) = 0 \tag{7-66}$$

由式（7-65）和式（7-66）可得：重构的定子电流 α 轴分量 $i_{s\alpha\text{-}est}$ 与输入信号 $i_{s\alpha}$ 的幅值和相位均相同。

由式（7-62）可得，$Q_i(s)$ 的幅频特性和相频特性分别表示为：

$$|Q_i(j\omega)| = \left|\frac{k\hat{\omega}^2\omega}{\sqrt{(-k\hat{\omega}\omega^2)^2 + (\omega\hat{\omega}^2 - \omega^3)^2}}\right| \tag{7-67}$$

$$\angle Q_i(j\omega) = -\frac{\pi}{2} + \arctan\left(\frac{\omega^2 - \hat{\omega}^2}{k\hat{\omega}\omega}\right) \tag{7-68}$$

根据式（7-67）和式（7-68）可得：

$$|Q_i(j\hat{\omega})| = \left|\frac{k\hat{\omega}^3}{\sqrt{(-k\hat{\omega}^3)^2 + (\hat{\omega}^3 - \hat{\omega}^3)^2}}\right| = 1 \tag{7-69}$$

$$\angle Q_i(j\hat{\omega}) = -\frac{\pi}{2} + \arctan\left(\frac{\hat{\omega}^2 - \hat{\omega}^2}{k\hat{\omega}^2}\right) = -\frac{\pi}{2} \tag{7-70}$$

由式（7-69）和式（7-70）可知：重构的定子电流 β 轴分量 $i_{s\beta\text{-}est}$ 与输入信号 $i_{s\alpha}$ 的幅值相同，但其相位滞后输入信号的相位 $\pi/2$。由此可得，基于改进型二阶广义积分器-锁频环的方案能够实现电流分量的准确重构。

此外，输入信号出现直流偏置后，由于直流偏置信号的频率为 0，即有：

$$|D_i(j0)| = \left|\frac{-k\hat{\omega}\omega^2}{\sqrt{(-k\hat{\omega}\omega^2)^2 + (\omega\hat{\omega}^2 - \omega^3)^2}}\right| = 0 \tag{7-71}$$

$$|Q_i(j0)| = \left|\frac{-k\hat{\omega}^2\omega}{\sqrt{(-k\hat{\omega}\omega^2)^2 + (\omega\hat{\omega}^2 - \omega^3)^2}}\right| = 0 \tag{7-72}$$

根据式（7-71）和式（7-72）可知：在基于改进型二阶广义积分器-锁频环的电流重构方案中，重构的定子电流 α 轴分量 $i_{s\alpha\text{-}est}$ 和重构的定子电流 β 轴分量 $i_{s\beta\text{-}est}$ 均能消除直流偏置的影响。

为验证基于改进型二阶广义积分器-锁频环的电流重构方案性能，对其进行测试，测试结果如图 7-20 所示。在此测试中，输入信号和直流偏置分别设置为 $i_{sa} =$ 50sin(20πt) A 和 10 A。根据测试结果可知，在直流偏置的影响下，基于改进型二阶广义积分器-锁频环的方案能够提供良好的电流重构性能〔见图 7-19（b）〕，有效保证了容错控制性能。

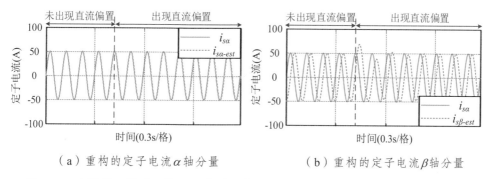

（a）重构的定子电流α轴分量　　　　（b）重构的定子电流β轴分量

图 7-19　直流偏置影响下基于改进型二阶广义积分器-锁频环的电流重构方案性能

7.3.4　实验测试

为验证所提容错控制方法的可行性，对其进行实验测试。实验测试中所采用的感应电机驱动系统参数见表 7-2。

表 7-2　感应电机驱动系统参数

参数	数值	参数	数值
额定功率/kW	3.3	额定电压/V	380
额定电流/A	8	额定速度/（r/min）	1 480
定子电阻 R_s/Ω	2.55	转子电阻 R_r/Ω	1.85
定子电感 L_s/mH	270.7	转子电感 L_r/mH	270.7
励磁电感 L_m/mH	255.8	极对数	2

首先，对基于二阶广义积分器-锁频环的电流重构方案性能进行测试，测试结果如图 7-20 所示。根据测试结果可知，当 b 相电流传感器出现开路故障后，定子电流β轴分量 $i_{s\beta}$ 出现了明显的畸变，而基于二阶广义积分器-锁频环的重构方案提供的定子电流β轴分量 $i_{s\beta\text{-}est}$ 仅在暂态过程中出现波动，随后快速恢复正常，且未出现明显畸变。此外，依据重构的定子电流β轴分量 $i_{s\beta\text{-}est}$，滑模观测器提供的定子电流估计性能良好，这表明所提出的电流重构方案能够提供优良的性能，有效保证了容错控制方法的可靠运行。

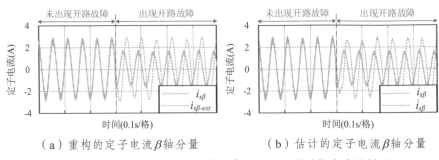

（a）重构的定子电流β轴分量　　　　（b）估计的定子电流β轴分量

图 7-20　b 相电流传感器开路故障后所提电流重构方案的性能

为验证所提出的容错控制方法在速度指令变化工况的性能，对其进行实验测试，测试结果如图 7-21 所示。在此测试中，设置 b 相电流传感器出现开路故障，速度指令开始设置为 500 r/min，随后变化至 550 r/min，最后变化至 600 r/min，负载设置为 1 N·m。由测试结果可知，在速度指令变化工况下，整个感应电机无传感器控制系统稳定运行，且估计速度能够准确追踪到实际速度。此外，电流重构方案运行良好，有效保证了容错控制性能。

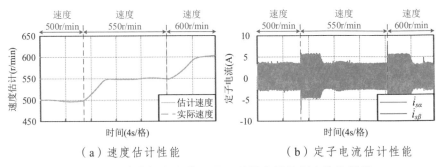

（a）速度估计性能　　　　　　　（b）定子电流估计性能

图 7-21　速度指令变化工况下所提容错控制方法的性能

进一步，利用实验测试对所提出的容错控制方法在负载变化工况下的性能进行验证，测试结果如图 7-22 所示。在此测试中，设置 b 相电流传感器出现开路故障，速度指令设置为 500 r/min，负载由 1 N·m 增加至 4 N·m。根据图 7-22 可以看出，当负载突然增加时，估计速度略微下降，随后迅速追踪到实际速度。同时，定子电流重构方案运行良好，且重构的定子电流分量正弦度较高。

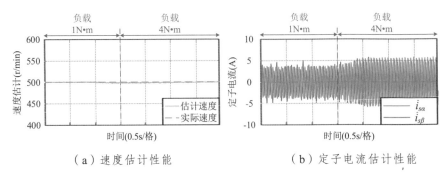

（a）速度估计性能　　　　　　　（b）定子电流估计性能

图 7-22　负载变化工况下所提容错控制方法的性能

随后，利用实验对基于改进型二阶广义积分器-锁频环的电流重构方案性能进行验证，并与基于二阶广义积分器-锁频环的电流重构方案性能进行对比，测试结果如图 7-23 所示。在此测试中，设置 b 相电流传感器出现开路故障，并且在 a 相电流传感器中引入 1 A 的直流偏置。如图 7-23（a）所示，当直流偏置进入系统后，基于二阶广义积分器-锁频环的电流重构方案无法消除直流偏置的影响，导致容错控制性能显著下降。相比之下，基于改进型二阶广义积分器-锁频环的方案提供的重构电流仅在暂态过程出现轻微波动后就恢复正常［见图 7-23（b）］，这表明该电流重构方案能够有效抑制直流偏置的不利影响，从而保证了无速度传感器控制系统的可靠运行。

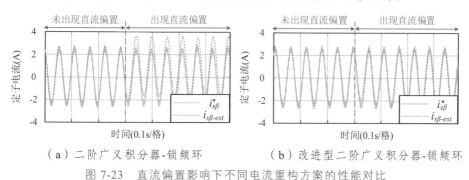

图 7-23　直流偏置影响下不同电流重构方案的性能对比

最后，对不同电流重构方案作用下滑模观测器提供的电流估计性能进行对比，测试结果如图 7-24 所示。从测试结果可知，基于二阶广义积分器-锁频环的电流重构方案难以抑制直流偏置的影响，导致滑模观测器提供的估计电流出现明显畸变［见图 7-24（a）］。相较之下，在采用基于改进型二阶广义积分器-锁频环的电流重构方案后，直流偏置的不利影响得到有效抑制，滑模观测器提供的电流估计性能得到明显改善［见图 7-24（b）］，从而保证了容错控制性能。

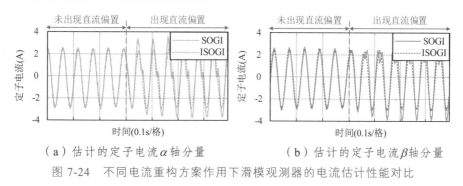

图 7-24　不同电流重构方案作用下滑模观测器的电流估计性能对比

7.4　基于单相增强型锁相环的电流传感器故障容错控制方法

基于二阶广义积分器-锁频环的容错控制方法虽能保证电流传感器故障影响下感

应电机无速度传感器控制系统的可靠运行，但在该容错控制方法中，电流重构方案依赖于速度估计性能，而速度估计单元依赖于电流重构性能，导致该容错控制方法存在严重耦合。对此，本节提出一种基于单相增强型锁相环（Single-phase Enhanced Phase-Locked-Loop，SEPLL）的容错控制方法用于感应电机无速度传感器控制系统，进一步提升容错控制性能。

7.4.1 具体实现

基于单相增强型锁频环的容错控制方法如图 7-25 所示。

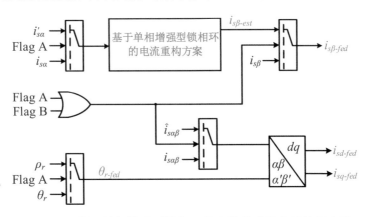

图 7-25 基于单相增强型锁相环的电流传感器容错控制方法

基于单相增强型锁相环的电流重构方案如图 7-26 所示。单相增强型锁相环在传统锁相环的基础上，引入前馈环路用于幅值估计，并利用锁相环进行位置估计，最后根据幅值估计和位置估计实现电流分量的重构。

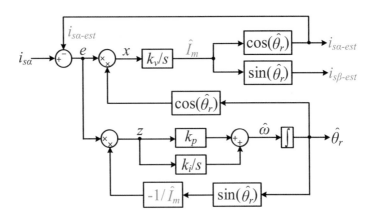

图 7-26 基于单相增强型锁相环的电流重构方案

不妨令，输入信号 $i_{s\alpha}$ 为纯正弦信号，即有：

$$i_{s\alpha} = I_{\mathrm{m}} \cos(\theta_r) \qquad (7\text{-}69)$$

式（7-69）中：I_m 和 θ_r 分别为输入信号的幅值和位置。

进一步，输入信号估计可表示为：

$$i_{s\alpha\text{-}est} = \hat{I}_m \cos(\hat{\theta}_r) \tag{7-70}$$

式（7-70）中：$\hat{I}_m$ 和 $\hat{\theta}_r$ 分别为输入信号估计的幅值和位置。

联立式（7-69）和式（7-70），估计误差可计算为：

$$e = i_{s\alpha} - i_{s\alpha\text{-}est} = I_m \cos(\theta_r) - \hat{I}_m \cos(\hat{\theta}_r) \tag{7-71}$$

式（7-71）中：e 为估计误差。

根据图 7-26 可得：

$$
\begin{aligned}
z &= -\frac{e\sin(\hat{\theta}_r)}{\hat{I}_m} = -\frac{[I_m\cos(\theta_r) - \hat{I}_m\cos(\hat{\theta}_r)]\sin(\hat{\theta}_r)}{\hat{I}_m} \\
&= -\frac{I_m}{2\hat{I}_m}\sin(\hat{\theta}_r - \theta_r) - \frac{I_m}{2\hat{I}_m}\sin(\hat{\theta}_r + \theta_r) + \frac{\sin(2\hat{\theta}_r)}{2}
\end{aligned} \tag{7-72}
$$

$$
\begin{aligned}
x &= e\cos(\hat{\theta}_r) = [I_m\cos(\theta_r) - \hat{I}_m\cos(\hat{\theta}_r)]\cos(\hat{\theta}_r) \\
&= \frac{I_m}{2}\cos(\theta_r - \hat{\theta}_r) - \frac{\hat{I}_m}{2} + \frac{I_m}{2}\cos(\theta_r + \hat{\theta}_r) - \frac{\hat{I}_m}{2}\cos(2\hat{\theta}_r)
\end{aligned} \tag{7-73}
$$

式（7-72）和式（7-73）中：z 和 x 均为中间变量。

若幅值估计偏差和位置估计偏差都很小，则有：

$$
\begin{cases}
\hat{I}_m \approx I_m \\
\hat{\theta}_r \approx \theta_r
\end{cases} \tag{7-74}
$$

将式（7-74）代入式（7-72）和式（7-73），则有：

$$z = -\frac{I_m}{2\hat{I}_m}\sin(\hat{\theta}_r - \theta_r) - \frac{I_m}{2\hat{I}_m}\sin(\hat{\theta}_r + \theta_r) + \frac{\sin(2\hat{\theta}_r)}{2} \approx \frac{1}{2}(\theta_r - \hat{\theta}_r) \tag{7-75}$$

$$x = \frac{I_m}{2}\cos(\theta - \hat{\theta}) - \frac{\hat{I}_m}{2} + \frac{I_m}{2}\cos(\theta + \hat{\theta}) - \frac{\hat{I}_m}{2}\cos(2\hat{\theta}) \approx \frac{1}{2}(I_m - \hat{I}_m) \tag{7-76}$$

当实现幅值估计和位置估计后，重构的电流分量可表示为：

$$i_{s\beta\text{-}est} = \hat{I}_m \sin(\hat{\theta}_r) \tag{7-77}$$

7.4.2　性能分析

结合式（7-75）和式（7-76），可得基于单相增强型锁相环的电流重构方案的小信号模型，如图 7-27 所示。

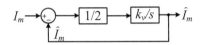

（a）幅值估计的小信号模型

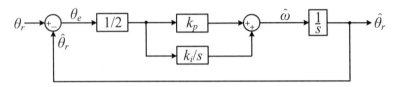

（b）位置估计的小信号模型

图 7-27　基于单相增强型锁相环的电流重构方案的小信号模型

由图 7-27 可得，位置估计的闭环传递函数为：

$$G_{cl}^{\theta}(s) = \frac{\hat{\theta}(s)}{\theta(s)} = \frac{\dfrac{k_p}{2}s + \dfrac{k_i}{2}}{s^2 + \dfrac{k_p}{2}s + \dfrac{k_i}{2}} \qquad (7\text{-}78)$$

根据 Routh-Hurwitz 判据，系统稳定成立的条件是：

$$\begin{cases} k_p > 0 \\ k_i > 0 \end{cases} \qquad (7\text{-}79)$$

进一步，对基于单相增强型锁相环的电流重构方案进行参数调谐。对式（7-78）进行重写，则有：

$$G_{cl}^{\theta}(s) = \frac{\dfrac{k_p}{2}s + \dfrac{k_i}{2}}{s^2 + \dfrac{k_p}{2}s + \dfrac{k_i}{2}} = \frac{2\xi\omega_n s + \omega_n^2}{s^2 + 2\xi\omega_n s + \omega_n^2} \qquad (7\text{-}80)$$

式（7-80）中：ξ 和 ω_n 分别为阻尼比和自然频率。

不妨令：

$$k_v = k_p = 2\xi\omega_n \qquad (7\text{-}81)$$

通常，阻尼比与系统动态性能紧密相关，较小的阻尼比会使得单相增强型锁相环易出现动态响应慢的问题，而较大的阻尼比则会造成单相增强型锁相环出现明显的超调。一般，阻尼比设置在[0.5，1]范围内较好，在本节中阻尼比设置为 0.707。此外，自然频率的选取也要在动态性能与抗扰能力之间做出合理的权衡，在本节中自然频率设置为 10 rad/s。

7.4.3　实验测试

为验证基于单相增强型锁相环的容错控制方法性能，利用实验对其进行测试。实验测试中所采用的感应电机驱动系统参数见表 7-2。

首先，对基于单相增强型锁相环的电流重构方案性能进行测试，测试结果如图 7-28 所示。在此测试中，设置 a 相电流传感器出现开路故障。根据测试结果可知，由于定子电流 α 轴分量 $i_{s\alpha}$ 由 a 相电流确定，当 a 相电流传感器出现开路故障后，α 轴电流分量迅速变为 0。而在采用基于单相增强型锁相环的方案后，重构的定子电流 α 轴分量和估计的定子电流 α 轴分量运行良好［见图 7-28（a）］，有效保证了估计性能。此外，当 a 相电流传感器出现开路故障后，定子电流 β 轴分量也略有变化。而在采用基于单相增强型锁相环的方案后，重构的定子电流 β 轴分量和估计的定子电流 β 轴分量未出现明显畸变［见图 7-28（b）］。

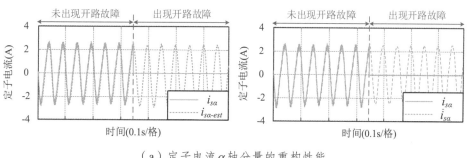

（a）定子电流 α 轴分量的重构性能

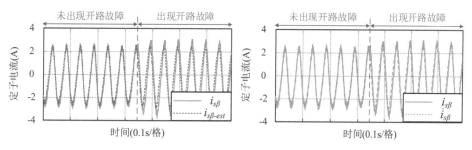

（b）定子电流 β 轴分量的重构性能

图 7-28　a 相电流传感器开路故障时所提电流重构方案的性能

随后，对基于单相增强型锁相环的容错控制方法性能进行测试，测试结果如图 7-29 所示。在此测试中，设置 b 相电流传感器出现开路故障，并且速度指令和负载分别设置为 500 r/min 和 3 N·m。由图 7-29 可知，当 b 相电流传感器出现开路故障后，定子电流 β 轴分量 $i_{s\beta}$ 迅速畸变。而在采用基于单相增强型锁相环的容错控制方法后，整个无速度传感器控制系统能够稳定运行，并且估计速度能够有效追踪到实际速度，估计误差控制在合理范围内。

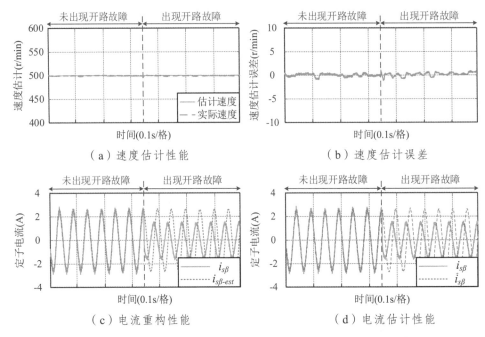

图 7-29　b 相电流传感器出现开路故障时所提容错控制方法的性能

　　低速工况下容错控制性能对感应电机无传感器控制系统至关重要。为此，对所提容错控制方法在低速运行时的性能进行测试，测试结果如图 7-30 所示。在此测试中，速度指令和负载分别设置为 100 r/min 和 0 N·m。根据测试结果可知，当感应电机无传感器控制系统运行在低速工况时，在所提容错控制方法的帮助下，电流重构和速度估计得到有效保证，未出现控制失稳现象。

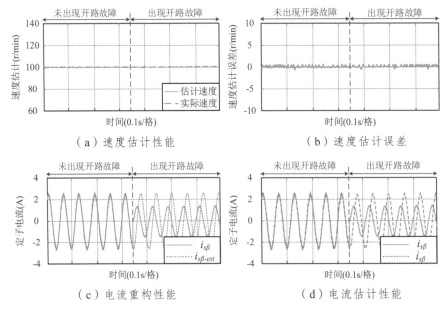

图 7-30　b 相电流传感器出现开路故障时所提容错控制方法在低速工况下的性能

最后，利用实验测试对所提容错控制方法在 a 相电流传感器出现开路故障时进行验证，测试结果如图 7-31 所示。在此测试中，速度指令和负载分别设置为 500 r/min 和 0 N·m。如图 7-31 所示，当 a 相电流传感器出现故障时，所提容错控制方法同样能够提供良好的估计性能，未出现明显的估计误差。

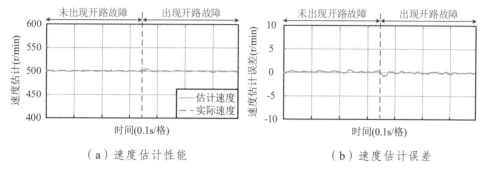

（a）速度估计性能　　　　　　　（b）速度估计误差

图 7-31　a 相电流传感器出现开路故障时所提容错控制方法的性能

本章参考文献

[1]　徐殿国，刘晓峰，于泳. 变频器故障诊断及容错控制研究综述[J]. 电工技术学报，2015，30（21）：1-12.

[2]　葛兴来，谢东，邓清丽. 车载牵引变流系统故障诊断与容错控制综述[J]. 电源学报，2020，18（1）：28-44.

[3]　王宇，张成糕，郝雯娟. 永磁电机及其驱动系统容错技术综述[J]. 中国电机工程学报，2022，42（1）：351-372.

[4]　Shi X, Krishnamurthy M. Survivable operation of induction machine drives with smooth transition strategy for EV applications[J]. IEEE Journal of Emerging and Selected Topics in Power Electronics，2014，2（3）：609-617.

[5]　Chakraborty C，Verma V. Speed and current sensor fault detection and isolation technique for induction motor drive using axes transformation[J]. IEEE Transactions on Industrial Electronics，2015，62（3）：1943-1954.

[6]　Jlassi I，Estima J O，El Khil S K，Bellaaj N M，Cardoso A J M. A robust observer-based method for IGBTs and current sensors fault diagnosis in voltage-source inverters of PMSM drives[J]. IEEE Transactions on Industry Applications，2017，53（3）：2894-2905.

[7]　许水清，刘锋，何怡刚，胡友强，柴毅. 基于自适应滑模观测器的新能源汽车驱动系统电流传感器微小故障诊断[J]. 中国电机工程学报，2023，43（18）：7277-7288.

[8] Wang W，Tian W，Wang Z，Hua W，Cheng M. A fault diagnosis method for current sensors of primary permanent-magnet linear motor drives[J]. IEEE Transactions on Power Electronics，2021，36（2）：2334-2345.

[9] Gou B，Xu Y，Xia Y，Wilson G，Liu S. An intelligent time-adaptive data-driven method for sensor fault diagnosis in induction motor drive system[J]. IEEE Transactions on Industrial Electronics，2019，66（12）：9817-9827.

[10] Gou B，Xu Y，Xia Y，Deng Q，Ge X. An online data-driven method for simultaneous diagnosis of IGBT and current sensor fault of three-phase PWM inverter in induction motor drives[J]. IEEE Transactions on Power Electronics，2020，35（12）：13281-13294.

[11] Yu Y，Zhao Y，Wang B，Huang X，Xu D. Current sensor fault diagnosis and tolerant control for VSI-based induction motor drives[J]. IEEE Transactions on Power Electronics，2018，33（5）：4238-4248.

[12] Kommuri S K，Lee S B，Veluvolu K C. Robust sensors-fault-tolerance with sliding mode estimation and control for PMSM drives[J]. IEEE/ASME Transactions on Mechatronics，2018，23（1）：17-28.

[13] Wang W，Feng Y，Shi Y，Cheng M，Hua W，Wang Z. Fault-tolerant control of primary permanent-magnet linear motors with single phase current sensor for subway applications[J]. IEEE Transactions on Power Electronics，2019，34（11）：10546-10556.

[14] Wang W，Zeng X，Hua W，Wang Z，Cheng M. Phase-shifting fault-tolerant control of permanent-magnet linear motors with single-phase current sensor[J]. IEEE Transactions on Industrial Electronics，2022，69（3）：2414-2425.

[15] Manohar M，Das S. Current sensor fault-tolerant control for direct torque control of induction motor drive using flux-linkage observer[J]. IEEE Transactions on Industrial Informatics，2017，13（6）：2824-2833.

[16] Adamczyk M，Orlowska-Kowalska T. Postfault direct field-oriented control of induction motor drive using adaptive virtual current sensor[J]. IEEE Transactions on Industrial Electronics，2022，69（4）：3418-3427.

[17] Verma V，Chakraborty C，Maiti S，Hori Y. Speed sensorless vector controlled induction motor drive using single current sensor[J]. IEEE Transactions on Energy Conversion，2013，28（4）：938-950.

[18] Wang G，Hao X，Zhao N，Zhang G，Xu D. Current sensor fault-tolerant control strategy for encoderless PMSM drives based on single sliding mode observer[J]. IEEE Transactions on Transportation Electrification，2020，6（2）：679-689.

[19]　Zhang G，Zhou H，Wang G，Li C，Xu D. Current sensor fault-tolerant control for encoderless IPMSM drives based on current space vector error reconstruction[J]. IEEE Journal of Emerging and Selected Topics in Power Electronics，2020，8（4）：3658-3668.

[20]　陈玥轩，葛兴来，左运，谢东，王惠民. 一种感应电机无速度传感器系统的电流传感器容错控制策略[J]. 中国电机工程学报，2022，42（6）：2346-2356.

[21]　Liu Z H，Nie J，Wei H L，Chen L，Wu F M，Lv M Y. Second-order ESO-based current sensor fault-tolerant strategy for sensorless control of PMSM with B-phase current[J]. IEEE/ASME Transactions on Mechatronics，2022，27（6）：5427-5438.

[22]　Zuo Y，Ge X，Chang Y，Chen Y，Xie D，Wang H，Woldegiorgis A T. Current sensor fault-tolerant control for speed-sensorless induction motor drives based on the SEPLL current reconstruction scheme[J]. IEEE Transactions on Industry Applications，2023，59（1）：845-856.

第8章 研究展望

经过国内外学者数十年的探索，交流电机无传感器控制技术已取得显著的研究成果。然而，随着应用场景不断延拓以及控制要求逐渐提高，交流电机驱动系统面临的运行环境和工况更加复杂多变，导致无传感器控制技术的适应性和可靠性亟需提升。对此，交流电机无传感器控制系统进一步值得研究的课题如下（包括但不仅限于）：

1. 极低速工况时高性能无传感器控制技术研究

基于电机模型的估计方案在极低速工况（零速甚至零频）时估计性能欠佳，甚至会出现控制失稳现象，并且这个问题在重载工况时会变得更加严峻。相较之下，采用基于信号注入的估计方案虽可实现极低速工况时的有效估计，但信号注入不可避免会对交流电机驱动系统产生不利影响。此外，对于某些特殊结构的电机（如：直线感应电机）和特殊应用场合（如：大功率驱动系统），基于信号注入的估计方案难以适用。因此，需要进一步研究适用于极低速工况的高性能无传感器控制技术，实现速度和位置准确估计的同时，避免对交流电机驱动系统产生不利影响。

2. 超高速工况时高性能无传感器控制技术研究

在某些应用（如：大功率牵引传动系统）中，当交流电机运行在高速工况时，调制策略切换为方波调制，导致输出电压无法被直接调节，进而降低估计性能。并且，交流电机运行在超高速工况时，电机关键参数会发生显著变化，导致无传感器控制性能下降。此外，在某些应用（如：高速列车牵引传动系统）中，交流电机驱动系统运行在特殊位置时必须断电，通过特殊位置后再重新接入电源，因此无传感器控制系统需要进行带速重投。然而，交流电机在超高速运行时，带速重投在反电动势作用下会产生过大的冲击电流和冲击转矩，严重威胁交流电机无传感器控制系统的可靠运行。因此，有必要继续开展超高速工况下高性能无传感器控制技术的研究。

3. 全速域范围内单一无传感器控制技术研究

目前，在交流电机无传感器控制系统中，低速运行时采用基于信号注入的估计方案，而在中高速运行时采用基于电机模型的估计方案，并利用切换算法实现不同估计方案的平滑切换。然而，在过渡区、低速域与中高速域均需考虑对应估计方案的性能，实际执行较为复杂。因此，进一步研究全速范围内单一无传感器控制技术将有利于简化控制算法的设计，同时还能避免因切换不当导致性能下降甚至控制失稳等问题。

4. 复合扰动影响下高鲁棒性无传感器控制技术研究

在复杂运行环境和多变运行工况影响下，交流电机无传感器控制系统易出现不同的扰动（如：传感器测量信息偏差、交流电机参数失配、逆变器非线性等）。并且，在不同扰动的耦合作用下，交流电机无传感器控制系统面临估计性能下降和系统失稳的严峻挑战。为此，通常在估计方案中引入扰动抑制方案以保证估计性能，但这会增加计算负担并降低动态性能。因此，有必要开展复合扰动影响下高鲁棒性无传感器控制技术的研究，有效保证估计性能的同时，避免对系统产生不利影响。

5. 复杂工况影响下高性能状态监测技术研究

可靠运行对交流电机无传感器控制系统至关重要，而实施状态监测技术则是保障系统可靠运行的重要手段。目前，既有状态监测方法主要是通过监测交流电机的电气特征参数，同时结合特征参数与电机故障之间的映射关系获取交流电机的状态信息。然而，在这类方法中，特征参数的选取缺乏理论支撑，仅通过特定测试结果选取的特征参数泛化性较低。同时，用于交流电机状态监测的特征参数易受到运行工况、逆变器非线性、磁饱和、谐波等不同扰动的耦合影响，严重降低状态监测精度。因此，有必要对交流电机无传感器控制系统的状态监测理论和关键技术进一步探索。

6. 多约束条件下高故障容限容错控制技术研究

在诊断出交流电机无传感器控制系统的故障后，亟需实施高性能的容错控制技术，最大限度保障交流电机无传感器控制系统的运行安全。然而，既有的容错控制策略鲁棒性不高，当系统出现扰动时，容错控制策略会出现性能降级甚至控制失效的严峻问题。并且，在交流电机无传感器控制系统中，故障调节时间极其有限，且速度（位置）传感器的缺失导致速度（位置）信息不完备，造成容错控制策略难以兼顾性能维持和动态响应。此外，既有的容错控制策略仅适用于单一故障，且故障容限较低，适用于复合故障的容错控制策略尚未得到充分关注，因此，需要进一步研究多约束条件下高故障容限的容错控制技术。